博碩文化

U0086573

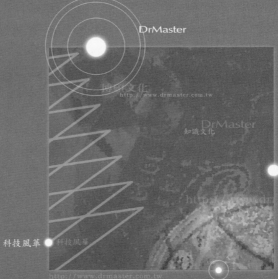

DrMaster

知識文化

科技風華

http://www.drmaster.com.tw

深度學習資訊新領域

DrMaster

深度學習資訊新領域

http://www.drmaster.com.tw

博碩文化

輕鬆學 Android

應用程式設計

吳卓俊・洪旭嘉 編著

使用
Android Studio 2.X
專案開發

Hello!
Android

作　　者：吳卓俊、洪旭嘉
責任編輯：高珮珊
企劃主編：蔡金燕

發 行 人：詹亢戎
董 事 長：蔡金崑
顧　　問：鍾英明
總 經 理：古成泉

出　　版：博碩文化股份有限公司
地　　址：221 新北市汐止區新台五路一段 112 號 10 樓 A 棟
　　　　　電話 (02) 2696-2869　傳真 (02) 2696-2867

發　　行：博碩文化股份有限公司
郵撥帳號：17484299　戶名：博碩文化股份有限公司
博碩網站：http://www.drmaster.com.tw
讀者服務信箱：DrService@drmaster.com.tw
讀者服務專線：(02) 2696-2869 分機 216、238
（周一至周五 09:30 ～ 12:00；13:30 ～ 17:00）

版　　次：2016 年 12 月初版

建議零售價：新台幣 520 元
I S B N：978-986-434-174-0
律師顧問：鳴權法律事務所 陳曉鳴

本書如有破損或裝訂錯誤，請寄回本公司更換

國家圖書館出版品預行編目資料

輕鬆學 Android 應用程式設計 / 吳卓俊，
洪旭嘉著 . -- 初版 . -- 新北市：博碩文化，
2016.12

面；　公分

ISBN 978-986-434-174-0(平裝附光碟片)

1.系統程式 2.電腦程式設計 3.軟體研發

312.52　　　　　　　　　　　105023729

Printed in Taiwan

歡迎團體訂購，另有優惠，請洽服務專線
博 碩 粉 絲 團　(02) 2696-2869 分機 216、238

作 者 序

　　僅以本書獻給有志於 Android APP 程式設計的讀者，盼望此書能夠助您一臂之力！也感謝我的家人在本書撰寫期間所給予的幫助與包容。

吳卓俊

　　說真的，我到現在還是很驚訝！我竟然可以一起幫忙完成本書的撰寫，並且替這本書寫下這一段序。感謝我的共同作者 — 吳卓俊教授，讓我有這個機會，在這本書誕生的過程中學到更多的經驗及體會，當然撰寫程式的能力也提升了不少。

　　我要感謝正在拿著《輕鬆學 Android 應用程式設計》的您，謝謝您選擇了本書，希望這本書可以讓您學得開心、看得滿意、覺得實用，感謝您的支持。

　　想要成為一流的程式設計師，最重要的就是實際動手練習再加上持之以恆的學習。因此，在本書中的所有章節都是以範例實作為導向，希望您可以在閱讀本書的同時，透過每個章節的內容介紹以及非常詳細的教學步驟，輕鬆學會 Android APP 程式設計的各項技能，並且擁有自行開發其它 APP 應用程式的能力。

　　最後，希望這本《輕鬆學 Android 應用程式設計》可以讓想學習撰寫 Android 應用程式的初學者，有一個快速入門的學習管道。相信您一定可以開發出具豐富創意及實用性的各式 APP 應用程式。期待您的作品在 Google Play 上大受好評！

洪旭嘉

前　言

　　本書適合對 Android APP 應用程式設計有興趣的初學者自學之用，同時也適合大學、科技大學與技術學院的資訊相關學系做為 Android APP 應用程式設計的入門教材。在內容方面，全書 12 個章節涵蓋了最新版本的 Android Studio 介紹、Activity 與 Layout、使用者介面佈局與元件、ListView 與 Fragment、SQLite 資料庫程式設計、HTTP 網路程式設計、MediaPlayer 與 VideoPlayer 的多媒體應用等主題的教學。不論是初學或是中階的 APP 程式設計師，相信本書的內容都會對您極有助益。

　　為了幫助讀者能夠真正擁有開發 Android APP 的能力，書中所有章節皆是以「範例」為導向，透過「learn by example」的方式，讓讀者從真實的範例中學習 APP 開發的過程以及相關的程式設計技能。本書的所有範例，皆提供「超詳細」的步驟指引與說明，讀者只要依照這些精心設計的範例來進行學習，必定能在短時間內從初學者搖身一變成為 Android APP 程式設計高手！

　　本書所有範例皆使用最新版的 Android Studio 2.2.x 製作，以下為您介紹相關內容：

- **Hello Android 專案（第 1 章）：** 您可以透過此專案認識 Android Studio 的工作環境以及 Android APP 專案的主要架構，並且幫助讀者認識 Activity 與 Layout 間的關係。

- **UI Test 專案（第 2 章）：** 此專案的目的在於為您介紹基礎的使用者介面元件 View 與 ViewGroup，您也將可以在此專案中學會使用「Design 模式」與「Text 模式」來進行使用者介面的設計。

- **UI Test 2 專案（第 3 章）：** 延續上一個專案，此專案進一步探討各項常用的使用者介面元件屬性以及常用的各式 Layout（包含 LinearLayout、RelativeLayout、FrameLayout、TableLayout 與 GridLayout）。

- **Calculator 專案（第 3 章）**：此範例透過開發一個計算機 APP 應用程式，帶領讀者學習簡單的使用者介面之設計以及其對應的事件處理。

- **Life Cycle Test 專案（第 4 章）**：此專案讓讀者可以測試 APP 應用程式的生命週期中的各種狀態及其相關的 callback method，並且也針對簡單的除錯方式加以介紹。

- **Calculator 2 專案（第 4 章）**：此專案是基於 Calculator 專案的加強，透過使用「onSaveInstanceState()」與「onRestoreInstance State()」來儲存並還原 Budle 類別的物件資料，並且透過 SharedPreferences 類別的使用，讓我們所設計的計算機程式可以具有「記憶」的能力，記住其最近一次的操作結果。

- **CoordinatorLayout Demo 專案（第 5 章）**：此專案示範了進階的 Coordinator Layout 的使用，以及它如何協同多個元件進行互動，這些元件包含了 Toolbar、FloatingActionButton 以及 Snackbar。此外，此專案也示範了 Menu 類別（選單）的使用。

- **Traveling 專案（第 6 章）**：此專案透過 Intent 來示範如何進行 Activity 的切換（包含 explicit 顯式或 implicit 隱式的方式），並搭配世界各地的風景照片，完成一個簡單的旅遊照片賞析的 APP 應用程式。此外此專案也示範了如何為專案製作桌面的 Launcher 圖示、ActionBar 的使用，以及如何讓您所設計的 APP 可以支援多國語言。

- **Traveling 2 專案（第 7 章）**：延續自 Traveling 專案，此專案進一步示範如何在切換不同的 Activity 的同時，進行單向與雙向的資訊傳遞，並且透過 Intent 來使用其它系統服務，例如撥打電話、瀏覽網際網路以及發送 Email 等服務。

- **ListView Demo 專案（第 8 章）**：示範 ListView 的各種使用與呈現方式，包含靜態或動態的方式來建立項目清單，使用單選、複選或可勾選的項目清單，設計可依特定條件過濾的項目清單，以及讓讀者自行定義所需要的清單項目呈現方式。

- **FragmentDemo 專案（第 9 章）**：此專案示範如何設計 Fragment，並且說明如何把 Fragment 嵌入到 Activity 中，並且在 APP 執行時進行動態的 Fragment 切換。

- **HTTP Demo 專案（第 10 章）**：此專案介紹了 HttpURLConnection 與 AsyncTask 的使用，並以國立屏東大學的網站為例，實際示範如何撰寫程式將其最新消息網頁透過 HttpURLConnection 取回，並以 ListView 來將最新消息加以呈現在 APP 畫面之中。另外也示範了如何透過 WebView 來呈現最新消息的細節以及 PDF 檔案的呈現等。

- **SQLiteDemo 專案（第 11 章）**：此專案透過一個聯絡人資訊管理的 APP 設計，示範如何使用 Android 系統所內建的 SQLite 資料庫進行資料的操作，包含新增、修改、刪除與查詢等各項功能。

- **Multimedia 專案（第 12 章）**：此專案使用 MediaPlayer 與 VideoView 示範如何在 APP 中進行音訊與視訊等多媒體檔案的播放。

　　只要讀者們依本書內容詳細研讀上述所介紹的各個專案，不但能夠將 Android 程式設計學好，更能夠擁有未來與產業界接軌的實務能力。

　　本書雖力求完美，但筆者學識與經驗仍有不足，如有謬誤之處尚祈見諒並請不吝指正。

吳卓俊 junwu.tw@gmail.com

洪旭嘉 shiujia1207@gmail.com

於屏東 2016 年 12 月

隨附光碟使用說明

　　光碟內容包含本書所有 Android Studio 的範例專案以及所需要的圖片檔案，分別放置於「projects.zip」壓縮檔案與「photos」目錄中。讀者只需要先將「projects.zip」檔案解壓縮到您硬碟中適當的目錄後，即可在 Android Studio 將其開啟；至於在「photos」目錄中的圖片檔，您可以直接從光碟中選用所需的圖片檔案，不一定需要將其複製到您的硬碟之中。

關於學習的建議

本書各章節內容皆以實務範例為主，透過詳細的操作步驟與指引，帶領讀者完成各個範例 APP 的設計與開發。雖然本書隨附光碟包含所有範例專案的完整內容，但是建議讀者在學習時，儘量配合各章節的內容一步一步自行完成相關的專案開發，這樣才能真正學習到這些專案背後所要為您建立的各項 Android APP 程式開發的技能。當然，如果您在開發的過程中遇到了困難或是錯誤，也不用擔心，只要打開光碟中所附的專案內容來比對及檢查自己程式碼內容，就可以完成這些範例的練習了。相信您一定可以透過這些範例的練習，培養出自行開發 Android APP 應用程式的能力，預祝您學習順利。

目 錄

01 Hello Android!

02 使用者介面設計基礎

03　使用者介面元件與畫面配置

04　Activity 活動的生命週期

05　CoordinatorLayout

06　Explicit 與 Implicit Intent

07 Intent 與資訊傳遞

08 ListView

09 Fragment

10 HTTP 網路應用

11 使用 SQLite 資料庫

12 多媒體應用

A Android Studio 安裝指引

B Genymotion 安裝指引

01

Hello Android!

本章將透過一個簡單的範例 —「Hello Android」，詳細地為您說明及介紹 Android 應用程式（APP）的開發環境與工具，以及如何使用 Android Studio 來建置專案、編譯程式、使用模擬器或實際在 Android 裝置上來執行程式等開發過程中的各項細節。

1-1 | Android APP 開發流程

一個程式從開始撰寫到可以執行，中間必須經過許多的步驟。通常的情況是，先使用文字編輯軟體（Text Editor）或開發工具，進行原始程式的編寫；然後透過編譯器（Compiler）將原始程式（Source Code）進行編譯（也就是將原始程式轉換成為可執行的檔案格式）。經過上述過程，就產生了可在電腦上執行的程式。請參考圖 1-1。

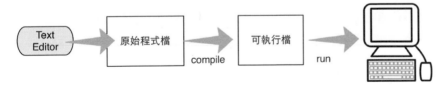

圖 1-1

傳統程式開發流程。

上述的開發流程，對於一些可能會在不同平台（通常指的是不同的硬體或作業系統）上執行的跨平台（Cross Platform）程式來說，這就比較另人討厭了，因為在不同平台上的原始程式都可能需要經過修改，並且還要在不同平台上重新進行編譯後才能執行。如果原本所採用的開發工具或是程式語言，在新的平台上並沒有對應的工具或語言時，那麼就可能需要重新以其它工具或語言來撰寫了。圖 1-2

顯示了跨平台程式開發的流程。此種流程不但麻煩，同時因為不同平台的功能差異，有時也會造成同一個程式在不同平台上的功能有不盡相同的現象。

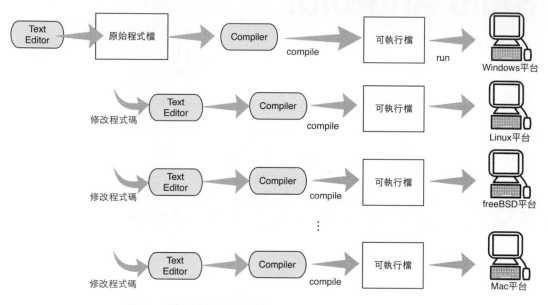

圖 1-2　跨平台程式開發流程。

在 1995 年推出的 Java 語言，在實作上採用了新的設計，因此順利地解決了跨平台的問題。簡單來說，使用 Java 語言所設計的程式，並不是直接在作業系統上執行；而是要透過一個建立在各個平台之上的軟體來加以執行，我們將這個軟體稱為「Java Virtual Machine（Java 虛擬機器，JVM）」。請參考圖 1-3，Java 程式經由編譯後，會產生一個所謂的「Bytecode」，我們可以在許多作業系統上安裝 JVM，如此一來就可以執行 Java 的應用程式。同一個 Java 程式，只需要開發一次，就可以拿到不同的作業系統上執行，這就是所謂的「Write once, run anywhere」！

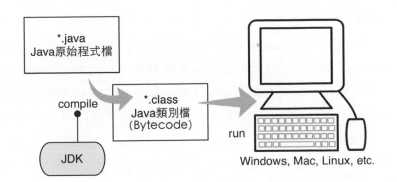

圖 1-3

Java 程式開發流程。

Java 語言也是用以開發 Android APP 的程式語言,您必須先具備有基礎以上的 Java 程式設計經驗或能力,才能進行相關的 APP 開發工作。Google 在推出 Android 作業系統時,也一併提供了 Android SDK Tools,可以幫助將我們所編寫的程式碼以及相關的資料與資源編譯為一個 Android Package(APK),也就是附檔名為「.apk」的檔案。使用者取得 APK 檔案後,可以在其 Android 裝置上安裝並執行您所開發的 Android APP。當然,您也可以向官方申請上架,在 Google Play 商店上販售或供使用者免費下載!圖 1-4 為典型的 Android APP 開發流程。

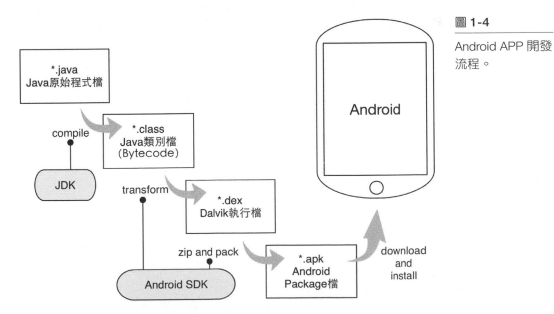

圖 1-4

Android APP 開發流程。

不同於傳統的 Java 程式，在 Android 裝置上執行的並不是 Java 的 bytecode（也就是 .class 檔案），而是附檔名為「.dex」的檔案，它必須在名為「Dalvik」的虛擬機器上才能執行。所有的 Android 裝置上，都具備有 Dalvik 虛擬機器，因此一個 Android APP 可以在不同的 Android 裝置上執行，完全不需要修改以及重編譯原始程式。在 Google 所提供的 Android SDK 中，有工具可以幫助我們將 .class 檔案轉換為 .dex 的檔案，並將其所需的所有資源一併壓縮轉換為 APK（也就是 .apk 的檔案），然後就可以在 Android 裝置上執行。

Android 作業系統是基於 Linux 作業系統的一個實作，每一個 APK 檔案都必須先被使用者下載與安裝後才能執行，而每次執行時會由作業系統為該應用程式啟動一個獨立的 Dalvik 虛擬機器，並在該虛擬器內執行程式。由於每個程式都會由其專屬的 Dalvik 虛擬機器來執行，如此可確保應用程式之間能相互獨立、不受到彼此影響。

為了幫助程式設計師能更容易地完成在 Android 作業系統上執行的應用程式（也就是 APP），Google 還提供了一個 Android Application Framework，請參考圖 1-5。透過 Application Framework 的幫助，我們的應用程式將可以使用許多底層的函式庫或服務，以實現特定的應用目的。

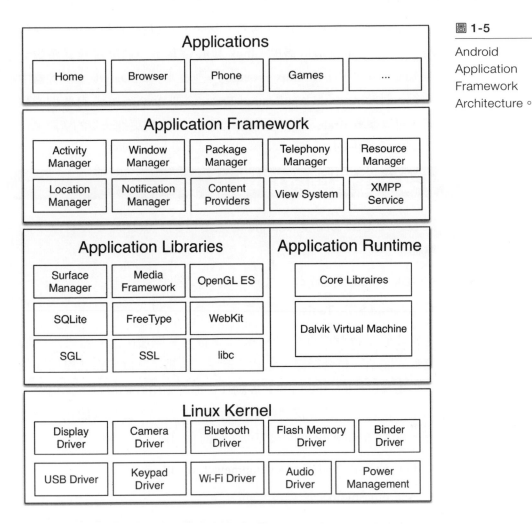

圖 1-5

Android
Application
Framework
Architecture。

從圖 1-5 中可得知在 Application Framework 中包含了活動管理者（Activity Manager）、視窗管理者（Window Manager）、內容提供者（Content Providers）、外觀元件系統（View System）、程式管理者（Package Manager）、電話管理者（Telephony Manager）、資源管理者（Resource Manager）、地理位置管理者（Location Manager）以及訊息管理者（Notification Manager）等服務。我們所設計的應用程式，可以透過 API 的呼叫來使用這些相關的功能。如圖 1-4 所示，我們所開發完成的 Android APP 將會以 .apk 檔案為型式，當使

用者下載並安裝在 Android 裝置上後，就可以執行該 APP。在執行時，Android 系統最底層的 Linux 核心會為每一個應用程式產生一個 Linux 處理程序（Linux Process），並在單一的 Dalvik 虛擬機器中執行。對於 Android Application Framework Architecture 有興趣的讀者，可以參考 Brähler[1] 所寫的技術文件，以取得更進一步的資訊。

● 1-2 ｜ 建置開發環境

要在您的電腦上開發 Android 的應用程式，您必須安裝有以下的軟體：

- JDK 1-6 或以上版本
- Android SDK Tools

通常我們不會選擇直接以 SDK 來進行程式開發，因為這表示從編寫程式開始，包含編譯、除錯、測試、包裹（將應用程式與相關資源壓縮為單一的 .apk 檔案）等動作，都必須由我們自行下達指令。為了方便起見，通常我們會選擇適合的整合開發工具來簡化開發流程。在 Android APP 的開發方面，目前有兩種常見的開發工具：

- Eclipse with Android Development Tools Plugin
- Android Studio[2]

過去大多數的開發人員都是使用 Eclipse 做為其開發工具，但是自從 2014 年 Goolge 正式推出了 Android Studio 後，愈來愈多的開發人員都移轉到 Android Studio 陣營。由於 Android Studio 是受到 Google 支持的官方開發工具，可望將能夠成為主流的開發工具，本課程也

註 1　Stefan Brähler, Analysis of the android architecture, technical report, Karlsruher Institute für Technologie (KIT), October 2010.

註 2　Android Studio overview, http://developer.android.com/tools/studio/index. html, accessed: 2015-05-24.

將採用 Android Studio 做為示範。由於 Android APP 是以 Java 語言開發，所以您必須先在您的開發平台上安裝有 Java Development Kit（JDK）1-6（或以上版本）。至於 Android SDK 已包含在 Android Studio 中，所以您不用另行安裝。

Android Studio 可至 https://developer.android.com/studio/index.htm 下載，目前提供 Windows、Linux 與 Mac 等不同作業系統的版本，其系統需求如下：

- 記憶體最低 2GB，建議 4GB 以上；
- 硬碟空間至少 1-4GB，其中 Android Studio 使用約 400MB，模擬器需 1GB 以上；
- 螢幕解析度 1280x800 以上 [3]。

關於 JDK 與 Android Studio 的安裝請參考附件 A，請自行下載並在您的電腦上完成安裝的動作。要注意的是，您應該要先在您的開發平台中安裝好 JDK，才能順利安裝並使用 Android Studio。後續我們將以一個簡單的範例，說明如何使用 Android Studio 開發您的第一個 Android APP ！

1-3 | Hello Android! APP

本節將以 Android Studio 示範如何開發一個簡單的 Android APP，並且分別在模擬器以及真實的 Android 裝置上，安裝並測試您所開發的應用程式。同時，我們也將在此小節中，說明 Android Studio 的專案與 Android APP 開發所需的相關知識。

註 3　螢幕解析度的值其實沒有一定要達到 1280x800 以上，但過小的螢幕解析度很難容納開發時的各種視窗與訊息。

1-3-1 建立 Android Project

注 意

本書大量使用實際的應用程式開發做為範例,希望能幫助您建立 Android 程式設計的基礎。為了能夠讓您瞭解開發程式的過程與細節,最好的方式是請您務必要跟隨本書的示範一步一步親自進行演練,如此才能讓您在短時間內具備開發 Android APP 應用程式的能力。為了提醒您的注意,我們特別使用圖示來標示書中需要由您動手做的地方:☞

當您在書中看到此圖示時,請務必要依照指示自己動手做噢!

☞**STEP 01** 啟動「Android Studio」,並且建立一個新專案(project),如圖 1-6。

圖 1-6

建立新專案。

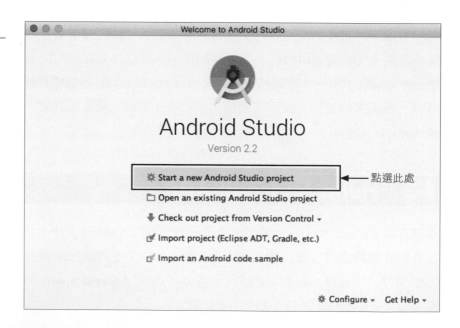

＊點選此處

☞**STEP 02** 參考圖 1-7,在「Create New Project」視窗中,輸入以下資訊:

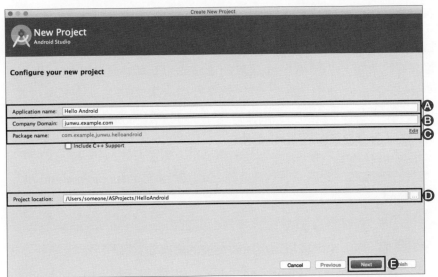

圖 1-7

設定專案參數。

Ⓐ **Application name**：應用程式的名稱，同時也是專案的名稱。請輸入「Hello Android」。

Ⓑ **Company Domain**：輸入您的公司網域名稱，在此我們以「junwu.example.com」[4]為例。

Ⓒ **Package name**：此值為所欲使用的 Java 套件名稱，預設會自動產生，但您也可以自行輸入（如要修改請按右側的「Edit」）。

Ⓓ **Project location**：專案儲存的路徑，您可以使用預設值或自行設定。在此的「/Users/someone/ASProjects/HelloAndroid」是以 Mac 系統為例，將這個專案存放至使用者的家目錄之下的「ASProjects」目錄的「HelloAdroid」子目錄中；若您是 Windows 系統的使用者，可以考慮在您的個人資料夾裡建立一個名為「ASProjects」的資料夾，用來存放所有 Android Studio 的專案。為了方便管理起見，本書其它所有的專案，也都將存放在相同的目錄之下。

Ⓔ 完成後，請按下「Next」。

註 4　如果您只是要練習開發 Android APP，此欄位可以隨意填寫。

資 訊 補 給 站

讀者可能已經注意到，在圖 1-7 中還有一個有趣的選項「include C++ support」！沒錯，Android 裝置現在也支持一小部份 C++ 語言的函式庫，所以您也可以在 Android Studio 中勾選「include C++ support」選項，以載入使用 C++ 函式庫所必須的檔案，並且在程式中呼叫 C++ 的函式。不過由於目前 Andorid 僅支援非常有限的 C++ 函式庫，再加上本書的首要目標是為讀者建立使用 Java 語言開發 Android APP 的基礎，因此關於 C++ 函式庫的使用將不會包含在本書中。有興趣的讀者可以前往 Android 開發人員的官方網站，其中有關於 C++ 支援的相關說明，請參閱 https://developer.android.com/ndk/guides/cpp-support.html。

STEP 03　接下來，繼續選擇所要開發的專案要在哪種平台上執行？如圖 1-8，請 選 取「Phone and Table」並 選 擇「API 19: Android 4.4（KitKat）」[5]。要注意的是，愈新的版本在市場上相容的設備也就愈少。所以如果沒有特別需要最新版本的新功能，最好還是選擇使用稍舊但相容性較高的版本為宜。完成選擇後，請按下「Next」。

圖 **1-8**

選擇欲開發的平台及 SDK 版本。

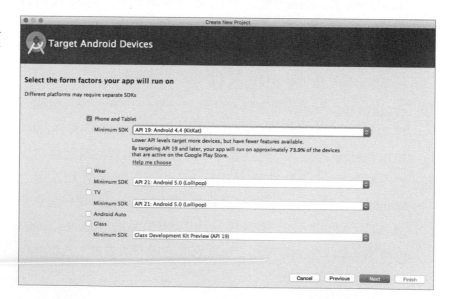

註 5　權衡版本之新舊與市佔率，Android 4.4 是個不錯的選擇！它是個足夠新的版本，而且有超過七成的 Android 裝置與其相容。

資 訊 補 給 站

有沒有注意到在圖 1-8 中有一個「Help me choose」的連結？您只要在它上面以滑鼠點選一下，就可以看到如圖 1-9 的畫面，其中顯示了由 Google 官方所統計的 Android 各版本的市佔率，這將可以幫助您選擇適當的版本。

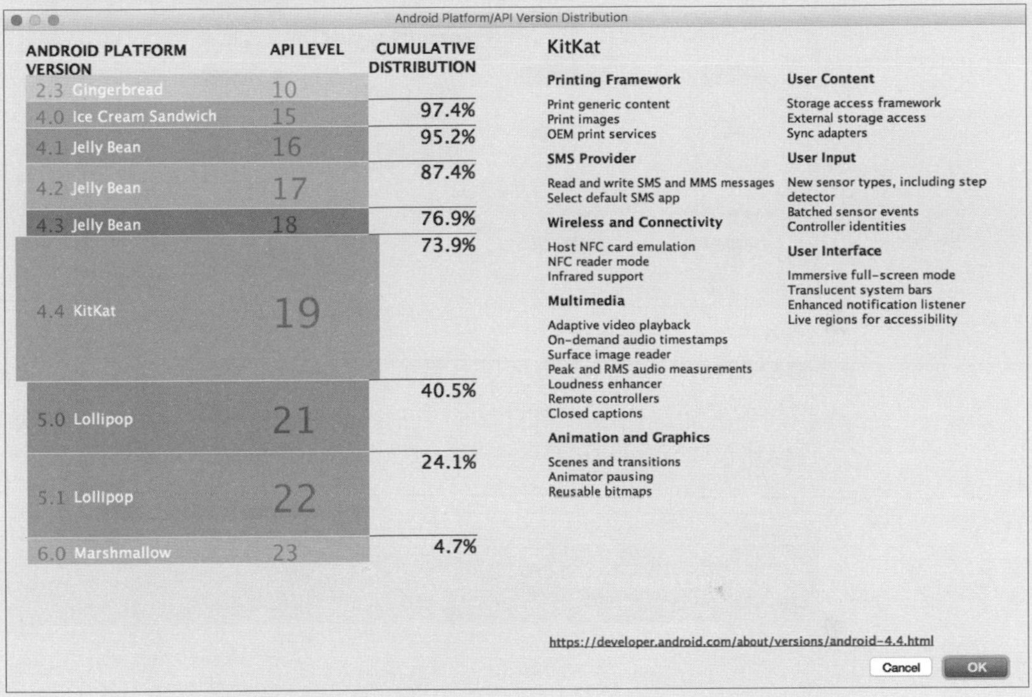

Android Platform/API Version Distribution

ANDROID PLATFORM VERSION	API LEVEL	CUMULATIVE DISTRIBUTION
2.3 Gingerbread	10	
4.0 Ice Cream Sandwich	15	97.4%
4.1 Jelly Bean	16	95.2%
4.2 Jelly Bean	17	87.4%
4.3 Jelly Bean	18	76.9%
4.4 KitKat	19	73.9%
5.0 Lollipop	21	40.5%
5.1 Lollipop	22	24.1%
6.0 Marshmallow	23	4.7%

KitKat

Printing Framework
Print generic content
Print images
OEM print services

SMS Provider
Read and write SMS and MMS messages
Select default SMS app

Wireless and Connectivity
Host NFC card emulation
NFC reader mode
Infrared support

Multimedia
Adaptive video playback
On-demand audio timestamps
Surface image reader
Peak and RMS audio measurements
Loudness enhancer
Remote controllers
Closed captions

Animation and Graphics
Scenes and transitions
Animator pausing
Reusable bitmaps

User Content
Storage access framework
External storage access
Sync adapters

User Input
New sensor types, including step detector
Batched sensor events
Controller identities

User Interface
Immersive full-screen mode
Translucent system bars
Enhanced notification listener
Live regions for accessibility

https://developer.android.com/about/versions/android-4.4.html

Cancel   OK

圖 1-9 Android 各版本及其 API Level 之市佔率

STEP 04 接下來，為您的專案選擇適合的「Activity」（關於 Activity 的細節，在本教材後面的內容中會加以說明），請選擇「Empty Activity」[6]，並按下「Next」。請參考圖 1-10。

註 6 Android Studio 提供多種預設的 Activity 可供我們選擇，在此我們選擇最精簡的「Empty Activity」做為示範。

圖 1-10

選擇要加入到
專案的 Activity
（請選擇 Empty
Activity）。

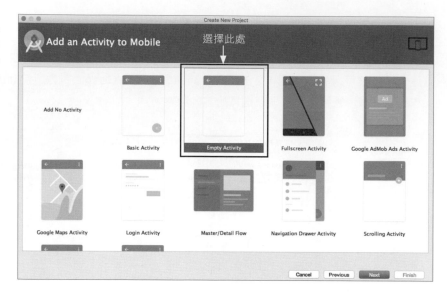

STEP 05　接下來的步驟，是為您的「Activity」進行一些設定。在此
我們先不加以修改，請直接使用預設的設定即可。完成後，請按下
「Finish」，如圖 1-11。

圖 1-11

設定 Activity。

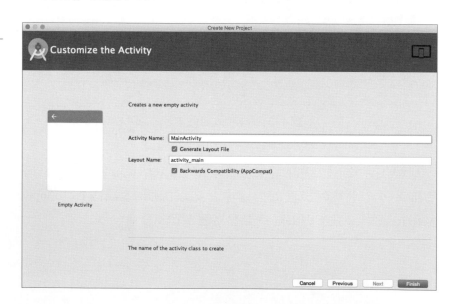

經過上述的動作，我們已經成功地建立了一個空白的專案（事實
上，並非完全空白），您可以看到如圖 1-12 的工作環境，我們將在

接下來的小節中帶領您認識 Android Studio 專案的基礎知識與其工作環境，並實際執行您的第一個 Android APP。

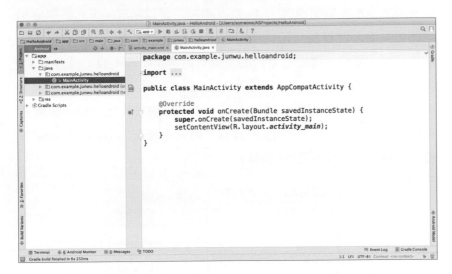

圖 1-12

Hello Android 專案開發畫面。

1-3-2 認識 Android Studio 工作環境

建立好一個新的專案後，Android Studio 的工作環境如圖 1-13 所示（為了便利起見，在圖 1-13 中，我們將 Android Studio 的工作環境標以英文字母）。

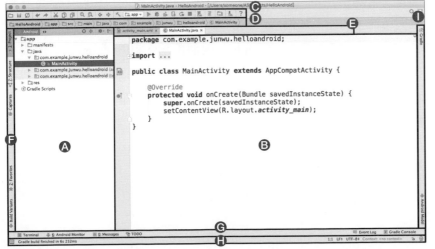

圖 1-13

Hello Android 專案開發工作環境說明。

由於一個 Android APP 會由許多不同的檔案與資源所組成，所以我們會需要從標記為 Ⓐ 的「Project 視窗」（位在畫面的最左方），來瀏覽並開啟專案相關的檔案。「Project 視窗」是以階層的方式將專案相關的檔案與資源以特定的結構呈現，您可以在此瀏覽與選取專案中的各個組成部份。透過左上角的下拉式選單（如圖 1-14），您可以切換使用不同的呈現方式（又稱為 View）。請自行切換並瀏覽不同呈現方式，看看從不同的角度所看到的專案結構有什麼不同。至於透過此「Project 視窗」所開啟的檔案，則會在標記為 B 的「Editor 視窗」中顯示其內容並可加以編輯。

圖 1-14

Project 視窗左上角的下拉式選單（可用來切換不同顯示方式）。

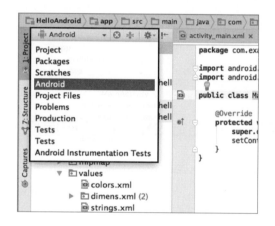

事實上，這些不同的呈現方法（View）的內容大致相同，只是在組織與結構上有所不同而已。我們以「Android View」為例，它將專案分成「app」與「Gradle Scripts」兩個部份，其中「app」是指構成此應用程式 APP 的組成份子，至於「Gradle Scripts」則是編譯與建置此 APP 的方法定義（gradle 如同 makefile 一樣，是編譯、建構軟體的工具，目前是 Android Studio 預設使用的工具。）在大多數情況下，您只需關注「app」的部份，「Gradle Scripts」的部份會自動產生，通常不需要變動。

我們現在將圖 1-13 中所標示的各個部份說明如下：

🅐 **Project 視窗**：此視窗以階層式的方式呈現專案的結構，並且允許我們在此選擇專案的成員進行編輯。左上角的下拉式選單（如圖 1-14），可以讓我們以不同的方式來瀏覽專案，其中預設的方式為「Android View」。

🅑 **Editor 視窗**：透過「Project 視窗」所選擇的專案成員（程式碼或資源檔案等），將會在此「Editor 視窗」進行編輯。Andorid Studio 會視所選取的成員之類別，自動地切換不同的編輯環境供我們使用。我們可以在「Project 視窗」中，選取所欲編輯的檔案，例如「Android | app > java > com.example.junwu. helloandroid > MainActivity」，並且以滑鼠雙擊將它開啟，接著您就可以在「Editor 視窗」中看到這個被開啟的檔案並加以編輯（事實上，它是一個 Java 的原始程式，附檔名為 .java）。

> **注 意**
>
> 本書以「Android |」表示在「Project 視窗」中選取「Android」，並以「path > to > a > file」表示選取在「path > to > a」路徑下的「file」檔案。

🅒 **Toolbar（工具列）**：可以快速啟動或執行功能的快捷工具列。您也可以在其上以滑鼠右鍵選取「Customize Menus and Toolbars …」選項，以進行快捷工具列的客製化。

🅓 **Navigation Bar（導覽列）**：導覽列與「Editor 視窗」（圖 1-13 中標示應為 B 的地方）是一起運作的。導覽列會將正在編輯中的檔案，其在專案中的結構以路徑的方式呈現。當我們在導覽列路徑上的某個元素按下滑鼠時，Android Studio 會將該元素所具有的選項或子項目，並以子選單的方式呈現，我們可以在其中進行選擇切換。請參考圖 1-15。其實「Navigation Bar」也可視為是「Project 視窗」的替代方案。

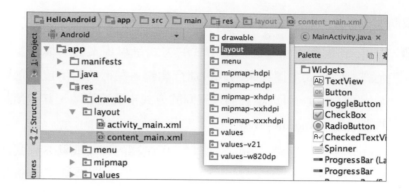

E 　**已開啟檔案標籤**：每個已開啟的檔案，您都可以在「Editor 視窗」上方的「已開啟檔案標籤」中，點選並加以切換不同的檔案。

F 　**左側顯示切換列**：在畫面最左方的顯示切換列導覽列，提供我們快速地在「Project 視窗」、「Structure 視窗」與「Captures 視窗」間切換，並可選擇性的顯示「Build Variants 視窗」與「Favorites 視窗」。其中「Project」即為預設顯示「Project 視窗」的設定。關於「Build Variants 視窗」與「Favorites 視窗」將於後續再加以介紹。

G 　**下方顯示切換列**：在此我們可以快速地將「Terminal」、「Android Monitor」、「Messages」、「TODO」、「Event Log」以及「Gradle Console」等顯示視窗於畫面下方顯示，相關視窗的內容將於後續再進行說明。

H 　**狀態列**：顯示於編輯中的檔案相關的訊息。

I 　**右側顯示切換列**：在此我們可以快速地將「Gradle」與「Android Model」等顯示視窗於畫面下方顯示，我們後續會再進行說明。

1-3-3　認識 Android Studio 的工作視窗

由於一個 Android 的 APP 的開發，牽涉到許多不同的資源與各式檔案的使用，Android Studio 將許多不同的資訊及操作，分別以各式的視窗呈現。為了讓畫面能更為簡潔，Android Studio 將許多視窗的顯示，讓開發人員視需要以左側、右側及下方的顯示切換列來選擇顯示。

但在狀態列的最左方有一個切換這些顯示切換列的按鈕，我們可以透過它將左側、右側及下方的顯示切換列隱藏或顯示，並也可透過它來選擇顯示各個視窗，請參考圖 1-16。若要快速地顯示這些視窗，也可以透過標記在左側、右側及下方的顯示切換列中的各個視窗的快速操作鍵來進行，例如「Project Tool Window」在左側顯示切換列中是以「1：Project」顯示，其中「1」即為其快速鍵。在 Windows 系統中，可以透過「Alt+ 快速鍵」的方式快速地操作，在 Mac OS X 中，則是使用「Command ＋快速鍵」來操作。注意，當不同的視窗被顯示時，「Toolbar」也會切換顯示對應的快捷按鈕。

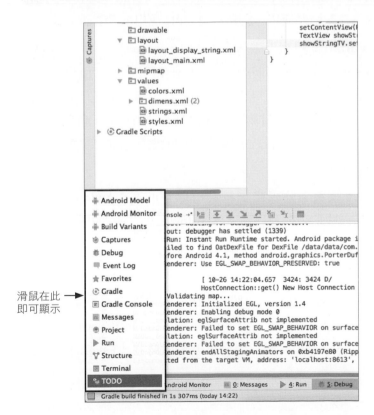

圖 1-16

隱藏或顯示切換顯示列（亦可切換不同視窗之顯示）。

Android Studio 提供 14 種不同的視窗，用以呈現不同的檔案與資源，除了如圖 1-16 的快速切換顯示或隱藏這些視窗的方法以外，您也可以從選單中的「View | Tool Windows」來開啟或關閉這些視窗。我們在此將這些視窗的用途說明如下：

1. **Android Model 視窗**：「Android Model 視窗」提供了關於專案的相關選項與設定的一個單一的集中處，從專案所使用的 Android SDK 版本到專案編譯的選項等都可以在此處進行設定。

2. **Android Monitor 視窗**：此「Android Monitor 視窗」提供了 Android Debugging System（除錯系統）的支援。事實上，此視窗是透過 Android Debug Bridge（ADB）來存取 Android Debugging System 的資訊，提供我們包含了監看 log 的輸出、執行時所截取的畫面、停止執行中的程序等資訊。此外，此視窗亦提供包含記憶體使用、網路以及 CPU 使用率等資訊。

3. **Build Variants 視窗**：這個「Build Variants 視窗」可以讓我們針對目前的專案，依不同的 target（編譯目標）或目的進行不同的「Build Variant」。簡單來說，就是針對專案設定不同的編譯版本，例如可以分別針對「debug」與「release」（也就是開發中的版本與完成的版本），或是為不同的裝置設定不同的「Build Variant」組態。

4. **Captures 視窗**：此視窗讓我們可以存取在「Android Monitor 視窗」所產生的效能資料檔案（Performance Data Files）。

5. **Event Log 視窗**：此視窗顯示 Android Studio 執行時的事件記錄。

6. **Favorites 視窗**：我們可以將在「Project 視窗」或「Structure 視窗」中的項目，以滑鼠右鍵操作選擇「Add to Favorites」，將其加入到「Favorites 視窗」中。後續可隨時在「Favorites 視窗」中存取。

7. **Gradle 視窗**：此視窗顯示預設的 Gradle 工具的相關任務。

8. **Gradle Console 視窗**：此視窗顯示使用 Gradle 編譯專案時的輸出結果。

9. **Messages 視窗**：此視窗要在專案執行時才會出現，其主要用於顯示 Gradle 的輸出訊息，其中 Gradle 是 Android Studio 所使用的 build tool。

10. **Project 視窗**：此視窗將構成專案的檔案結構以階層式的方式加以呈現，我們可以在此切換選擇欲編輯的檔案，Android Studio 會以適當的編輯工具將檔案載入至「Editor 視窗」中供我們使用。

11. **Run 視窗**：當所開發的應用程式在執行時，此視窗提供程式執行的結果。當然，此視窗要在專案執行時才會出現。

12. **Structure 視窗**：此視窗將目前正在編輯的檔案相關的資源，以適當的結構加以呈現，可幫助我們進行相關的編輯動作。例如編輯程式時，「Structure 視窗」會顯示程式中的類別與變數等資訊。

13. **Terminal 視窗**：此視窗提供我們使用系統的終端機（文字命令列模式）。

14. **TODO 視窗**：Android Studio 讓我們可以在專案中，以「// TODO」開頭，撰寫相關的待辦事項。「TODO 視窗」會掃描整個專案，並將所有的待辦事項都在此視窗中呈現。

由於 Android Studio 提供許多不同的工作視窗，為便利起見也提供了許多便利的切換方法，例如我們可以使用「Ctrl」+「Tab」鍵，啟動一個「Switcher 視窗」，可以快速地在不同視窗及檔案間進行切換，請參考圖 1-17。

圖 1-17

Switcher 視窗。

1-3-4 執行 Hello Android

要執行 Android Studio 的專案可以透過其提供的模擬器或是使用真實的 Android 裝置來完成。

1-3-4-1 使用 Emulator（模擬器）執行

如果您計劃要使用 Emulator（模擬器）來執行您的專案，請依下列步驟進行：

STEP 01 使用「Tools 選單 > Android > AVD Manager」或是從視窗上方的工具列中，找到 工具以滑鼠加以點擊，以建立及設定一個「Android Virtual Device（Android 虛擬裝置，AVD）」。這個「AVD Manager」啟動後，您應該可以看到如圖 1-18 的畫面。

圖 1-18

啟動 AVD
Manager。

STEP 02 接下來，請建立一個 AVD 用以執行您的應用程式[7]。請在圖 1-18 中，點選中間的「Create Virtual Device」按鈕。

STEP 03 首先您應該會看到如圖 1-19 的畫面，請在此選擇您所欲建立的虛擬裝置之硬體組態。筆者建議您選擇「Nexus 6」或是其它您想要的模擬環境亦可。

STEP 04 接著設定所要運行的 Android 版本，如圖 1-20。在此我們選擇「Lollipop 21 x86」。當然您也可以選擇其它的版本[8]。

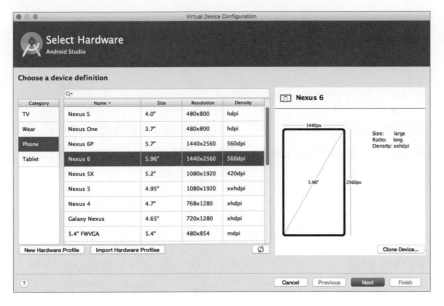

圖 1-19

選擇 AVD Hardware。

註 7 建議您先使用模擬器來測試您的應用程式，待專案開發到一個階段後，才開始在真實裝置上執行，以增進開發的效率。

註 8 若是系統內尚未安裝的版本，也可以在此下載並安裝。

圖 1-20

選擇 AVD System
Version。

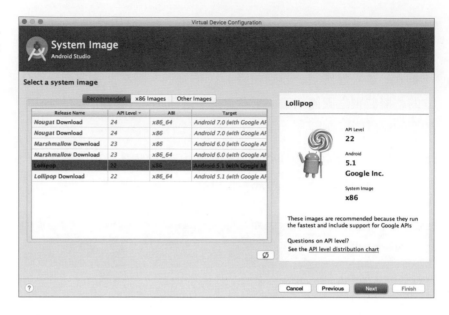

STEP 05 選擇完相關的組態後，會出現如圖 1-21 的畫面讓您確認相關的設定。如果沒有問題的，請按下「Finish」完成虛擬裝置的新增。

前述的 AVD 建立完成後，現在您可以試著在這個「假」的「Nexus 6」上執行您的第一個 Android APP 應用程式。

STEP 06 請從視窗上方的工具列中，找到 ▶ 工具以滑鼠加以點擊，或是從選單中執行「Run 選單 | Run 'app'」。您應該會看到如圖 1-22 的畫面，請選擇「Launch emulator」，並選擇我們剛剛建立的「Nexus 6 API 21」，選擇好後請按下「OK」。然後經過一段時間[9]，在看到如圖 1-23 的畫面後，就可以執行我們的應用程式「Hello Android」，其畫面如圖 1-24 所示。

註9　第一次啟動模擬器會耗用相當長的時間，但後續執行時就可以快上許多。

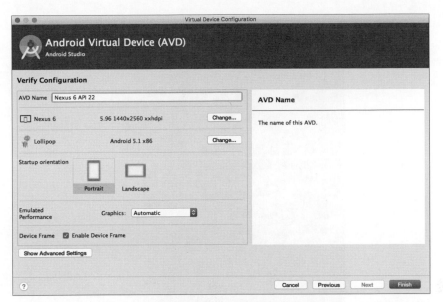

圖 1-21

確認AVD設定值。

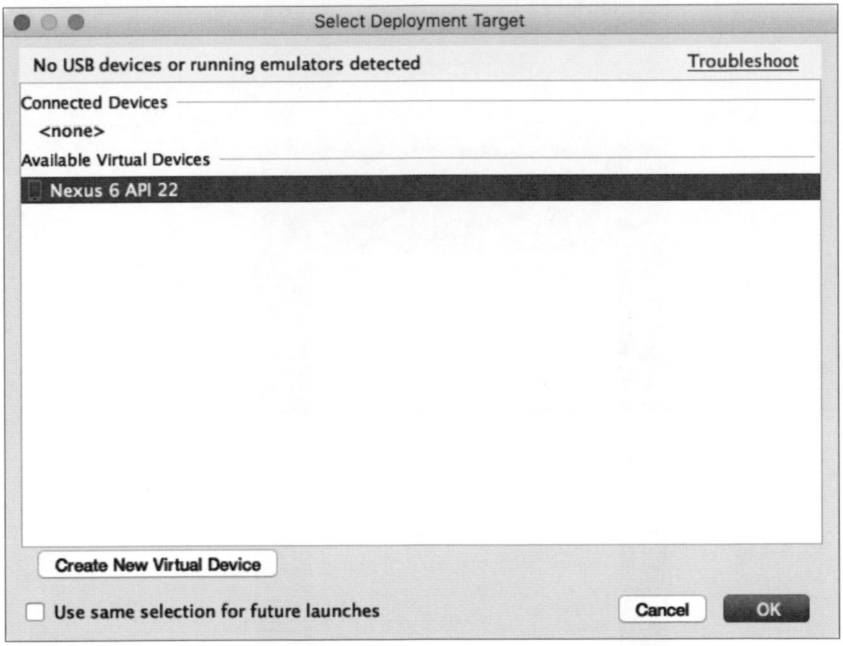

圖 1-22

選取執行 App 的
裝置。

圖 **1-23**

模擬器啟動畫面。

圖 **1-24**

Hello Android 的
執行畫面。

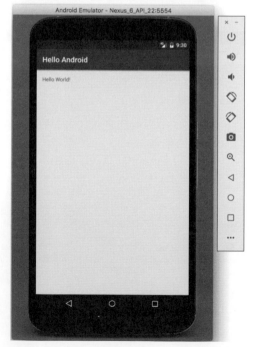

對於這個模擬器來說，我們可以使用滑鼠來模擬對於觸控面版的操作，或是使用以下的鍵盤組合來操作 [10]：

功能	Windows 系統	Mac 系統
Resize（調整視窗大小）		⌘↑ 和 ⌘↓
Power	Ctrl + P	⌘ P
音量增加	Ctrl + =	⌘ =
音量減少	Ctrl + -	⌘ -
旋轉螢幕方向	Ctrl + - 和 Ctrl + -	⌘← 和 ⌘→
螢幕截圖	Ctrl + S	⌘ S
Back	Ctrl + back（退格鍵）	⌘ back
Home	Ctrl + H	⌘⇧ H
Overview	Ctrl + O	⌘ O
Menu	Ctrl + M	⌘ M

除了使用 Android Studio 內建的模擬器外，亦可以使用第三方的 Android 模擬器進行偵錯，我們在此以 Genymotion 為例（安裝方法請閱本書附錄 B），只要您事先將 Genymotion 的模擬器加以啟動，就可以在 Android Studio 裡選取到這個第三方的模擬器，如圖 1-25 所示。至於 Genymotion 的執行畫面則如圖 1-26。

註 10 完整的操作方法可參考 https://developer.android.com/studio/run/emulator.html。

圖 1-25

選取 Genymotion
模擬器做為執行
APP 的裝置。

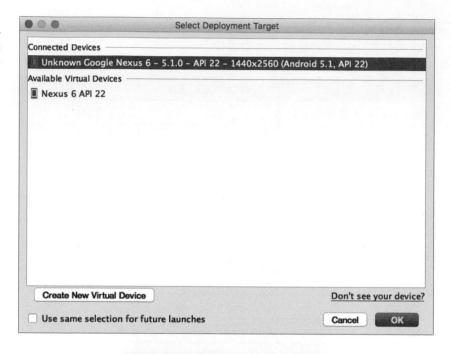

圖 1-26

在 Genymotion
模擬器上執行
Hello Android 的
畫面。

1-3-4-2 使用真實裝置執行

如果您是在 Windows 系統上開發 Android 的 APP，那麼您必須先安裝相關的 USB 驅動程式，才能使用真實裝置來執行 APP[11]。表 1-1 提供許多常見的 OEM（Original Equipment Manufacturer）驅動程式，您可以從中找尋並且加以下載與安裝[12]。至於下載後的安裝，請自行參閱相關說明文件。

表 1-1　常見的 OEM USB 驅動程式下載連結（Windows 系統）

OEM	下載連結
Acer	http://www.acer.com/ac/zh/TW/content/support
Asus	http://support.asus.com/download/
InFocus	http://www.infocusphone.com/tw/problems
HTC	http://www.htc.com
Intel	http://www.intel.com/software/android
LG	http://www.lg.com/us/mobile-phones/mobile-support/mobile-lg-mobile-phone-support.jsp
Samsung	http://www.samsung.com/tw/support/
Sharp	https://www.sharp.com.tw/support.html
Sony	http://developer.sonymobile.com/downloads/drivers/
Xiaomi	http://www.xiaomi.com/c/driver/index.html

確認安裝好所需的 USB 驅動程式後，就可以在您的真實裝置上開始進行 APP 的下載、安裝與執行。

STEP 01 首先將您的裝置的 USB 除錯功能開啟，在 Android 3.2 或以前的裝置上，請在「Settings > Applications > Development」中開啟；至於 Android 4.0 或以上，則是在「Settings > Developer」中。

註 11　至於 Mac OS X 與 Linux 的使用者，則不需要另行安裝驅動程式，就可以直接執行。

註 12　若您的裝置不在列表中，請自行上網搜尋。

要注意的是從 Android 4.2 開始，此「Developer」選項預設是隱藏的，您必須在「Settings > About phone」選項中，以手指點擊「Build Number」七次，就可以找到「Developer」選項，請將「Developer」選項開啟。

STEP 02 接著請以 USB 連接線，將您的裝置與電腦相連接，請從視窗上方的工具列中，找到 ▶ 工具以滑鼠加以點擊，或是從選單中執行「Run 選單 | Run 'app'」，接著在圖 1-27 中，選擇以您的真實裝置，此應用程式就會被下載到您的裝置上並加以執行。必須要注意的是當我們以 USB 連接到真實裝置，在裝置上出現如圖 1-28 的畫面時，請點按「確定」以允許進行偵錯[13]。此外，當 APP 被下載到的裝置時，如果出現「要安裝此應用程式嗎？（來源：未知的 PC 工具）」時，也請點按「安裝」，如此才能將 APP 安裝到您的裝置上。最後，您應該會看到如圖 1-29 的執行畫面，並且也可以在裝置的桌面上看到一個名為「Hello Android」的 APP 已安裝在您的裝置上，如圖 1-30。

圖 1-27

選取以真實裝置執行 Hello Android。

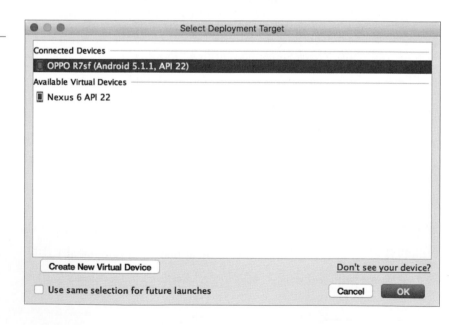

註 13　為了便利起見，也可以點選「一律透過這台電腦進行」。

圖 1-28

允許裝置進行
USB 偵錯。

圖 1-29

Hello Android 在
裝置上的執行畫
面。

圖 1-30

Hello Android 應
用程式已安裝在
裝置上。

1-4 │ 基礎 APP 應用程式架構

現在，讓我們以剛才建立完成的「Hello Android」專案為例，由其
主要的構成元件，簡單地說明 Android APP 的基礎架構。

1-4-1 AndroidManifest.xml

AndroidManifest.xml 位於「Android | app > manifests > AndroidManifest.
xml」，是這個專案所欲開發的 APP 主要的組態設定檔。在本書中，
我們將所謂的「manifest」解釋為「組態設定」。其實 manifest 的原
本意涵指的是清單，這裡所使用的翻譯是引用它衍生的意義。這個
「AndroidManifest.xml」是 APP 的組態設定檔，是一個 eXtensible
Markup Language（XML）格式的檔案。請參考程式碼 1-1（注意，
此檔案位於 Android | app > manifests > AndroidManifest.xml）：

注　意

再次提醒您，本書以「Android |」表示在「Project 視窗」中選取「Android」，並以「path > to > a > file」表示選取在「path > to > a」路徑下的「file」檔案。因此「Android | app > manifests > AndroidManifest.xml」表示在「Project 視窗」中選取「Android」，然後在「app」中的「manifests」項目，裡面有一個「AndroidManifest.xml」檔案，請加以選取。

程式碼 1-1　AndroidManifest.xml（Hello Android 專案）

```
1   <?xml version="1-0" encoding="utf-8"?>
2   <manifest xmlns:android="http://schemas.android.com/apk/res/android"
3           package="com.example.junwu.helloandroid">
4       <application android:allowBackup="true"
5           android:icon="@mipmap/ic_launcher"
6           android:label="@string/app_name"
7           android:supportsRtl="true"
8           android:theme="@style/AppTheme">
9           <activity android:name=".MainActivity">
10              <intent-filter>
11                  <action android:name="android.intent.action.MAIN" />
12                  <category android:name=
13                      "android.intent.category.LAUNCHER" />
14              </intent-filter>
15          </activity>
16      </application>
17  </manifest>
```

注　意

當我們在進行排版時，有時並無法完全依據 Android Studio 所顯示的方式呈現。因此，在本書中有時會將程式碼的縮排及行號等做一調整，不過請您放心，我們並不會改變程式碼的內容，調整的目的只是會了便利您閱讀程式碼。

在這個組態設定檔當中，其第 1-2 行定義了這個 XML 檔案的版本、編碼及其所使用的 namespace[14]。第 3 行則定義了這個 APP 所屬的 Package[15]。這個檔案定義了「application」[16] 與其所擁有的「activity」，分別位於第 4-16 行及 9-15 行。在「application」的定義方面，其中第 4 行的屬性「android:allowBackup」是指是否允許該應用程式進行備份與回復；第 5-8 行則是定義這個 APP 的圖示（icon）、標籤（label）與主題（theme），我們會在後面的章節中再加以說明。最重要的是在第 9-15 行所定義的「activity」是這個 APP 預設啟動的活動[17]，如其中的第 11 行定義了「MainActivity」為本 APP 預設的「Activity」。至於第 10-14 行則是定義「intent-filter」，我們一樣留待後續再加以說明。

1-4-2　MainActivity.java

MainActivity.java 位於「Android | app > java > com.example.junwu. helloandroid > MainActivity.java」。這個檔案就是專案所預設的「activity」類別，當專案開始執行時，此類別會被載入並產生其物件實體[18] 加以執行。請參考程式碼 1-2（注意，此檔案位於 Android | app > java > com.example.junwu.helloandroid > MainActivity.java）：

註 14　xmlns 是定義此 XML 檔案所使用的 namespace，也就是此檔案的結構定義。

註 15　Package 是 Java 語言用以管理類別及其相關資源的方法。

註 16　此處的 application 就是您所開發的 APP 應用程式。

註 17　Activity（活動）是 Android APP 執行的基本單位，我們會在後續章節中加以介紹。

註 18　意即 new MainActivity();

程式碼 1-2　MainActivity.java（Hello Android 專案）

```
1    package com.example.junwu.helloandroid;
2
3    import android.support.v7.app.AppCompatActivity;
4    import android.os.Bundle;
5
6    public class MainActivity extends AppCompatActivity {
7
8        @Override
9        protected void onCreate(Bundle savedInstanceState) {
10           super.onCreate(savedInstanceState);
11           setContentView(R.layout.activity_main);
12       }
13   }
```

Wow! 終於看到熟悉的 Java 程式了 [19]！其中第 1-4 行定義此類別所屬的 Package（套件）以及所需載入的套件與類別。基本上，這個「MainActivity」 類別是繼承自「AppCompatActivity」 類別 [20]，所以我們可以不需要瞭解 Activity 該做些什麼？透過繼承使得「MainActivity」 類別就成為能夠在 Android 環境中執行的 Activity。由於 Activity 需要另外其它完整的章節才能加以說明，所以在此我們先不詳細說明。但請注意在第 9-12 行，我們的「MainActivity」類別必須覆寫（override）[21]「onCreate」method，其中的第 11 行設定了這個 Activity 預設的「ContentView（內容畫面）」為「R.layout.activity_main」；其中的「R」是 Android Studio

---

註 19　如果您是一個有經驗的 Java 程式設計師，那麼這樣的一個類別定義對您而言並不會太困難。對 Java 語言不熟悉的讀者，建議先花些時間和 Java 好好相處、互相認識一下！

註 20　AppCompatActivity 是 Android SDK 預先提供的一種 Activity，留待本書後續再加以說明。

註 21　物件導向的特性之一，我們可以將繼承得來的 method 改以新的內容替代。

幫我們自動產生的類別，它被定義為 final 類別 [22]，所有在「Android | res」中的項目，都會被包含在這個類別中。所以這裡的「R.layout. activity_main」就是在「Android | res > layout > activity_main.xml」檔案，換言之，第 11 行將這個「Hello Android」的預設 Activity「MainActivity」的使用者介面設定為「activity_main.xml」。

1-4-3　res 子項目與類別 R

「Android | app > res」此項目內包含了您的應用程式所使用到的資源，例如在「drawable」中包含了可繪製的物件（例如點陣圖）、「layout」則包含了相關的使用者介面設計、「menu」則包含了選單內容、「values」則包含了程式中所使用到的如字串的常值。我們會在許多不同地方使用到這些資源，例如在程式碼 1-1 中的第 6 行，就是以「@string/app_name」來定義 APP 的名稱。您可以在「Android | res > values > string.xml」中，看到定義為「app_name」的字串資源，如程式碼 1-3（注意，此檔案位於 Android | res > values > string.xml）所示：

程式碼 **1-3**　string.xml（Hello Android 專案）

```
1  <resources>
2      <string name="app_name">Hello Android</string>
3  </resources>
```

如前一小節所述，所有在「Android | res」中的項目，都會被包含在「R」類別中。事實上，Android Studio 會幫我們自動產生一個「R.java」的檔案，您可以在「Package | app > com.example.junwu.helloandroid > R.java」找到這個檔案。由於「R」類別被定義為 final 類別，所以我們可以直接以「R.someresource」來使用其 someresource

---

註22　簡單來說，它可以不需要產生實體，而直接使用。例如在 JDK 中，我們常使用的 java.lang.Math 類別就是一個 final 類別，我們可以不用先「new Math();」，直接以「Math.sqrt()」來使用 sqrt method。

資源，例如在程式碼 1-2 中的第 11 行，我們將「R.layout.activity_main」做為參數，設定了「MainActivity」的「Content View」。

注　意

R.java 係由 Android Studio 依據專案內的資源內容所自動產生的，在一般的情況下請不要自行修改這個檔案的內容，以免造成無法預期的錯誤。

1-4-4　activity_main.xml

前述的「R.layout.activity_main」資源，可以在「Android | app > res > layout > activity_main.xml」找到。它是在我們建立「Hello Android」專案時，自動由 Android Studio 所幫我們產生的，並且也被設定為「MainActivity」的「Content View」。換句話說，「activity_main.xml」是 APP 預設的 Activity 的使用者介面。目前在這個檔案中已有一個「TextView」元件，顯示了一個「Hello World」字串，您可以透過「Editor 視窗」來編輯這個檔案。請參考圖 1-31，這是使用 Android Studio 的「Editor 視窗」的「Design（設計）」視覺化工具來編輯「activity_main.xml」的畫面。

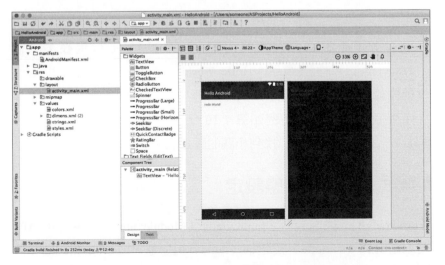

圖 1-31

activity_main.xml 的「Design（設計）」視覺化的編輯畫面。

由於這個檔案本質為一個 XML 格式的文字檔,所以您也可以透過在「Editor 視窗」左下角的「Text」的選項,將其切換為存文字格式顯示(或是以「Design」選像,切換為視覺化的編輯工具),請參考程式碼 1-4(注意,此檔案位於 Android | app > res > layout > activity_main.xml):

程式碼 1-4　activity_main.xml(Hello Android 專案)

```
1   <?xml version="1-0" encoding="utf-8"?>
2   <RelativeLayout xmlns:android="http://schemas.android.com/apk/res/android"
3       xmlns:tools="http://schemas.android.com/tools"
4       android:id="@+id/activity_main"
5       android:layout_width="match_parent"
6       android:layout_height="match_parent"
7       android:paddingBottom="@dimen/activity_vertical_margin"
8       android:paddingLeft="@dimen/activity_horizontal_margin"
9       android:paddingRight="@dimen/activity_horizontal_margin"
10      android:paddingTop="@dimen/activity_vertical_margin"
11      tools:context="com.example.junwu.helloandroid.MainActivity">
12
13      <TextView
14          android:layout_width="wrap_content"
15          android:layout_height="wrap_content"
16          android:text="Hello World!" />
17  </RelativeLayout>
18
```

這個檔案定義了這個畫面的內容,其中第 13-16 行定義了一個「TextView」元件以顯示「Hello World」字串。我們會在後續的章節中編輯修改這個檔案。其中各個元件的座標相關設定,是以「@dimen」加以設定(例如第 7-10 行),您可以在「Android | app > res > values > dimens」找到相關的設定值。

1-4-5 Gradle 組態設定

「Android | Gradle Scripts > build.gradle(Module: app)」是專案的 APP 模組之編譯(compile)及建構(build)組態檔。Android Studio 預設

使用 Grade 來進行應用程式的編譯（compile）及建構（build），其編譯與建構之組態檔即為「build.gradle」。在一個 Android Studio 的專案中，每個所屬的 module 都會有一個 build.grade 檔，且整個專案也會有一個 build.grade 檔案（例如此專案中的「Android | Gradle Scripts > build.gradle（Module: app）」）。通常，我們只會對「app」這個模組感到興趣，其中包含有以下幾個重要的設定：

- 「**compileSdkVersion**」：目前編譯 APP 的 Android SDK 版本。要注意的是此版本是以所謂的「API 層級」來表達，請參考表 1-2 關於各版本所對應的層級。

- 「**applicationId**」：在建立專案時所設定的完整的應用程式識別名。

- 「**minSdkVersion**」：所開發的應用程式所能支援的最舊的版本 [23]。同樣地，此版本是以所謂的「API 層級」來表達，請參考表 1-2 關於各版本所對應的層級。

- 「**targetSdkVersion**」：所開發的應用程式所能支援的最高版本。

表 1-2　Android 版本所支援的 API 層級

Android 版本	Codename	API Level
1-0		API level 1
1-1		API level 2
1-5	Cupcake	API level 3
1-6	Donut	API level 4
2.0	Éclair	API level 5
2.0.1	Éclair	API level 6
2.1	Éclair	API level 7

註 23　此處設定愈新的版本則所能執行的裝置愈少，反之舊的版本能支援的裝置愈多。

Android 版本	Codename	API Level
2.2–2.2.3	Froyo	API level 8
2.3–2.3.2	Gingerbread	API level 9
2.3.3–2.3.7	Gingerbread	API level 10
3.0	Honeycomb	API level 11
3.1	Honeycomb	API level 12
3.2	Honeycomb	API level 13
4.0–4.0.2	Ice Cream Sandwich	API level 14
4.0.3–4.0.4	Ice Cream Sandwich	API level 15
4.1	Jelly Bean	API level 16
4.2	Jelly Bean	API level 17
4.3	Jelly Bean	API level 18
4.4	KitKat	API level 19
4.4	KitKat（支援穿戴式裝置）	API level 20
5.0–5.0.2	Lollipop	API level 21
5.1	Lollipop	API level 22
6.0	Marshmallow	API level 23
7.0	Nougat	API level 24

至此，我們完成了一個簡單的 Android APP 的設計以及程式碼的講解。當然，以這個最為簡單的範例來說（我們只是以預設的 Empty Activity 來建立一個專案，甚至連一行程式碼都沒有寫、也沒有修改任何地方，這樣應該算是最簡單的範例了吧？），還是有許多細節並未對您做說明。事實上，雖然使用 Android Studio 來開發 APP 是很容易的事，但其中的確影藏了許多的細節於其中；對於入門書的第一章來說，先談到這就差不多了，至於一些細節的部份，還請留待日後再慢慢地為您說明。

1-5 │ Exercise

Exercise 1.1

依照 1-3 節的說明,請新增一個專案名為「FirstAPP」來設計一個可以在畫面中顯示「Hello, My First APP!」字串的 APP。並且請建構一個模擬器來執行您的 APP。[提示:請修改 Android | app > res > values > strings.xml 的內容]

Exercise 1.2

承上題,請將所開發的程式在您的 Android 裝置(smart phone 或 tablet)上執行。注意,您可能必須先下載及安裝好所需的 USB 驅動程式。

02

使用者介面設計基礎

本章將說明並示範如何設計 APP 應用程式的使用者介面，也就是為 APP 設計其所需的 Layout。我們在前一章中已經介紹了最簡單的「Empty Activity」專案，其中會包含一個主要的「MainActivity.java」程式，以及一個名為「activity_main.xml」的 Layout。本章將同樣以一個「Empty Activity」的 APP 專案開發為例，讓您實際動手設計所需的使用者介面，也就是設計「activity_main.xml」的內容。

☞ 在開始學習本章的內容之前，請您先以上一章所學到的方法，建立一個專案（選擇使用「Empty Activity」），並請將專案命名為「UI Test」。

請參考圖 2-1，在這個 UI Test 專案中，「Android | app > manifests > AndroidManifest.xml」定義了 APP 的架構，其中負責這個 APP 執行的 Activity 是定義在「android | app > java > com.example.junwu.uitest > MainActivity.java」的程式；當「MainActivity.java」執行時，其「onCreate()」method 以「setContentView()」method 將「R.layout.activity_main」所定義的使用者介面加以載入，所以 APP 在執行時就可以看到我們所設計的使用者介面。在上一章中，我們也說明了「R.layout.activity_main」是定義在「R.java」中的一個物件，其內容是由「Android | app > res > layout > activity_main.xml」所定義的。在本章中，我們將帶領您設計這個「activity_main.xml」檔案。

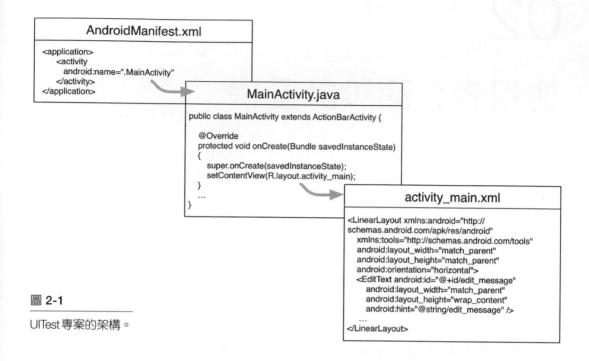

圖 2-1

UITest 專案的架構。

• 2-1 │ Activity 與 Layout

如圖 2-1 所示，目前為止，我們所設計的「UI Test」APP 是由兩個主要的項目所組成，分別是程式邏輯（programming logic）與使用者介面（user interface）。所謂的程式邏輯指得是負責 APP 運行時的程式處理，在 Android SDK 中是以「Activity（活動）」來加以稱呼，其對應的是 Java 語言的原始程式，例如「MainActivity.java」。由於 Activity 是以 Java 語言的類別來實作，所以在命名的習慣上我們採用的是大駝峰式（upper camel case）命名法[1]。

註 1　Upper camel case 命名法，係以一個或一個以上具有意義的英文字詞來命名，並將每一個單字的首字母一律採用大寫字母表達，例如：FirstName、LastName、CamelCase。Java 語言的程式設計師通常都使用此種方式為類別命名。

至於所謂的使用者介面（user interface），係指對於一個畫面中各個元件呈現方式與位置等相關安排。一般而言，使用者介面（user interface）除了靜態的畫面設計（design）外，還包含動態的使用者互動定義。在此，我們先行探討靜態的畫面設計部份，至於使用者互動則留待後續說明。

由於 Android Studio 將使用者介面的定義檔案，分類至「android | app > res > layout」當中，所以本書以「Layout」來稱呼一個使用者介面。由於 Android Studio 預設的命名方式是將 Layout 以「activity」開頭，並在「_」後再接續其命名，例如「activity_main.xml」為「MainActivity.java」所搭配使用的 Layout。

筆者認為此種命名方式無助於我們學習與使用 Layout，因此在本書中，我們將改以與「layout」開頭做為命名的方法，例如「MainActivity.java」所使用的 Layout 就命名為「layout_main.xml」，如此一來將更能有助於我們分辨 Activity 與 Layout 在專案中的差異。請參考圖 2-2，使用新的命名規則後，UI Test 的專案成員的名稱將能更具有可讀性、更能反映其檔案的內容；其中 Activity 與 Layout 將分別以「XXXActivity.java」以及「layout_XXX.xml」做為其命名方法，此方式也可以反映「layout_XXX.xml」是屬於「XXXActivity.java」的 Layout。換句話說，一個 Activity 是屬於程式邏輯處理的功能部份，其對映的 Layout 則是它的外觀以及與使用者互動的窗口。

> **注 意**
>
> Layout 是以 XML 做為其檔案格式，其檔名有一些命名的規定，只能由小寫字母、數字與底線組合而成，所以不能使用駝峰式命名法來為 Layout 檔案命名。

對於已經產生的專案，可以使用「Refactor | Rename」的功能來將專案成員重新命名，Android Studio 會自動幫你掃描所有專案成員，把會使用到欲修改的名稱的地方一併加以修正完成。

☞現在，請您先將「activity_main.xml」改名為「layout_main.xml」[2]，然後再繼續本章後續的內容。

圖 2-2

改以 Layout 來稱呼使用者介面設計。

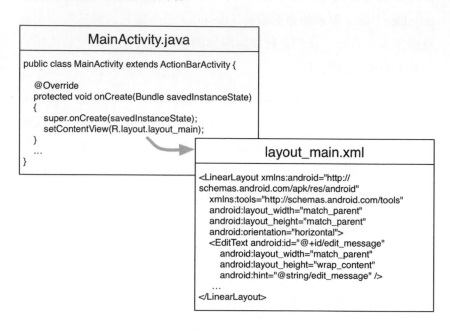

• 2-2 ┃ View 與 ViewGroup 物件

在開始設計使用者介面之前，先讓我們認識兩個非常重要的類別 ― View 與 ViewGroup。View 類別是屬於「android.view」套件[3]中的一個類別，是組成使用者介面元件的基礎，也是「android.widget」套件中所有使用者介面元件[4]的 base 類別[5]。一個 View 會在螢幕上

註2　只要在「Project 視窗」中，以滑鼠右鍵選擇欲修改名稱的專案成員，然後再點選「Refactor | Rename」的功能即可。

註3　這是 Android SDK 中所提供的眾多套件之一，可參考 http://developer.android.com/reference/android/view/package-summary.html 以取得更多資訊。

註4　在 Android SDK 中，所有使用者介面的元件皆統稱為 widget，例如按鈕與文字輸入欄位等。

註5　這是延用自 Java 語言的術語，一般亦可稱為「父類別」。意即所有 widget 類別都是繼承自 View。

佔有一個矩形的區域，並負責該區域的繪圖（drawing）與事件處理（event handling）。要提醒讀者的是，在 Android SDK 中，所有使用者介面元件皆統稱為「widget」。

View 類別有一個重要的子類別 — ViewGroup 類別，它是一個不可視（invisible）的容器（container）[6]，用以管理其它的 View 類別（當然也包含 ViewGroup 類別）的物件，並定義其佈局（layout）的相關屬性。

在 Android SDK 中，提供了多種 ViewGroup 類別的子類別，例如「RelativeLayout」、「LinearLayout」、「FrameLayout」與「GridLayout」等，當你把使用者介面元件（如按鈕）加入到這些 Layout 類別時，它們會以特定的方式來處理元件的位置，當同一個 APP 在不同裝置上執行時，就是透過這些 Layout 類別來幫助我們提供一致性的畫面安排。我們會在本書後續章節中，分別將常用的數個 Layout 加以簡介。

一個典型的使用者介面設計，通常會以一個 ViewGroup 類別的物件開始，在這個 ViewGroup 中包含有一個或多個 View 或 ViewGroup 類別的物件；其所包含的 ViewGroup 類別的子物件還可以再包含有其它的 View 類別的物件，形成了一個階層的架構，如圖 2-3 所示。

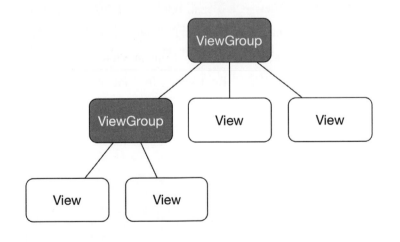

圖 2-3

View 與 View Group 階層。

註 6　Container 指的是可用來管理其它元件的元件，例如在 JDK 中的 java.awt.Panel。

　資　訊　補　給　站

由於 Java 是一個物件導向的程式語言，我們在學習相關的類別庫或開發套件（例如 JDK 或 Android SDK）時，必須善用其物件導向的繼承特性。在學習相關的類別時，也要將其繼承的階層（hierarachy）一併加以掌握，愈是上層的 base 類別，您愈應該熟悉；因為上層的 base 類別之屬性與方法，通常可以應用在其下層的類別中。針對 Android SDK，所有的使用者介面元件（例如 Button、TextVeiw 等）都是繼承自「android.view.View」類別；也因此幾乎所有在「View」類別中的屬性與方法，都可以套用在所有的使用者介面元件上。建議您應該先多花些時間，將 View 類別的文件詳加閱讀[7]。

以圖 2-4 為例，假設我們設計了一個 layout，其中包含有三個 ViewGroup：其中最外（上）層的「ViewGroup 1」又被稱做為「Root View」，它包含有兩個子元件「ViewGroup 2」與「ViewGroup 3」。在「ViewGroup 2」中包含有「TextView」、「Button 1」與「Button 2」共三個 widget；在「ViewGroup 3」中則包含有「CheckBox 1」與「CheckBox 2」兩個 widget。要注意的是，所有的元件都會有一個所謂的「Parent View」，用以代表其所屬的 ViewGroup。例如「ViewGroup 2」的「Parent View」是「ViewGroup 1」、「CheckBox 1」的「Parent View」是「ViewGroup 3」。事實上，就連「Root View」也都存在一個「Parent View」！還記得我們在「MainActivity.java」中以「setContentView()」method 將所設計的 layout 指派給 APP 嗎？當一個 layout 被指派做為某個 Activity 的「Content View」時，其「Content View」就是這個 layout 中的「Root View」的「Parent View」。

註 7　請參考 http://developer.android.com/reference/android/view/View.html。

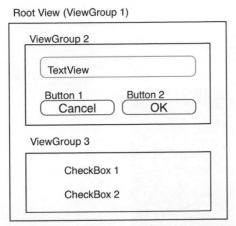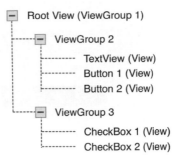

圖 2-4

使用者介面階層
範例。

2-3 | 使用者介面設計

在 Android APP 應用程式的開發中，使用者介面只是一些文字的集合，例如 UI Test 專案中的「layout_main.xml」檔案一樣，它只是一個符合 XML 格式的文字檔案。要編輯這個 Layout 的檔案（也就是要設計使用者介面），Android Studio 提供我們兩種編輯的模式，分別是「Design（設計）模式」與「Text（文字）模式」。在我們開始說明要如何編輯「layout_main.xml」這個使用者介面之前，請先依照下面的指示操作，熟悉如何在「Design（設計）模式」與「Text（文字）模式」間進行切換。

☞ 請在「Project 視窗」中以滑鼠雙擊「android | app > res > layout > layout_main.xml」檔案，然後在右側的「Editor 視窗」中就會出現其內容（預設是以 Design 模式顯示），如圖 2-5 所示。當我們編輯一個 Layout 檔案時，在「Editor 視窗」的左下方，就會出現兩個可以切換的標籤，分別是「Design」與「Text」。這兩個標籤可以讓我們切換使用「Design 模式」或「Text 模式」來編輯 Layout 檔案。請試著使用滑鼠點擊「Editor 視窗」左下角標示為「Text」的標籤，來切換編輯模式為 Text 模式（如圖 2-6 所示），然後再試著點選標示為「Design」的標籤，來回地切換這兩種模式。

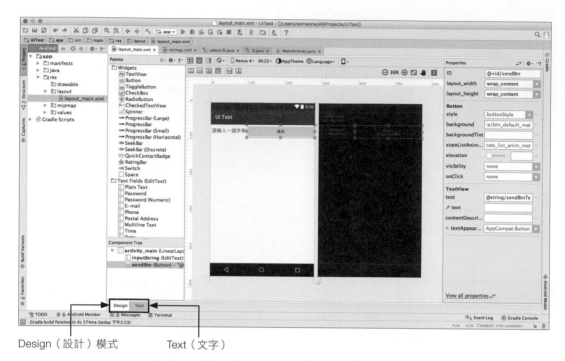

Design（設計）模式　　　　　Text（文字）

圖 2-5　使用者介面的「Design（設計）模式」編輯畫面。

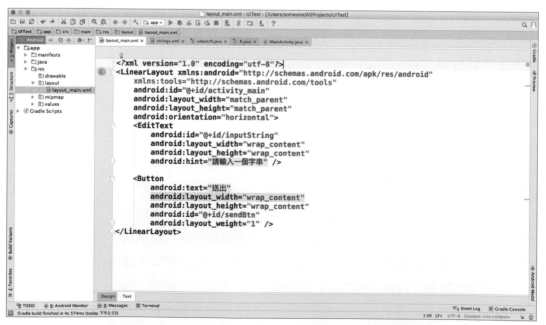

圖 2-6　使用者介面的「Text（文字）模式」編輯畫面。

2-3-1　使用 Text 模式編輯

前述的 layout 設計，在 Android SDK 中是以 XML 方式來定義的。
讓我們以「UI Test」專案為例，示範講解以「Text 模式」編輯使用
者介面的方法。讓我們先從「layout_main.xml」檔案[8]開始，學習相
關的使用者介面設計。

☞ 請使用滑鼠在「Project 視窗」中，雙擊「android | app > res > layout
> layout_main.xml」檔案，並在「Editor 視窗」的左下角以滑鼠點擊
「Text」標籤以開啟 Text 模式來編輯該檔案。

現在，您應該已經成功地以「Text 模式」開啟「layout_main.xml」
檔案，其內容如程式碼 2-1 所示：

程式碼 2-1　layout_main.xml（UI Test 專案）

```
1   <?xml version="1.0" encoding="utf-8"?>
2   <RelativeLayout xmlns:android="http://schemas.android.com/apk/res/android"
3       xmlns:tools="http://schemas.android.com/tools"
4       android:id="@+id/activity_main"
5       android:layout_width="match_parent"
6       android:layout_height="match_parent"
7       android:paddingBottom="@dimen/activity_vertical_margin"
8       android:paddingLeft="@dimen/activity_horizontal_margin"
9       android:paddingRight="@dimen/activity_horizontal_margin"
10      android:paddingTop="@dimen/activity_vertical_margin"
11      tools:context="com.example.junwu.uitest.MainActivity">
12
13      <TextView
14          android:layout_width="wrap_content"
15          android:layout_height="wrap_content"
16          android:text="Hello World!" />
17  </RelativeLayout>
```

註 8　您的檔案名稱改好了嗎？

此檔案中包含了一個 <RelativeLayout> 與其內部的 <TextView> 標籤，用以表示使用「RelativeLayout」[9] 來管理一個「TextView」元件[10]。請先開啟這個檔案，並以「Text」模式[11] 進行以下的操作：

STEP 01 將 <TextView> 標籤刪除，也就是移除第 13-16 行。

STEP 02 將 <RelativeLayout> 標籤改成 <LinearLayout> 標籤（保留其原有的屬性，僅將標籤名稱改變）。

STEP 03 將第 4 行「android:id」的值從「"@+id/activity_main"」改為「"@+id/layout_main"」。

STEP 04 將 <LinearLayout> 標籤的「android:paddingLeft」、「android:paddingRight」、「android:paddingTop」、「android:paddingBottom」與「tools:context="com.example.junwu.uitest.MainActivity"」等五個屬性移除，也就是將第 7-11 行的內容移除。不過要特別注意，第 11 行末的「>」必須加以保留。

STEP 05 為 <LinearLayout> 標籤增加一個名為「android:orientation」的屬性，並將其值設為「horizontal」。

上述修改完成後，您的「layout_main.xml」內容應該如程式碼 2-2 所示：

程式碼 2-2 修改後的 layout_main.xml（UI Test 專案）

```
1   <?xml version="1.0" encoding="utf-8"?>
2   <LinearLayout xmlns:android="http://schemas.android.com/apk/res/android"
3       xmlns:tools="http://schemas.android.com/tools"
```

註 9 android.widget.RelativeLayout 類別繼承自 android.view.ViewGroup 類別。

註 10 android.widget.TextView 類別繼承自 android.view.View 類別。

註 11 在還不熟悉相關的介面設計之前，建議你先從文字方式直接編輯 XML 檔案，日後再以「Design」模式的圖形使用者介面輔助進行設計。

```
4        android:id="@+id/layout_main"
5        android:layout_width="match_parent"
6        android:layout_height="match_parent"
7        android:orientation="horizontal">
8    </LinearLayout>
```

我們所修改的這個 <LinearLayout> 標籤，會在這個專案中產生一個
對應的「android.widget.LinearLayout」類別 [12] 的物件，它可以將交付
管理的元件依在 <LinearLayout> 標籤中的順序以水平或垂直的方式
排列呈現，其中「android:orientation」屬性就是用以決定其排列方
向。所以在程式碼 2-2 中的第 7 行，就是將此 LinearLayout 設定為
水平排列。

第 4 行的「android:id="@+id/layout_main"」設定了此元件的「id」
屬性。所謂的「android:id」屬性，就是為這個所產生的物件定義一
個識別碼（identifier）[13]，以便後續在程式中存取或控制該物件，其
定義必須符合以下格式：

```
@+id/ 識別碼
```

其中「@」表示從此 XML 檔案使用其它的資源，「id」表示資源的
型態，然後在「/」後接上資源的識別碼。至於在「@」與「id」的
中間還有一個「+」，是表示我們要在此新增這個資源（當然，這只
有在第一次宣告時需要，爾後只需要以「@id/ 識別碼」格式即可使
用）。當您編譯此專案時，Android Studio 會自動掃描相關的 XML
檔案，將需要新增的識別碼加入到其自動會產生的「R.java」[14] 檔案
中，並用以存取這個新增的 LinearLayout 元件；換句話說，這個識

註 12　LinearLayout 是 ViewGroup 類別的子類別，屬於 container 的一種，
　　　　可以將交付給它管理的元件以水平或垂直方向排列。與 JDK 中的
　　　　java.awt.FlowLayout 相似。
註 13　所有繼承自 View 的元件都具有此屬性。
註 14　位於「Package | app > com.example.junwu.uitest > R.java」。

別碼就像是代表該 LinearLayout 元件的變數名稱。

至於在第 5 及第 6 行的「android:layout_width」與「android:layout_height」屬性，則是用以指定其寬與高的數值，也就是元件的大小 [15]。在「layout_main.xml」的設計中，若以 XML 的文件結構來看，此 LinearLayout 是最外層的元素（element），我們將它稱為是「layout_main.xml」的「Root View」（請參考第 2-2 節的說明），且其「Parent View」就是 MainActivity 的「Content View」。此處的第 5 及第 6 行，就是將其寬與高設定為如同其「Parent View」的寬與高，也就是此 APP 的寬與高。因此其「android:layout_width」與「android:layout_height」的值都被設定為 "match_parent"。

由於 LinearLayout 是屬於 ViewGroup 類別的子類別（換言之，LinearLayout 是一種 Container），我們可以在其中放置其它的 widget（使用者介面元件）由它進行管理。

☞ **STEP 06** 現在，讓我們在 <LinearLayout> 標籤內，增加一個 <EditText> 標籤，並設定以下的屬性：

android:id="@+id/inputString"
android:layout_width="wrap_content"
android:layout_height="wrap_content"
android:hint="@string/hintText"

當您完成後，「layout_main.xml」的內容應該如程式碼 2-3 所示：

程式碼 2-3　修改後（增加 EditText）的 layout_main.xml（UI Test 專案）

```
1  <?xml version="1.0" encoding="utf-8"?>
2  <LinearLayout xmlns:android="http://schemas.android.com/apk/res/android"
3      xmlns:tools="http://schemas.android.com/tools"
```

註 15　這兩個屬性適用於所有繼承自 View 的類別，意即所有 Android APP 的使用者介面元件都具有這兩個屬性。

```
4        android:id="@+id/layout_main"
5        android:layout_width="match_parent"
6        android:layout_height="match_parent"
7        android:orientation="horizontal">
8        <EditText
9            android:id="@+id/inputString"
10            android:layout_width="wrap_content"
11            android:layout_height="wrap_content"
12            android:hint="@string/hintText" />
13   </LinearLayout>
```

<EditText> 會對應產生一個「android.widget.EditText」類別的物件，用以取得使用者輸入的文字串。其中「android:id」屬性，是用以存取這個新增的 EditText 元件的識別碼，也就是代表該 EditText 元件的變數名稱。至於「android:layout_width」與「android:layout_height」屬性，就如同前述的 <LinearLayout> 標籤一樣，同樣是用以定義元件的寬與高[16]。這裡我們定義為「wrap_content」，意思是依其內容（也就是值）自動調整適合的大小。[17]

最後的「android:hint」屬性，則是定義該 EditText 元件預設的提示字串，也就是預設會出現在此文字輸入元件的文字，用以提示使用者此處該輸入何種資料。雖然我們可以直接給定一個字串常值做為該屬性的值，但如果考慮到未來要提供此 APP 不同語系的版本，那麼使用字串資源是一種比較適合的做法。因此，我們以「@string」來表示此處要使用的是一個字串資源，且其名稱為「hintText」，所以就必須寫成「@string/hintText」。不過此時我們還未為此專案新增這個字串資源，所以您必須依下列方式完成此字串資源的新增。

☞ **STEP 07**　請開啟「android | app > res > values > strings.xml」檔案，並將該字串資源加入其中。假設您打算以「請輸入一個字串」做為

註 16　是的，再說一次，所有繼承自 View 的元件都有這兩個屬性。
註 17　您也可以試著將其設定改為「match_parent」，看看其效果為如何？

其提示字串，那麼所要增加到「strings.xml」的內容如下：

<string name="hintText"> 請輸入一個字串 </string>

注　意

您不可以使用「@+string/hintString」的方式來新增字串資源，這是不被允許的。所有字串
資源都必須在「android | app > res > values > strings.xml」中加以定義。

完成後，「strings.xml」的內容應該如程式碼 2-4 所示：

程式碼 2-4 　修改後（增加 hintText）的 strings.xml（UI Test 專案）

```
1    <resources>
2        <string name="app_name">UI Test</string>
3        <string name="hintText"> 請輸入一個字串 </string>
4    </resources>
```

☞**STEP 08** 　現在您可以編譯並使用模擬器或真實的 Android 裝置來執
行此專案，看看其執行的結果為何？

如果一切順利，您應該會看到如圖 2-7 的畫面。

圖 2-7

UI Test APP 的執
行畫面。

2-3-2 使用 Design 模式編輯

在上小一節中，我們示範了使用「Text 模式」編輯修改「layout_main.xml」的內容外；在本小節中，我們將使用 Android Studio 提供的另一種方式 — 視覺化的編輯方式，也就是使用「Design 模式」進行編輯。在開始說明如何以「Design 模式」進行使用者介面的設計前，請先參考圖 2-8，先認識在此模式下各個視窗的作用。

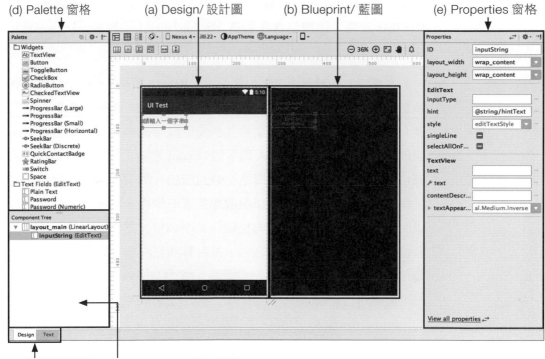

圖 2-8　Design 模式的編輯環境。

在圖 2-8 中，您可以發現 Design 模式可以顯示兩種圖，分別是在圖中標示為 (a) 與 (b) 的「設計圖（design）」與「藍圖（blueprint）」，其中設計圖就是該介面「看起來」的樣子，至於藍圖則會顯示了在設計圖中每一個 widget[18] 所屬之類別與 ID，例如在「設計圖」中所存在的兩個 widgets 分別為最外層的「LinearLayout」以及其所內含的「EditText」，也同步地顯示在「藍圖」中。請注意在圖 2-8 中標示為 (c) 的「Component Tree 窗格」[19]，其作用與「藍圖」類似，都可以幫助我們瞭解此使用者介面所包含的 widget。不過「藍圖」與「Component Tree」的主要差異在於「藍圖」依據「設計圖」顯示每個位置上的 widget 所對應的類別；至於「Component Tree」則更進一步可以顯示其結構，例如可以顯示出名為「inputString」的 EditText 元件，是被包含在名為「layout_main」[20] 的 LinearLayout 元件裡。

至於在圖 2-8 中標示為 (d) 的部份是「Palette 窗格」，其中存放了許多各式各樣的 widgets，我們可以從這個窗格中選取想要加入使用者介面中的元件，使用滑鼠將其拖曳至設計圖中適當的地方後將滑鼠放開，即可將該元件加入到這個 Layout 之中。您也會立刻在「藍圖」與「Component Tree 窗格」看到所加入的元件。你可以在「設計圖」中，使用滑鼠點選以選取想要進一步操作的元件，然後就可以使用滑鼠來進行該元件的位置與大小調整。當然，一個元件除了有位置與大小這兩項屬性之外，還會有其它許多可以設定或調整的屬性。您可以在「設計圖」、「藍圖」或「Component Tree 窗格」中以滑鼠點選已經加入到「設計圖」中的元件，然後在圖中標示為 (e) 的「Properties 窗格」[21] 中，去查詢或修改那些與它相關的屬性值。我們將在本小節後續的內容中，為您示範這些操作的過程與細節。

註 18　不要忘記，在 Android SDK 中的使用者介面元件都被稱為 widget。

註 19　Component Tree 可譯做「元件樹」，表示由元件所構成的樹狀結構。

註 20　請注意，在前面步驟中，我們已經將「activity_main」更改為「layout_main」。

註 21　Properties 是元件的屬性之意。

資 訊 補 給 站

由於「藍圖」可以幫助我們在設計使用者介面的同時，也能夠掌握各個元件所屬的類別。換句話說，您可以在「設計圖」看到元件的樣貌，並且也能夠在「藍圖」中同時瞭解元件的內容是什麼！不過這些資訊也不一定非要由「藍圖」來提供，其實在「Component Tree 窗格」中，也能夠提供這些資訊。可是「藍圖」的存在讓「設計圖」能夠顯示的空間變小，如果能夠把「藍圖」隱藏起來，那麼「設計圖」的可用空間將能夠大幅地增加！

我們將在此為您說明如何在「Design 模式」中將「藍圖」加以隱藏。首先請注意在「Editor 視窗」的上方有三個按鈕：

這三個按鈕可以讓我們切換不同的顯示模式，分述如下：

⊟：按下此按鈕僅會顯示「設計圖」。

▦：按下此按鈕僅會顯示「藍圖」。

▤：按下此按鈕會同時顯示「設計圖」與「藍圖」。

以後當您再開發 APP 時，就可以依您自己的需求，切換適切的顯示畫面。

現在，讓我們使用「Design 模式」來修改「layout_main.xml」檔案的內容，請依照以下的指示來進行：

☞ **STEP 01**　請在「android | app > res > values > strings.xml」中，增加一個字串資源：

`<string name="sendBtnText"> 送出 </string>`

☞ **STEP 02**　請改以「Design 模式」來編輯使用者介面，為了便利編輯建議您可以將「藍圖」加以隱藏只需要顯示「設計圖」即可。首先在「Palette 窗格」中，選擇其中的「Button」並使用滑鼠拖曳，將此 Button 加入到我們所設計的 Layout 上，圖 2-9 顯示了此操作的結果。

圖 2-9

Android Studio
的視覺化使用者
介面設計畫面。

STEP 03　請在「設計圖」中以滑鼠選取前一步驟所新增的「Button」
元件，然後在其「Properties 窗格」中，尋找以下的屬性並設定
其值：

屬性	設定值
id	sendBtn[22]
layout_wdith	wrap_content
layout_height	wrap_content
layout_weight[23]	0
text	@string/sendBtnText

註22　從「Palette 窗格」拖曳到「設計圖」的 widget（元件），在使用
LinearLayout 的情況下，預設的「layout_weight」值為 1，在此請您
將它改為 0。

註23　從「Palette 窗格」拖曳到「設計圖」的 widget（元件），在使用
LinearLayout 的情況下，預設的「layout_weight」值為 1，在此請您
將它改為 0。

有些屬性您可能無法在「Properties 窗格」中找到（例如 layout_weight），因為「Properties 窗格」預設是以「精簡模式」顯示一些常用的屬性，您必須以滑鼠點擊在窗格下方的「View all properties」模式才能切換為「完整模式」，然後就可以在其中找到所有的相關屬性。

注　意

由於每個 wdiget 元件都有很多相關的屬性，所以 Android Studio 的「Properties 窗格」為了便利您的使用，特別將其區分為兩種顯示的模式：「精簡模式」與「完整模式」，如圖 2-10 所示。如果要切換這兩種模式，可以在「精簡模式」的最下方找到「View all properties」的聯結標籤，只要以滑鼠點選之後就可以切換到如圖 2-10 (b) 的完整模式；同樣地，在「完整模式」時，只要捲動到最下方，也可以看到一個「View fewer properties」的聯結標籤，只要以滑鼠點選之後就可以切換回如圖 2-10 (a) 的精簡模式。

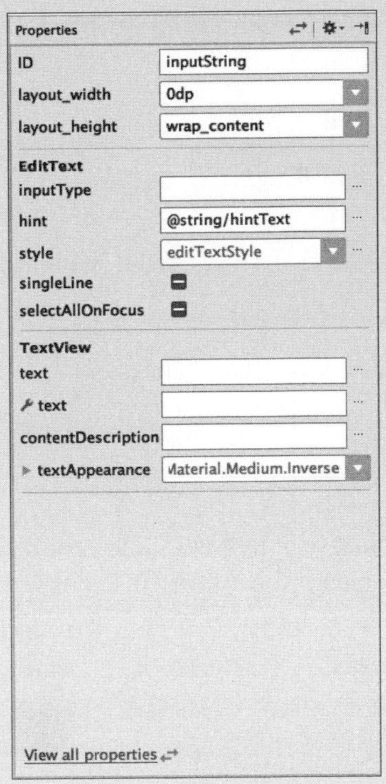

(a) 精簡模式 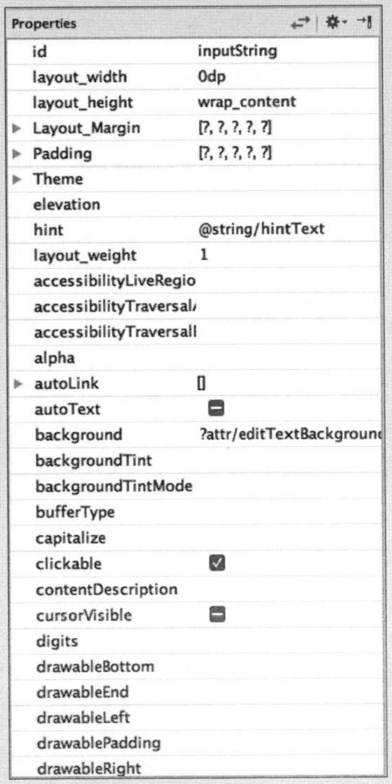　　　　　　　　　　　　(b) 完整模式

圖 2-10　Properties 窗格的兩種顯示模式。

☞ **STEP 04** 請在「設計圖」中以滑鼠點選並原本已建立的「input String」，透過「Properties 窗格」將以下的屬性值依下表加以設定（注意，layout_weight 屬性可能需要切換到「完整模式」才能找到）：

屬性	設定值
layout_wdith	0dp[24]
layout_weight[25]	1

當我們使用「LinearLayout」且將其「orientation」設定為「horizontal」時，所交付給它管理的元件將會由左至右排列，並由各元件的 layout_weight 值來決定各元件所分配的空間。假設 LinearLayout 有 n 個元件要管理，對於元件 i 而言，其可分配到剩餘空間的比例可計算如下：

$$\frac{Weight_i}{\sum_{j=1}^{n} Weight_j}$$

換句話說，剩餘的空間將會依各元件的 layout_weight 值進行等比例的分配。此外，當您設定了「layout_weight」的值後，其實可以把「layout_width」屬性設定為 0dp，以節省不必要的計算[26]。在 UI Test 專案中，「layout_main.xml」裡有一個「LinearLayout」元件，

註 24　dp 是 Android 用以表示長度的一種單位，不受行動裝置的解析度影響，1dp ＝ 1/160 英吋＝ 0.00625 英吋＝ 0.015875 公分。

註 25　雖然從「Palette 窗格」中拖曳到「設計圖」的 widget，其預設的 layout_weight 值為 1，但此處的 EditText 不是從「Palette 窗格」中拖曳到「設計圖」的，而是由我們在「Text 模式」透過 XML 檔案的編輯所加入的，在加入的當時我們並沒有給定其 layout_weight 值，因此其值為 0。

註 26　如使用 wrap_content，當所需的空間計算出來後，又因為 weight 值的設定，又要再次計算，所以建議您將其 layout_width 設定為 0dp 即可。

其中又包含有一個「inputString」與一個「sendBtn」，且其 layout_weight 分別設定為 1 與 0。依前面的公式，「inputString」元件會得到全部的剩餘空間，因為：

$$\frac{1}{1 + 0} = 1 = 100\%$$

至於 sendBtn 則得不到任何剩餘的空間，因為：

$$\frac{0}{1 + 0} = 0$$

因此，排在 LinearLayout 後面的 sendBtn，其 layout_wdith 設定為 wrap_content，所以 LinearLayout 會依據其內容文字「送出」兩字所需的空間，計算其所需的空間。至於排在前面的 inputString 元件，則因為 layout_weight 的關係而得到了剩下的所有空間，其結果如圖 2-11 所示。

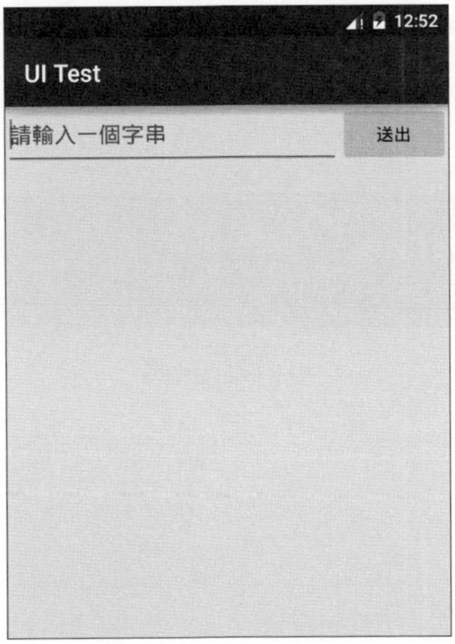

圖 2-11

完成後的使用者介面設計。

至此，使用者介面已經設計完成。我們將在後續的小節中說明如何讓這個使用者介面與使用者進行真正的互動。

2-4 │與使用者互動

在本節中,我們將開始處理使用者與介面的互動,我們會將一個新的「Activity」加入到「UI Test」專案中,並在使用者按下「sendBtn」按鈕後,將程式的執行切換到這個新的「Activity」。

2-4-1 新增一個顯示結果的 Activity 與其 Layout

首先,請為「UI Test」專案新增一個 Activity,其名稱為「Display StringActivity.java」;同時,此 Activity 欲顯示的 Layout 則命名為「layout_display_string.xml」。

☞ 請在「Android | java > com.example .junwu.uitest」上點擊滑鼠右鍵,並在彈出式的選單中選擇「New | Activity | Empty Activity」;接著在出現的「Configure Activity 對話窗」中,輸入以下資訊(如圖 2-12):

1. 在「Activity Name」輸入「DisplayStringActivity」。

2. 在「Layout Name」輸入「layout_display_string」。

完成後,請按下「Finish」。

圖 2-12

新增 Activity 的
Configure(組態
設定)對話窗。

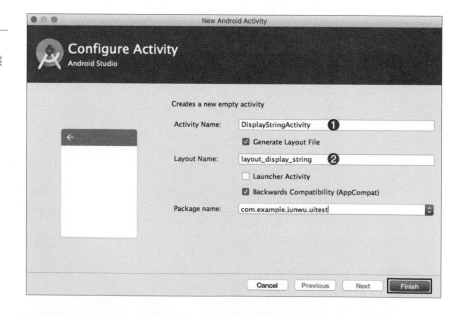

完成上述動做後，Android Studio 就會幫我們產生對應的檔案：
「DisplayStringActivity.java」與「layout_display_string.xml」。同時也會
幫我們完成所有相關檔案的修改，例如「Android | app > manifests >
AndroidManifest.xml」這個 APP 的組態設定檔也會自動將「Display
StringActivity」加入到此 APP 所擁有的 Activity 列表中，請參考程式
碼 2-4，其中的第 19 行即為 Android Studio 幫我們加入的新 Activity 的
設定。

程式碼 2-4　AndroidManifest 組態設定檔內容（UI Test 專案）

```
1   <?xml version="1.0" encoding="utf-8"?>
2   <manifest xmlns:android="http://schemas.android.com/apk/res/android"
3       package="com.example.junwu.uitest">
4
5       <application
6           android:allowBackup="true"
7           android:icon="@mipmap/ic_launcher"
8           android:label="@string/app_name"
9           android:supportsRtl="true"
10          android:theme="@style/AppTheme">
11          <activity android:name=".MainActivity">
12              <intent-filter>
13                  <action android:name="android.intent.action.MAIN" />
14
15                  <category android:name=
16                              "android.intent.category.LAUNCHER" />
17              </intent-filter>
18          </activity>
19          <activity android:name=".DisplayStringActivity"></activity>
20      </application>
21  </manifest>
```

☞ 接下來，請參考圖 2-13，自行完成「layout_display_string.xml」的
設計。此處不限定使用「Design 模式」或「Text 模式」，您可以自行
決定想採用的模式。

圖 2-13

設計 layout_
display_string.
xml 的內容。

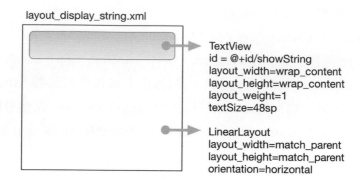

稍後，我們會將「MainActivity」所傳過來的字串顯示在這個畫面中的 TextView(其 id 為「showString」的這個 TextView 元件) 中。

2-4-2　為按鈕加上回應處理

現在，讓我們回到「layout_main.xml」，讓我們為其中的 sendBtn 按鈕加上事件的處理：

STEP 01 開啟「android | app > res > layout > layout_main.xml」檔案，並以文字模式進行編輯。請為「Button」標籤增加一個名為「onClick」的屬性，並將其值設定為「sendString」。這是為「Button」元件增加一個事件處理的 method，每當其發生「onClick」[27]，就會呼叫一個名為「sendString()」的 method。請參考以下的程式碼 2-5 中的第 22 行，這就是此步驟要完成的程式碼。

程式碼 2-5　layout_main.xml 使用者介面檔案內容（UI Test 專案）

```
1    <?xml version="1.0" encoding="utf-8"?>
2    <LinearLayout xmlns:android="http://schemas.android.com/apk/res/android"
3        xmlns:tools="http://schemas.android.com/tools"
4        android:id="@+id/layout_main"
5        android:layout_width="match_parent"
6        android:layout_height="match_parent"
```

註 27　不是滑鼠點選！是使用者用手指敲擊！

```
 7          android:orientation="horizontal" >
 8
 9          <EditText
10              android:id="@+id/inputString"
11              android:layout_width="0dp"
12              android:layout_height="wrap_content"
13              android:hint="@string/hintText"
14              android:layout_weight="1" />
15
16          <Button
17              android:text="@string/sendBtnText"
18              android:layout_width="wrap_content"
19              android:layout_height="wrap_content"
20              android:layout_weight="0"
21              android:id="@+id/sendBtn"
22              android:onClick="sendString"/>
23
24      </LinearLayout>
```

☞**STEP 02**　上一步驟所需要的「sendString()」method 必須在此 Layout 所對應的 Activity 中實作，也就是「MainActivity.java」。請開啟「android | app > java > com.example.junwu.uitest > MainActivity.java」檔案，為它增加一個用來處理前述的按鈕事件的「sendString()」method，其內容如程式碼 2-6 的第 15-17 行：

程式碼 2-6　MainActivity.java 程式檔案內容（UI Test 專案）

```
 1   package com.example.junwu.uitest;
 2
 3   import android.support.v7.app.AppCompatActivity;
 4   import android.os.Bundle;
 5   import android.view.View;
 6   import android.widget.Button;
 7
 8   public class MainActivity extends AppCompatActivity {
 9
10       @Override
11       protected void onCreate(Bundle savedInstanceState) {
12           super.onCreate(savedInstanceState);
```

```
13              setContentView(R.layout.layout_main);
14      }
15      public void sendString(View view) {
16              ((Button) view).setText("OK");
17      }
18  }
```

做為「onClick」事件的處理 method，這個「sendString()」method 必須有一個型態為「android.view.View」類別的物件做為參數，用以代表發生事件的物件為何。這點在多個物件共用同一個事件處理 method 時尤其重要，透過這個參數，才可以知道是誰送出這個處理的要求。請注意，在第 16 行中的「((Button) view)」是將發生事件的「view」物件先轉型回「Button」類別的物件 [28]，然後呼叫其「setText()」method，將其按鈕上所顯示的文字改為「OK」。要注意的是，當您撰寫第 16 行的程式碼時，Android Studio 自動判斷我們所使用的「Button」類別為「android.widget.Button」，並提醒我們可以「alt + Enter 鍵」[29] 自動為我們載入「android.widget.Button」類別 (也就是幫我們增加 import 敘述)。

☞ **STEP 03**　現在，請編譯並執行 UI Test 專案，看看目前為止的 APP 執行結果為何。

有沒有發現當您按下「sendBtn」時，其顯示的字串從「送出」變成「OK」了？！當然，這還不是我們想要的執行結果，不過現在您已經可以處理 Button 的事件了，請繼續依本章後續指示完成這個專案。

註 28　雖然它本來就是 Button 的物件，但在呼叫時已被轉換為其 base 類別的物件，也就是 View 類別的物件。因此，我們在使用前還需要再將它轉換回來。

註 29　在 mac 系統則是 option+Enter 鍵。

2-4-3　使用 Intent 切換 Activity

讓我們回顧一下到目前為止，對於設計 Android APP 的一些認知：

1. APP 是以 Activity 為執行的對象，每個 APP 至少須有一個 Activity。

2. Activity 的執行，代表的是程式處理的邏輯。

3. Layout 是使用者介面的定義，代表 APP 執行時的畫面設計。

4. Activity 可以設定使用特定的 Layout 做為其顯示的畫面。

但是，當一個 Activity 執行時，該如何才能切換給其它 Activity 加以執行呢？這就要靠所謂的 Intent 了！ Intent 可以翻譯為「意圖」，代表「想要做些什麼（intent to do something）」。從 Java 語言的角度來看，Intent 是一個在不同 Activity 間用來溝通的物件 [30]，可用在讓 APP 的成員對其它的成員提出要求。事實上，Intent 是 Android APP 的一個相當重要的概念，本書後續會有獨立的章節加以詳細說明。

現在，先讓我們來看看 Intent 可以如何幫助我們切換不同的 Activity 加以執行。請依照下列步驟，繼續修改本章的「UI Test」專案。

☞ **STEP 01**　請再次開啟「android | app > java > com.example.junwu.uitest > MainActivity.java」檔案，依程式碼 2-7 修改「sendString()」method 之內容：

程式碼 2-7　修改 MainActivity.java 的 sendString() method

```
1   public void sendString(View view) {
2       Intent intent = new Intent(this, DisplayStringActivity.class);
3       startActivity(intent);
4   }
```

註 30　以物件導向的術語來稱呼，則可稱為「訊息物件（messaging object）」。

其中第 2 行的程式碼「Intent intent = new Intent(this, DisplayString Activity.class);」，宣告並產生了一個 Intent 類別的物件實體，並以「intent」做為其物件名。注意，你應該要 import「android.content. Intent」（當然，Android Studio 也會提醒你）。

在這個版本中，我們準備要將 APP 的執行由「MainActivity」切換到「DisplayStringActivity」，所以我們必須先產生一個 Intent 的物件來表明我們的意圖。這個 Intent 類別的物件就是在第 2 行中以「new」加上 Intent 類別的建構函式 (constructor) 來完成建構的。這裡的建構函式擁有兩個參數，分別為「this」[31] 與「DisplayStringActivity. class」，就是用來表示從目前的「MainActivity」切換至「Display StringActivity」類別。

至於後續的第 3 行程式碼「startActivity(intent);」就是透過「start Activity()」method 將「intent」物件所指向的「DisplayStringActivity」加以啟動。

☞ **STEP 02**　現在請開啟「android | app > java > com.example.junwu.uitest > DisplayStringActivity.java」檔案，依程式碼 2-8 修改其「onCreate()」method 之內容：

程式碼 2-8　修改 DisplayStringActivity.java 的 onCreate() method

```
1   protected void onCreate(Bundle savedInstanceState) {
2       super.onCreate(savedInstanceState);
3       setContentView(R.layout.layout_display_string);
4       TextView showStringTV = (TextView) findViewById(R.id.showString);
5       showStringTV.setText("test");
6   }
```

其中第 3 行就是利用「setContentView()」method，將 DisplayString Activity 的使用者介面設定為「layout_display_string.xml」。要注意的是，我們是透過在「R.java」中所定義的資源來取得此 layout。

註 31　在 Java 程式中，每個物件在執行時都會有一個「this」指向其自身。

接著在第 4 行的程式碼中，透過「findViewById()」method 取得了 id 為「showString」的使用者介面元件，也就是在「layout_display_ string」中用來顯示字串的那個 TextView 元件。當然，我們還是透過了「R.id.showString」來給定該 id。還要特別注意的是，我們也對所取回的元件（這裡是以最上層的 android.view.View 做為其所屬之類別）進行型態的轉換，將之轉換回 TextView 類別。至此，「showStringTV」就指向了這個用以顯示字串的 TextView 元件。最後，第 5 行程式碼，將該元件的字串內容設定為一個字串常值「test」。

☞STEP 03　請編譯與執行 UI Test 專案，看看結果為何。

☞STEP 04　也請試試將程式碼 2-8 當中的第 3 行移到第 5 行之後，看看會發生什麼事？想一想為什麼？

2-4-4　利用 Intent 在 Activity 間傳遞值

我們已經完成讓 APP 可以在不同 Activity 間切換（從「MainActivity」到「DisplayStringActivity」），但是我們的目的是希望能將使用者在「MainActivity」的「layout_main」所輸入到「inputString」這個「EditText」元件的字串，可以顯示到在「DisplayStringActivity」的「layout_display_string」中名為「showString」的「TextView」元件。為了實現此一目的，讓我們透過 Intent 來在這兩個 Activity 間傳遞數值，請進行下列的步驟：

☞STEP 01　請開啟「Android | app > java > com.example.junwu.uitest > MainActivity.java」，並依程式碼 2-9 的內容，修改其「sendString()」method。

程式碼 2-9 修改 MainActivity.java 的 sendString() method

```
1  public void sendString(View view) {
2      Intent intent = new Intent(this, DisplayStringActivity.class);
3      EditText editText = (EditText) findViewById(R.id.inputString);
4      String string2send = editText.getText().toString();
5      intent.putExtra("userInputtedString", string2send);
6      startActivity(intent);
7  }
```

在這個修改的版本中，我們首先將使用者所輸入到 id 為「input String」的「EditText」元件中的字串取回，並且透過 Intent 來傳遞給「DisplayStringActivity」。其中第 3 行程式碼透過「findView ById()」method 來取得 id 為「R.id.inputString」的元件；然後在第 4 行的程式碼中，將使用者所輸入的內容轉換為 Java 的 String 物件。

如果要在 Activity 間傳遞數值資料，可以透過一個名為「extras」的 hash 資料結構來實現；只要將所欲傳遞的資料，以 key-value 的組合加入到此 hash 中，就可以在切換 Activity 後取得所傳遞的資料。在第 5 行的程式碼中，我們透過「putExtra」method，將 ("userInputtedString", string2send) 這組 key-value 組合放入「extras」資料結構中。

STEP 02 接著，請開啟「Android | app > java > com.example.junwu. uitest > DisplayStringActivity.java」，依程式碼 2-10 修改其「onCreate()」method。

程式碼 2-10 修改 DisplayStringActivity.java 的 onCreate() method

```
1  protected void onCreate(Bundle savedInstanceState) {
2      super.onCreate(savedInstanceState);
3      Intent intent = getIntent();
4      String outputString = intent.getStringExtra("userInputtedString");
5      setContentView(R.layout.layout_display_string);
6      TextView showStringTV = (TextView) findViewById(R.id.showString);
7      showStringTV.setText(outputString);
8  }
```

「DisplayStringActivity.java」的「onCreate()」method，會在它被切換時被加以執行。我們在第 3 行的程式碼中，先取回此 Activity 被切換執行的 Intent，然後在第 4 行時，透過「getStringExtra("userInputtedString")」來取得 key 值為「userInputtedString」的字串值（在此例中，是由 MainActivity 所傳遞過來的）。在第 6 行的程式碼將 id 為「R.id.showSting」的元件取回，並在第 7 行將其字串值設定給顯示結果的 TextView 元件。

至此，這個「UI Test」專案已順利完成，其執行結果如圖 2-14 所示。

(a) 啟動 APP 後的畫面

(b) 輸入字串中

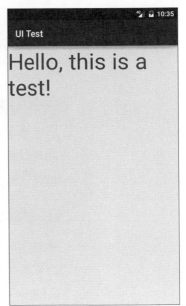
(c) 按下「送出」後

圖 2-14　UI Test 的執行結果

2-5 | Exercise

Exercise 2.1

請依照本章的內容，設計一個 Android APP，其專案名稱為「Convert To Upper Case」讓使用者在第一個畫面中輸入一個字串，並在另一個畫面中以大寫字母的方式顯示該字串。[提示：java.lang.String 類別有「toUpperCase()」method，可以將字串改成大寫字母。]

Exercise 2.2

請參考本章的 UI Test 專案，設計一個新的專案名為「Maximum」，讓使用者輸入兩個數字後，將較大者輸出到另一個使用者介面的畫面中。

Exercise 2.3

請參考本章的 UI Test 專案，設計一個新的專案名為「Conversion」，它可以進行簡單的單位轉換，讓使用者輸入以公分為單位的長度，並將它轉換成對應的英吋後輸出。

Exercise 2.4

請參考本章的 UI Test 專案，設計一個名為「Temperature Conversion」的專案，它可以讓使用者輸入華氏溫度後，轉換成對應的攝氏溫度後輸出。

03

使用者介面元件與
畫面配置

本章將針對使用者介面元件常見的各項屬性進行介紹，並提供常用的畫面配置方法之討論。在開始之前，請先依以下步驟將第二章所建置完成的 UI Test 專案，複製為「UI Test2」專案，供我們在本章接續使用[1]。

STEP 01 請找到第二章的「UI Test」專案所在之目錄，並將其複製一份。例如我們原本將「UI Test」專案放置於「/Users/someone/ASProjects/UITest」目錄之下，我們可以使用檔案總管或其它類似的工具（以文字命令模式亦可）將其複製一份，同樣存放於「/Users/someone/ASProjects」目錄之下，並命名為「UITest2」。

STEP 02 使用 Android Studio 將該目錄所代表的專案開啟。首先如圖 3-1，在開始 Android Studio 後，選擇「Open an existing Android Studio project（開啟已存在的 Android Studio 專案）」選項，然後您會看到如圖 3-2 的畫面，請選擇開啟已複製好的目錄，並按下「OK」後將該專案開啟。

註 1 由於 Android Studio 並沒有提供複製專案的方法，請依照此處的操作進行以完成專案的複製。

圖 **3-1**

選擇開啟已存在
的專案。

圖 **3-2**

選取剛剛複製好
的「UITest2」目
錄。

此時所開啟的專案還有一些地方需要手動地修改，請依下列步驟
繼續：

STEP 03　在「Project 視窗」選取「Android | app > manifests > Android
Manifest.xml」檔案，以滑鼠雙擊將其開啟。在該檔案的開頭處有以
下的內容：

```
1   <manifest xmlns:android="http://schemas.android.com/apk/res/android"
2       package="com.example.junwu.uitest">
```

請將其中第 2 行的「package = "com.example.junwu.uitest"」修改為
「package = "com.example.junwu.uitest2"」，修改後之結果如下：

```
1   <manifest xmlns:android="http://schemas.android.com/apk/res/android"
2       package="com.example.junwu.uitest2">
```

☞**STEP 04** 在「Project 視窗」選取「Android | Gradle Scripts > build.
gradle (Module: app)」檔案，以滑鼠雙擊將其開啟。該檔案開頭處可
以找到以下的內容：

```
1   android {
2       compileSdkVersion 22
3       buildToolsVersion "23.0.0"
4       defaultConfig {
5           applicationId "com.example.junwu.uitest"
6           minSdkVersion 19
7           targetSdkVersion 22
8           versionCode 1
9           versionName "1.0"
10          testInstrumentationRunner
11              "android.support.test.runner.AndroidJUnitRunner"
12      }
```

請將其中第 5 行的「applicationId = "com.example.junwu.uitest"」修
改為「applicationId = "com.example.junwu.uitest2"」，修改後之結果
如下：

```
1   android {
2       compileSdkVersion 22
3       buildToolsVersion "23.0.0"
4       defaultConfig {
5           applicationId "com.example.junwu.uitest2"
6           minSdkVersion 19
```

```
7          targetSdkVersion 22
8          versionCode 1
9          versionName "1.0"
10         testInstrumentationRunner
11                   "android.support.test.runner.AndroidJUnitRunner"
12      }
```

STEP 05 切換「Project 視窗」為「Packages 視窗」，並選取「Packages | app > com.example.junwu > uitest」，點擊滑鼠右鍵並在彈出式選單中選取「Refactor | Rename」以便讓我們將這個套件名稱也加以修改，請將其也改為「uitest2」，在此步驟中 Android Studio 會出現 Warning 訊息，並詢問使用者要「Rename directory」、「Cancel」及「Rename package」，請選擇「Rename package」。

STEP 06 步驟 5 選擇「Rename package」後，Android Studio 下方會跳出「Find Refactoring Preview」視窗（如圖 3-3 所示），請選擇「Do Refactor」。

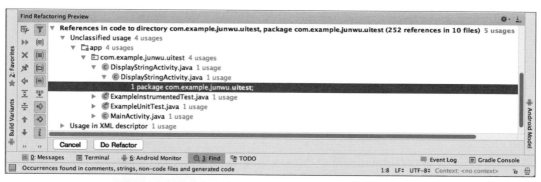

圖 3-3 「Find Refactoring Preview」視窗。

STEP 07 從選單中選取「Tools | Android > Sync Project with Gradle Files」，以便讓我們所修改過的 Gradle 的設定，能夠與專案內容協同一致。

至此已成功地將「UI Test」專案複製為「UI Test2」專案。在本章接下來的內容中，我們將使用這個新的「UI Test2」專案進行演示與講解。

3-1 使用者介面元件

在 Android APP 應用程式中，每個使用者介面元件的屬性值都可以在「Text 模式」或「Design 模式」中進行設定或調整，不過只有在「Text 模式」所編輯的 XML 檔案才是 Android SDK 唯一接受的格式。「Design 模式」只不過是提供我們比較便利的環境進行使用者介面的設計，其最終所完成的結果還是會寫入 XML 檔案中。但是就元件的屬性 XXX 而言，在「Text 模式」設定時，必須要將其寫為 android:XXX 屬性；反觀在「Design 模式」則只需要在其「Properties 視窗」中找到 XXX 屬性所在之處，直接給定其值即可。例如一個名為 text 的屬性，在編輯「Text 模式」的 XML 檔案時，必須寫做「android:text」；在「Design 模式」時，僅需要在「視窗」中找到「text」屬性所在之處即可設定其值。以下我們在討論屬性時，會交互地使用這兩種模式的不同表達方法。

如同我們在 2-2 節所說明過的，「一個典型的使用者介面設計，通常以一個 ViewGroup 類別的物件開始，其下包含有一個或多個 View 或 ViewGroup 類別的物件」。受益於物件導向的繼承特性，大部份的使用者介面元件都具備有相同的屬性。事實上，在 Android SDK 中，所有的使用者介面元件都是歸屬於「android.widget」套件，且所有元件都是繼承自「android.view.View 類別」。針對這些「widget 元件」，本小節彙整一些常用的共通屬性。

3-1-1 元件的內容

對於許多使用者介面元件來說，其主要的顯示內容稱為「Content（內容）」，以文字顯示或輸入的元件為例，其內容通常為一文字串，定義為「android:text」，其屬性除可直接給定外，更好的方式是使用「Android | app > values > strings.xml」中所定義的字串資源。對於可以顯示文字內容的元件（例如 TextView、Button 或 EditText 等元件），其可用之文字內容與樣式屬性如下：

- android:text：設定畫面元件的文字內容。

- android:textSize：設定文字的大小。

- android:textAppearance：使用系統的預設值設定文字的大小，有
  許多預設的設定可以選用，例如「@android:style/TextAppearance.
  Large」、「@android:style/TextAppearance.Medium」與「@android:
  style/ TextAppearance.Small」等。

- android:textColor：設定文字的顏色。

- android:background：設定背景顏色。

其中顏色可以使用下列的設定格式：

- #RGB：使用 0 ～ 9、A ～ F 設定紅綠藍的配色，共 256 種顏色。

- #RRGGBB：使用 00 ～ FF 設定紅綠藍的配色，共 65535 種顏色。

- #ARGB：第一碼使用 0 ～ 9、A ～ F 設定透明度，0 表示完全透
  明，就是看不到了，F 表示完全不透明。

- #AARRGGBB：使用 00 ～ FF 設定透明度，00 表示完全透明，
  FF 表示完全不透明。

由於在設計使用者介面時，往往會重覆地使用部份的顏色值，建議
您可以在專案的顏色資源檔案中新增一些您所喜歡的顏色，請依下
列方式進行：

☞ 在「Project 視 窗 」 中 選 取「Android | app > res > values > colors.
xml」檔案，以滑鼠雙擊後將其開啟。請保留原本的內容，並新增以
下幾個常用的顏色供後續使用，請參考程式碼 3-1 完成此檔案的修改
（注意：其中的第 3-5 行，為原本專案已使用的顏色定義，請加以保
留。）

程式碼 3-1　colors.xml 顏色定義資源檔（UI Test2 專案）

```
1    <?xml version="1.0" encoding="utf-8"?>
2    <resources>
3        <color name="colorPrimary">#3F51B5</color>
4        <color name="colorPrimaryDark">#303F9F</color>
5        <color name="colorAccent">#FF4081</color>
6        <color name="black">#FF000000</color>
7        <color name="white">#FFFFFFFF</color>
8        <color name="red">#FFFF0000</color>
9        <color name="green">#FF00FF00</color>
10       <color name="blue">#FF0000FF</color>
11       <color name="gray">#FF888888</color>
12       <color name="lightgray">#FF444444</color>
13       <color name="darkgray">#FFCCCCCC</color>
14       <color name="yellow">#FFFFFF00</color>
15       <color name="cyan">#FF00FFFF</color>
16       <color name="magenta">#FFFF00FF</color>
17       <color name="transparent">#00000000</color>
18   </resources>
```

完成 colors.xml 檔案的修改後，我們就可以使用這些新增的顏色做為元件的屬性，其使用的語法為：

```
@ color/ 顏色名稱
```

例如「@color/red」就代表紅色。請依照下列指示，將 Button 元件的顏色加以改變：

☞ 在「Project 視窗」中選取「Android | app > res > layout > layout_main.xml」檔案，使用「Text 模式」編輯這個檔案，並為名為「sendBtn」的 Button 元件，增加以下的屬性定義：

android:background="@color/white"

完成後，請將專案加以執行，看看其執行結果為何？當然，您也可以將「模式」切換為「Design 模式」，即可在「設計圖」上看到改變的結果，如圖 3-4 所示。

3-1-2　元件的寬度與高度

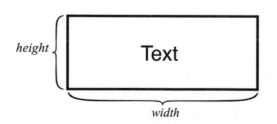

如圖 3-5 所示，使用者介面元件的寬度與高度屬性如下：

- android:layout_width：設定元件的寬度。
- android:layout_height：設定元件的高度。

這兩個屬性值可設定為：

- match_parent：擴展至符合「Parent View」元件的設定值。
- fill_parent：與 match_parent 完全相同 [2]，但為舊版 Android 的做法，不建議繼續使用。
- wrap_content：依據元件內容（content）自動決定足以顯示其內容之空間。
- 固定的值：我們也可以給定固定的值，例如「android:layout_wdith ="20dp"」，其可用單位包含：
- in：英吋。
- mm：公厘。
- px：像素（pixel），意即螢幕的實體像素。
- pt：點數（point），1pt 代表 1/72 英吋，通常用於字型大小。
- dp：與密度無關的像素（Density-Independent Pixels），不受行動裝置的解析度影響，1dp = 1/160 英吋 = 0.00625 英吋 = 0.015875 公分。這是一個虛擬像素，以 160dpi 的螢幕 [3] 為基礎，等比例地調整其實際像素。Android 依據螢幕的 dpi，將其區分為四個類別，如表 3-1 所示。以一個 7" 的 XDPI 裝置為例，假設其解析度為 1920x1200 px，其 dpi 可計算為 $\left[\sqrt{(1920^2+1200^2)/7}\right]=323\cong320$，屬於表 3-1 中的 XHDPI 分類；在此情況下，1 dp 等於其 2 個像

註 2　match_parent 是自 Android 2.2 開始新增的，用以替代 fill_parent。但顧及回溯相容性，fill_parent 目前仍能繼續使用。

註 3　dpi 指得 dot per inch，意即 1 英吋能顯示的像素數。160dpi 意即 1 英吋是由 160 個像素組成。

素。使用 dp 做為元件尺寸將可以在不同裝置上，得到類似的視覺大小。另外，由於人類的手指頭大約是 50 dp，所以在設計一些元件尺寸時，必須考慮這個因素，以免設計出過小的元件，連使用者要點選都很困難。

表 3-1　四種 Android 裝置的螢幕分類

dpi	類別	比例
160	MDPI	1x
240	HDPI	1.5x
320	XHDPI	2x
480	XXHDPI	3x

- sp：與縮放無關的像素（Scale-Independent Pixels）。與 dp 類似，但是以 160dpi 的螢幕為基礎，1 sp 表示 1/72 英吋，通常用以指定字型的大小。

3-1-3　元件的 Padding 屬性

圖 3-6

元件的 Padding 與 Margin 屬性（left-to-right 順序基準）。

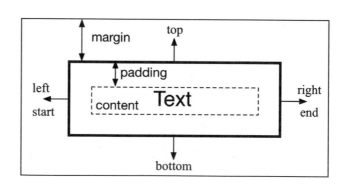

請參考圖 3-6，在元件內部其內容與邊框的間距即為「padding」，可以分別針對上、下、左、右進行設定，或是針對全部（包含上、下、左、右四個方向）一起進行設定。如圖 3-6 所示，其上、下、左、右分別定義為「top」、「bottom」、「left」、「right」。下面是相關的屬性：

- android:paddingTop：設定內容上方的間隔。

- android:paddingBottom：設定內容下方的間隔。

- android:paddingLeft：設定內容左側的間隔。

- android:paddingRight：設定內容右側的間隔。

- android:padding：設定內容上、下、左、右為同樣的間隔。

除此之外，您也可以透過「android:gravity」來控制內容在元件內的位置，其設定值可為：

- top、bottom、left、right：設定畫面元件的內容對齊上、下、左、右。

- centervertical、centerhorizontal：設定畫面元件的內容對齊垂直或水平的中央。

- center：設定畫面元件的內容對齊垂直與水平的中央。

- fillvertical、fillhorizontal：設定畫面元件的內容佔滿垂直或水平空間。

- fill：設定畫面元件的內容佔滿垂直與水平空間。

- 前述這些設定值也可以使用組合的方式，例如希望把內容對齊下方的右側，就可以設定為「bottom | right」，其中在多個設定值之間要使用「｜」隔開。

資 訊 補 給 站

要提醒讀者注意的是有關「left」與「right」的設定，還可以改以「start」與「end」進行設定。Start 與 End 是自 Android 4.1 起開始使用，並自 Android 4.2 起完整地支援，其使用是基於不同語言的順序基準而定。Andorid 4.2 以後，支援「left-to-right」與「right-to-left」兩種順序基準，請參考圖 3-7。

(a) Left-to-right

(b) Right-to-left

圖 3-7　兩種不同的順序基準。

世界上大部份的語系都是採用「left-to-right」的順序，只有少部份的語系採用「right-to-left」，例如阿拉伯語（Arabic）與希伯來語（Hebrew）。您不需要針對此點進行設定，只要在您的裝置上正確設定所想要使用的語言，Android 裝置會自動採用適當的文字順序基準。如果您還是要自行設定為「right-to-left」的話，可以在 Android 裝置上開啟「開發人員選項」並勾選「Force RTL layout direction」即可[4]。

4　RTL 即為 right-to-left 的縮寫。

資∣訊∣補∣給∣站

我們鼓勵開發人員，儘量以「start」與「end」取代「left」與「end」，以便能自動地適應不同的順序基準。前述的各種與元件的左或右相關的屬性，也都有提供「start」與「end」的版本，例如：我們有「android:paddingStart」與「android:paddingEnd」這兩個屬性，可用於取代「android:paddingLeft」與「android:paddingRight」。當順序基準為「left-to-right」時，「start」會自動被設定為左方（也就是 start=left），且「end」會自動被設定為右方；相反地，如果順序基準為「right-to-left」時，「start」會自動被設定為右方（也就是 start=right），且「end」會自動被設定為左方。

3-1-4　元件的 Margin 屬性

請參考圖 3-6，在元件邊框與其它元件的間距即為「margin」，可以分別針對「top」、「bottom」、「left」、「right」進行設定，或是針對全部一起進行設定，其相關屬性如下：

- android:marginTop：設定上方的間隔。
- android:marginBottom：設定下方的間隔。
- android:marginLeft：設定左側的間隔。
- android:marginRight：設定右側的間隔。
- android:margin：設定上、下、左、右為同樣的間隔。

3-1-5　元件的 layout_gravity 屬性

「android:layout_gravity」是用以設定元件與其「Parent View」的相對位置，其值可以為「top」、「bottom」、「left」、「right」與「center」，顧名思義即為上、下、左、右與置中。此外，還有「fill_horizontal」、「fill_vertical」與「fill」的設定值可以使用，其中「fill_horizontal」表示要填滿水平的可用空間、「fill_vertical」表示要填滿垂直的可用空間，以及「fill」表示要使用水平與垂直方向的可用空間。

● 3-2 │ Layout 畫面配置

由於 Android 裝置的螢幕尺寸與解析度不盡相同，因此在使用者介面的設計上，要以相對的概念做設計，使得同一個 APP 在不同裝置上都能有類似的畫面呈現。透過數個繼承自「andorid.view.ViewGroup」的「Layout 類別」，您可以輕易地實現這個目的。在本書前兩章中，我們所設計的「Hello Android」與「UI Test」專案，都是使用 LinearLayout 做為畫面的設計。在本章中，我們將繼續說明這個 Layout 的細節，並介紹其它的 Layout。

3-2-1　LinearLayout

LinearLayout 是定義在「android.widget 套件」中的一個基本的 Layout 元件，可設定為依水平（horizontal）或垂直（vertical）方式來排列所交付管理的元件[5]。請參考程式碼 3-2 與 3-3，我們分別將三個 Button 以水平及垂直方式顯示，其執行畫面如圖 3-8(a) 與 (b) 所示。

程式碼 3-2　LinearLayout 範例（orientation=horizontal）

```
 1  <LinearLayout xmlns:android="http://schemas.android.com/apk/res/android"
 2      xmlns:tools="http://schemas.android.com/tools"
 3      android:layout_width="match_parent"
 4      android:layout_height="fill_parent"
 5      android:orientation="horizontal">
 6      <Button
 7          android:layout_width="wrap_content"
 8          android:layout_height="wrap_content"
 9          android:text="btn1"
10          android:id="@+id/button" />
11      <Button
12          android:layout_width="wrap_content"
```

註 5　透過「android:orientation」來設定

```
13          android:layout_height="wrap_content"
14          android:text="btn2"
15          android:id="@+id/button2" />
16      <Button
17          android:layout_width="wrap_content"
18          android:layout_height="wrap_content"
19          android:text="btn3"
20          android:id="@+id/button3" />
21  </LinearLayout>
```

程式碼 **3-3**　LinearLayout 範例（orientation=vertical）

```
1   <LinearLayout xmlns:android="http://schemas.android.com/apk/res/android"
2       xmlns:tools="http://schemas.android.com/tools"
3       android:layout_width="match_parent"
4       android:layout_height="fill_parent"
5       android:orientation="vertical">
6       <Button
7           android:layout_width="wrap_content"
8           android:layout_height="wrap_content"
9           android:text="btn1"
10          android:id="@+id/button"
11          android:layout_weight="0" />
12      <Button
13          android:layout_width="wrap_content"
14          android:layout_height="wrap_content"
15          android:text="btn2"
16          android:id="@+id/button2"
17          android:layout_weight="0" />
18      <Button
19          android:layout_width="wrap_content"
20          android:layout_height="wrap_content"
21          android:text="btn3"
22          android:id="@+id/button3"
23          android:layout_weight="0" />
24  </LinearLayout>
```

在上述例子中，我們把三個 Button 的寬與高皆設定為「wrap_
content」，這表示它們會自動地被設定為能顯示其文字標籤（在
本例中為「BTN 1」、「BTN2」與「BTN3」。）的適當大小。在

圖 3-8 (a) 與 (b)，三個 Button 被分別以水平及垂直方式顯示（將
「android:orientation」屬性分別設定為「horizontal」與「vertical」）。
您應該已經發現，LinearLayout 是以靠左對齊的方式來排列元
件；如果您對於這種預設的對齊方式不滿意，那麼您可以透過其
「android:gravity」屬性進行設定，改變其對齊方式。建議您建立一
個可以用於測試的專案，自行透過屬性值的改變，來觀察其結果的
差異。

圖 3-8

LinearLayout 範
例的執行結果之
一。

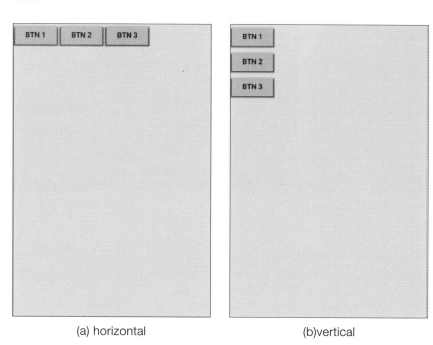

(a) horizontal　　　　　　　　(b)vertical

以程式碼 3-2 為例，如果我們為 LinearLayout 增加以下的屬性：

```
android:gravity="center_vertical | center_horizontal"
```

那麼其結果將會如圖 3-9 (a) 所示，所有的元件將會位於畫面的
最中央（同時設定了「水平置中（center_horizontal）」與「垂
直置中（center_vertical）」兩個條件。）。至於程式碼 3-3，若為

LinearLayout 增加以下的屬性：

```
android:gravity="right"
```

則會讓所有的元件變成靠右對齊，如圖 3-9 (b) 所示。

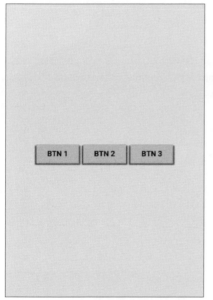

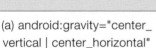

(a) android:gravity="center_
vertical | center_horizontal"

(b) android:gravity="right"

圖 3-9

LinearLayout 範例的執行結果之二。

若是再進一步搭配「weight」屬性，則可依比例來配置可分配的空間。如同我們在上一章中已說明過的：假設 LinearLayout 有 n 個元件要管理，對於元件 i 而言，其可分配到剩餘空間的比例可計算如下：

$$\frac{Weight_i}{\sum_{j=1}^{n} Weight_j}$$

當使用 Weight 來設定元件時，其「layout:width」屬性也應該設定為 0dp，以節省不必要的計算。上述的式子，可做為您在設計介面時的參考；但更為簡單的方式是以總合為 1 的分數來指定比例，例如程式碼 3-4 中，我們將三個 Button 的 Wegith 分別設定為 0.1、0.3 與 0.6，其執行結果如圖 3-10 所示，三個 Button 分別佔用了 1:3:6 的空間配置。

程式碼 3-4　LinearLayout 範例（以比例配置空間）

```
1   <LinearLayout xmlns:android="http://schemas.android.com/apk/res/android"
2       xmlns:tools="http://schemas.android.com/tools"
3       android:layout_width="match_parent"
4       android:layout_height="match_parent"
5       android:orientation="vertical">
6       <Button
7           android:layout_width="match_parent"
8           android:layout_height="0dp"
9           android:text="@string/btn1"
10          android:id="@+id/button"
11          android:layout_weight="0.1" />
12      <Button
13          android:layout_width="match_parent"
14          android:layout_height="0dp"
15          android:text="@string/btn2"
16          android:id="@+id/button2"
17          android:layout_weight="0.3" />
18      <Button
19          android:layout_width="match_parent"
20          android:layout_height="0dp"
21          android:text="@string/btn3"
22          android:id="@+id/button3"
23          android:layout_weight="0.6" />
24  </LinearLayout>
```

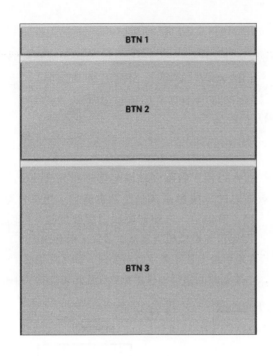

圖 3-10

LinearLayout 範例
（以 1:3:6 比例分
配空間）。

3-2-2　RelativeLayout

RelativeLayout 使用元件相對的位置來排列，適合用在比較不規則的畫面配置。所謂的相對可以有兩個對象，其一是針對特定的元件而言，例如在某個元件的右方；其二則是針對其「Parent View」而言，例如將元件放置於其「Parent」的上方。以下的屬性可以將元件置於指定元件的特定相對位置，其值須為「指定元件」的 id：

- android:layout_above：將元件置於「指定元件」之上方。
- android:layout_below：將元件置於「指定元件」之下方。
- android:layout_toLeftOf：將元件置於「指定元件」之左方。
- android:layout_toRightOf：將元件置於「指定元件」之右方。
- android:layout_toStartOf：將元件置於「指定元件」開始處之前[6]。

註 6　建議以 toStartOf 與 toEndOf 來取代 toLeftOf 與 toRightOf

- android:layout_toEndOf：將元件置於「指定元件」結束處之後。

- android:layout_alignTop：將元件對齊「指定元件」上緣。

- android:layout_alignBottom：將元件對齊「指定元件」下緣。

- android:layout_alignLeft：將元件對齊「指定元件」左側。

- android:layout_alignRight：將元件對齊「指定元件」右側。

- android:layout_alignStart：將元件對齊「指定元件」開始處。

- android:layout_alignEnd：將元件對齊「指定元件」結束處。

- android:layout_alignBaseLine：將元件對齊「指定元件」的文字基準線（baseline）。

上述的「android:layout_alignBaseLine」可以讓元件對齊其它元件的文字基準線（baseline），如圖 3-11 所示。

圖 3-11

對齊其它元件的文字基準線。

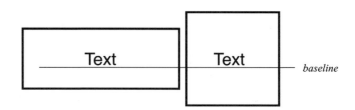

下列屬性可以讓元件對齊其「Parent View」的特定位置，其值必須為「true」或「false」。

- android:layout_alignParentTop：將元件對齊「Parent View」的上方。

- android:layout_alignParentBottom：將元件對齊「Parent View」的下方。

- android:layout_alignParentLeft：將元件對齊「Parent View」的左側。

- android:layout_alignParentRight：將元件對齊「Parent View」的右側。

- android:layout_alignParentStart：將元件對齊「Parent View」的開始處。

- android:layout_alignParentEnd：將元件對齊「Parent View」的結束處。

上述這些屬性還可以透過組合的方式，定義元件在畫面上的位置，例如同時使用「android:layout_below」與「android:layout_toLeftOf」可以將元件放置於特定元件的左下方。

本節最後以一個例子示範 RelativeLayout 的畫面配置，請參考程式碼 3-5，我們在畫面中擺放了 7 個 Button，分別是 rlbtn1 ～ rlbtn7，其對應的顯示內容（即 Button 的文字標籤）為 BTN 1 ～ BTN 7，詳細的設定如下：

- rlbtn1：大小為 100dp x 40dp，放置於螢幕正中央。

- rlbtn2：大小為 80dp x 80dp，放置於 rlbtn1 的右下方。

- rlbtn3：大小為 200dp x 40dp，放置於 rlbtn2 的左側並對齊 rlbtn2 的文字基準線。設定它的文字內容與元件右邊界距 30dp，並靠右對齊。

- rlbtn4：與「Parent View」同寬，並視文字內容自動調整高度，其位置安排置於畫面最上方。

- rlbtn5：與「Parent View」同高，並視文字內容自動調整寬度，其位置在 rlbtn2 的右側與 rlbtn4 的下方。設定它的文字內容置底。

- rlbtn6：與「Parent View」同寬，並視文字內容自動調整高度，其位置放置於距 rlbtn1 的上方 85dp 處，且位於 rlbtn5 的左側。

- rlbtn7：與「Parent View」同寬且也同高，位置對齊 rlbtn3 的左側（開始處）、在 rlbtn2 的下方，且位於 rlbtn5 的左側。設定此元件與右方的元件距離 30dp，並且將文字內容靠左及置中。

程式碼 3-5　RelativeLayout 範例

```
1  <RelativeLayout xmlns:android="http://schemas.android.com/apk/res/android"
2      android:layout_width="match_parent"
3      android:layout_height="match_parent">
4
5      <Button
6          android:layout_width="100dp"
7          android:layout_height="40dp"
8          android:text="Btn 1"
9          android:id="@+id/rlbtn1"
10         android:layout_centerVertical="true"
11         android:layout_centerHorizontal="true" />
12
13     <Button
14         android:layout_width="80dp"
15         android:layout_height="80dp"
16         android:text="Btn 2"
17         android:id="@+id/rlbtn2"
18         android:layout_below="@+id/rlbtn1"
19         android:layout_toRightOf="@id/rlbtn1" />
20
21     <Button
22         android:layout_width="200dp"
23         android:layout_height="40dp"
24         android:text="Btn 3"
25         android:id="@+id/rlbtn3"
26         android:layout_toLeftOf="@+id/rlbtn2"
27         android:layout_alignBaseline="@id/rlbtn2"
28         android:gravity="right"
29         android:paddingRight="30dp" />
30
31     <Button
32         android:layout_width="match_parent"
33         android:layout_height="wrap_content"
34         android:text="Btn 4"
35         android:id="@+id/rlbtn4"
36         android:layout_alignParentTop="true" />
37
38     <Button
39         android:layout_width="wrap_content"
40         android:layout_height="match_parent"
41         android:text="Btn 5"
42         android:id="@+id/rlbtn5"
43         android:layout_below="@+id/rlbtn4"
44         android:layout_toRightOf="@id/rlbtn2"
45         android:layout_toEndOf="@+id/rlbtn2"
46         android:gravity="bottom" />
47
```

```
48      <Button
49          android:layout_width="match_parent"
50          android:layout_height="wrap_content"
51          android:text="Btn 6"
52          android:id="@+id/rlbtn6"
53          android:layout_above="@+id/rlbtn1"
54          android:layout_marginBottom="85dp"
55          android:layout_toLeftOf="@id/rlbtn5"
56          android:layout_toStartOf="@id/rlbtn5" />
57
58      <Button
59          android:layout_width="match_parent"
60          android:layout_height="match_parent"
61          android:text="Btn 7"
62          android:id="@+id/rlbtn7"
63          android:layout_toLeftOf="@+id/rlbtn5"
64          android:layout_alignLeft="@id/rlbtn3"
65          android:layout_alignStart="@+id/rlbtn3"
66          android:layout_below="@id/rlbtn2"
67          android:layout_marginRight="30dp"
68          android:gravity="left|fill_vertical" />
69
70  </RelativeLayout>
```

其結果顯示於圖 3-12。

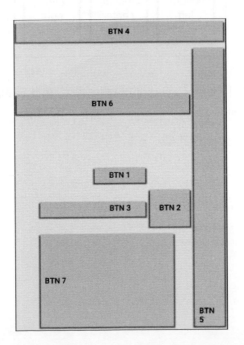

圖 3-12

RelativeLayout 範例執行畫面。

3-2-3　FrameLayout

FrameLayout 透過「android:layout_gravity」屬性,將畫面區分為九個區域,如圖 3-13 所示。我們可以將元件加入到這九個區域之一,並再透過「android:layout_width」與「android:layout_height」屬性設定適當的寬與高。所有加入到 FrameLayout 的元件,將會以層次的方式堆疊呈現,愈後面加入的元件會顯示在最上層。

圖 3-13

FrameLayout 的區域配置。

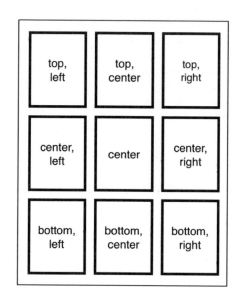

以下是一個使用 FrameLayout 的範例,我們在此範例中加入了三個 Button,並分別放置於「center」、「left | top」與「center_vertical | right」位置,請參考程式碼 3-6:

程式碼 3-6　FrameLayout 範例

```
1    <FrameLayout xmlns:android="http://schemas.android.com/apk/res/android"
2        android:layout_width="match_parent"
3        android:layout_height="match_parent">
4
5        <Button
6            android:layout_width="match_parent"
```

```
 7          android:layout_height="match_parent"
 8          android:text="Btn 1"
 9          android:id="@+id/flbtn1"
10          android:layout_gravity="center" />
11
12     <Button
13          android:layout_width="300dp"
14          android:layout_height="200dp"
15          android:text="Btn 2"
16          android:id="@+id/flbtn2"
17          android:layout_gravity="left|top" />
18
19     <Button
20          android:layout_width="150dp"
21          android:layout_height="300dp"
22          android:text="Btn 3"
23          android:id="@+id/flbtn3"
24          android:layout_gravity="center_vertical|right" />
25   </FrameLayout>
```

程式碼 3-6 的執行結果如圖 3-14 所示。

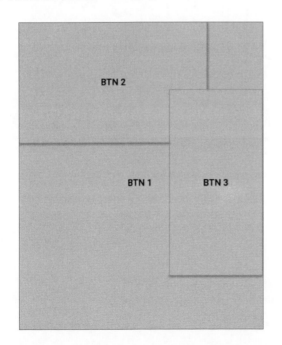

圖 3-14

FrameLayout 範
例的執行結果。

3-2-4　TableLayout

顧名思義，「TableLayout」就是以表格的方式來佈建元件。一個「TableLayout」可以包含一個或多個「TableRow」，每個「Table Row」中則可以包含 0 個或多個元件。例如，一個 2×3 的表格可以建置如下：

程式碼 3-7　一個 2×3 的 TableLayout 範例

```
1   <TableLayout xmlns:android="http://schemas.android.com/apk/res/android"
2       android:layout_width="match_parent"
3       android:layout_height="match_parent">
4       <TableRow>
5
6           <Button
7               android:layout_width="wrap_content"
8               android:layout_height="wrap_content"
9               android:text="(0,0)"
10              android:id="@+id/tlbtn1" />
11
12          <Button
13              android:layout_width="wrap_content"
14              android:layout_height="wrap_content"
15              android:text="(0,1)"
16              android:id="@+id/tlbtn2" />
17
18          <Button
19              android:layout_width="match_parent"
20              android:layout_height="wrap_content"
21              android:text="(0,2)"
22              android:id="@+id/tlbtn3" />
23
24      </TableRow>
25
26      <TableRow>
27
28          <Button
29              android:layout_width="wrap_content"
30              android:layout_height="wrap_content"
31              android:text="(1,0)"
```

```
32                android:id="@+id/tlbtn4" />
33
34        <Button
35            android:layout_width="wrap_content"
36            android:layout_height="wrap_content"
37            android:text="(1,1)"
38            android:id="@+id/tlbtn5"
39            android:layout_column="1" />
40
41        <Button
42            android:layout_width="wrap_content"
43            android:layout_height="wrap_content"
44            android:text="(1,2)"
45            android:id="@+id/tlbtn6"
46            android:layout_column="2" />
47
48      </TableRow>
49  </TableLayout>
```

程式碼 3-7 的執行結果如圖 3-15 所示。

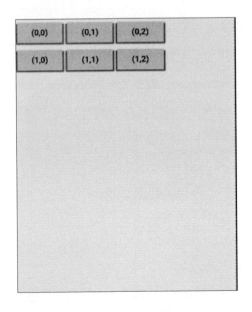

圖 **3-15**

TableLayout 範例
的執行結果。

放置到表格中的元件，其大小是由「TableLayout」自行決定，我
們不用加以設定（就算設定了也不會有效果）。但是在圖 3-15 中

可發現，每一 row 後面都還有一些未使用的空間，我們可以使用
TableLyout 的「android:stretchColumns 屬性」來定義每一 row 中的
那些位置的元件要調整大小以利用所剩餘的未使用空間。例如我們可
以在程式碼 3-7 的第 2 行中，為 TableLayout 新增以下的屬性定義：

```
android:stretchColumns="1"
```

如此一來，在每一 row 中的第二個元件 [7]，就會自動調整其大小
來填滿空間，如圖 3-16(a) 所示。不過要注意的是，我們也可以
「android:stretchColumns="1,2"」讓第二個與第三個欄位分享剩餘的
空間，如圖 3-16(b) 所示。

在「TableRow」中的元件，除了依出現在 XML 定義檔案中的順序
決定其欄位順序外，還可以使用「android:layout_column」來指定其
欄位，例如在程式碼 3-7 中的第 39 與 46 行。

圖 3-16

TableLayout 範例的
執行結果（設定
android:stretch
Columns）

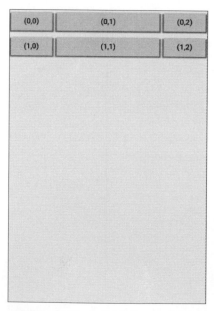
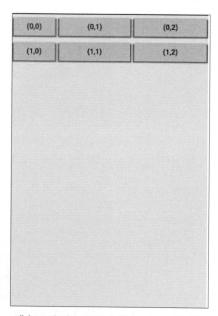

(a) android:stretchColumns="1"　　(b) android:stretchColumns="1,2"

註7　因為在 TableRow 中的元件，其索引值是從 0 開始。

3-2-5　GridLayout

「GridLayout」是以網格方式管理元件的佈局，與「TableLayout」類似，但不再需要使用「TableRow」逐列地設定內容；而是直接定義所需的列與行，然後將元件置於指定的位置。要注意的是，Android API Level 必須高於或等於 14，才能使用「GridLayout」。以下是「GridLayout」所擁有的相關屬性：

- android:columnCount：定義行數。
- android:rowCount：定義列數。
- android:orientation：元件的佈局方向，其值預設為「horizontal」並可另行設定為「vertical」。

至於放置在 GridLayout 中的元件，則可以使用以下的屬性進行設定：

- android:layout_column：定義元件所要放置的行（column），其索引值從 0 開始。
- android:layout_row：定義元件所要放置的列（row），其索引值從 0 開始。
- android:layout_columnSpan：定義元件所要佔用的行數。例如，「android:layout_columnSpan="2"」，表示該元件要佔用兩行的空間。
- android:layout_rowSpan：定義元件所要佔用的列數。例如，「android:layout_rowSpan="2"」，表示該元件要佔用兩列的空間。

除了上述的屬性之外，我們還可以使用「android:layout_gravity」進一步設定元件的位置與使用空間，請參閱 3-1-5 小節。以下是一個使用 GridLayout 的範例：

程式碼 3-8　一個 2x3 的 GridLayout 範例

```
1   <GridLayout xmlns:android="http://schemas.android.com/apk/res/android"
2       android:layout_width="match_parent"
3       android:layout_height="wrap_content"
4       android:columnCount="3"
5       android:rowCount="2">
6
7       <Button
8           android:layout_width="wrap_content"
9           android:layout_height="wrap_content"
10          android:text="Btn 1"
11          android:id="@+id/glbtn1"
12          android:layout_row="0"
13          android:layout_column="0" />
14
15      <Button
16          android:layout_width="wrap_content"
17          android:layout_height="wrap_content"
18          android:text="Btn 2"
19          android:id="@+id/glbtn2"
20          android:layout_row="0"
21          android:layout_column="1" />
22
23      <Button
24          android:layout_width="wrap_content"
25          android:layout_height="wrap_content"
26          android:text="Btn 3"
27          android:id="@+id/glbtn3"
28          android:layout_row="0"
29          android:layout_column="2"
30          android:layout_rowSpan="2"
31          android:layout_rowWeight="0"
32          android:layout_gravity="fill" />
33
34      <Button
35          android:layout_width="wrap_content"
36          android:layout_height="wrap_content"
37          android:text="Btn 4"
38          android:id="@+id/glbtn4"
39          android:layout_row="1"
40          android:layout_column="0"
41          android:layout_columnSpan="2"
42          android:layout_gravity="fill_horizontal" />
43  </GridLayout>
```

程式碼 3-8 的執行結果如圖 3-17 所示。

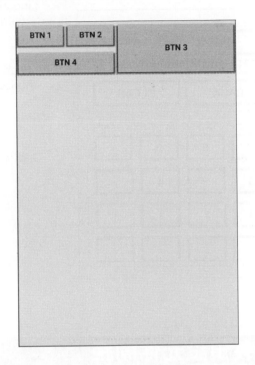

圖 3-17

GridLayout 範例的
執行結果。

3-3 │ 混合使用不同的 Layout

本章介紹了「LinearLayout」、「RelativeLayout」、「FrameLayout」、
「TableLayout」與「GridLayout」，但是在實務上，我們常會混合使
用這些 Layout，以設計出更符合需求的使用者介面。以圖 3-18 為
例，我們可以混合「LinearLayout」與「GirdLayout」，來設計一個
計算機的使用者介面。

圖 3-18

混合不同 Layout
設計的計算機程
式介面

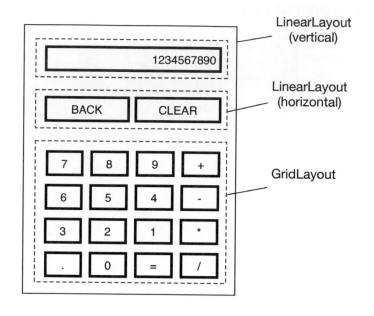

LinearLayout
(vertical)

LinearLayout
(horizontal)

GridLayout

3-4 | 定義預設元件間距

在設計使用者介面時，可以定義預設的元件 padding 與 margin 的
間距，就如同常數定義一樣，使用事前定義好的間距，可以方便我
們統一不同元件的設定，以及便利日後的修改。 此定義在 Android
SDK 中，是以資源定義檔的方式進行，請參考在「Android｜app >
res > values > dimens.xml」中的「dimens.xml」檔案，如內容如程式
碼 3-9。

程式碼 3-9　Android Studio 預設產生的 dimens.xml 檔案

```
1   <resources>
2       <!-- Default screen margins, per the Android Design guidelines. -->
3       <dimen name="activity_horizontal_margin">16dp</dimen>
4       <dimen name="activity_vertical_margin">16dp</dimen>
5   </resources>
```

如同定義字串一樣，在此定義檔中，兩個 dimension（縮寫為 dimen）被定義為 16dp，其名稱分別為「activity_horizontal_margin」與「activity_vertical_margin」。以其中的「activity_horizontal_ margin」為例，日後我們可以在元件的屬性（Property）設定中以「@dimen/ activity_horizontal_margin」來加以使用，或是在 Java 程式碼中，透過「R.dimen.activity_horizontal_margin」來使用這個定義。當然您可能已經發現，在同一個地方還存在有另一個檔案「dimens.xml（w820dp）」，這是用來應付那些擁有超過 820dp 寬度的大型螢幕的情況 [8]，其檔案內容如程式碼 3-10。

程式碼 3-10　Android Studio 為寬螢幕（820dp 以上寬度）產生的 dimens.xml 檔案

```
1  <resources>
2      <dimen name="activity_horizontal_margin">64dp</dimen>
3  </resources>
```

當 APP 在較寬的螢幕上執行時，其「activity_horizontal_margin」定義，將會自動改為使用這個檔案所定義的 64dp。建議當您累積足夠的 Android APP 設計經驗後，您應該要為您的 APP 建立一致的間距標準，請將它們定義在這兩個檔案之中。

• 3-5 | 實務演練 — Calculator APP

在本章接下來的內容中，我們將使用一個簡單的範例把從第一章開始至目前為止的內容，實際應用在一個「Calculator（計算機）APP」的開發之上。

☞ 首先，請您先新增一個使用「Empty Activity」的專案，名為「Calculator」，並修改部份內容，使其包含有「MainActivity.java」

註 8　例如 7 吋或 10 吋的平板在橫向使用的情況下約有 960dp 與 1280dp 以上。

以及「layout_main.xml」檔案。

完成之後，請繼續依照本章後續的內容，逐步完成這個計算機的應用程式設計。要注意的是，在選擇專案要在哪種平台上執行時，要選取 API Level 14 或以上的版本，因為本章中所開發的 APP 將會使用到 GridLayout，如果選擇低於 API Level 14 的平台，將無法執行。

3-5-1　使用者介面設計

首先是使用者介面部份，請參考圖 3-19 的使用者介面規劃，與程式碼 3-11 的畫面配置檔（也就是「layout_main.xml」檔案。）[9] 當您完成上述的介面設計後，請執行專案看看是否正確；如果有不正確的地方請先加以修正。

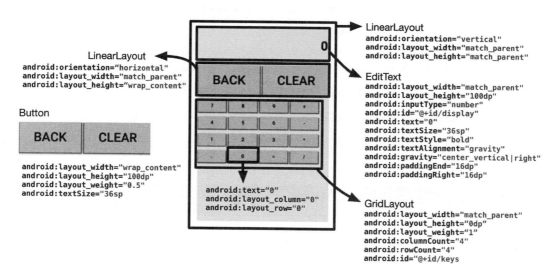

圖 3-19　Calculator 使用者介面規劃

註9　建議您參考圖 3-18 的規劃後，自行進行相關的設計，最後再與程式碼 3-11 比對是否正確，不要直接照著程式碼 3-11 輸入，這樣是學不到東西的。

程式碼 3-11　layout_main 檔案內容（Calculator 專案）

```xml
1  <?xml version="1.0" encoding="utf-8"?>
2  <LinearLayout xmlns:android="http://schemas.android.com/apk/res/android"
3      android:orientation="vertical"
4      android:layout_width="match_parent"
5      android:layout_height="match_parent">
6    <EditText
7        android:layout_width="match_parent"
8        android:layout_height="100dp"
9        android:inputType="number"
10       android:id="@+id/display"
11       android:text="0"
12       android:textSize="36sp"
13       android:textStyle="bold"
14       android:textAlignment="gravity"
15       android:gravity="center_vertical|right"
16       android:paddingEnd="16dp"
17       android:paddingRight="16dp" />
18   <LinearLayout
19       android:orientation="horizontal"
20       android:layout_width="match_parent"
21       android:layout_height="wrap_content">
22     <Button
23         android:layout_width="wrap_content"
24         android:layout_height="100dp"
25         android:text="Back"
26         android:layout_weight="0.5"
27         android:textSize="36sp" />
28     <Button
29         android:layout_width="wrap_content"
30         android:layout_height="100dp"
31         android:text="Clear"
32         android:layout_weight="0.5"
33         android:textSize="36sp" />
34   </LinearLayout>
35   <GridLayout
36       android:layout_width="match_parent"
37       android:layout_height="0dp"
38       android:layout_weight="1"
39       android:columnCount="4"
40       android:rowCount="4"
41       android:id="@+id/keys">
```

```
42      <Button android:text="7" android:layout_column="0"
43              android:layout_row="0" />
44      <Button android:text="8" android:layout_column="1"
45              android:layout_row="0" />
46      <Button android:text="9" android:layout_column="2"
47              android:layout_row="0" />
48      <Button android:text="+" android:layout_column="3"
49              android:layout_row="0" />
50      <Button android:text="4" android:layout_column="0"
51              android:layout_row="1" />
52      <Button android:text="5" android:layout_column="1"
53              android:layout_row="1" />
54      <Button android:text="6" android:layout_column="2"
55              android:layout_row="1" />
56      <Button android:text="-"  android:layout_column="3"
57              android:layout_row="1" />
58      <Button android:text="1" android:layout_column="0"
59              android:layout_row="2" />
60      <Button android:text="2" android:layout_column="1"
61              android:layout_row="2" />
62      <Button android:text="3" android:layout_column="2"
63              android:layout_row="2" />
64      <Button android:text="*" android:layout_column="3"
65              android:layout_row="2" />
66      <Button android:text="."  android:layout_column="0"
67              android:layout_row="3" />
68      <Button android:text="0" android:layout_column="1"
69              android:layout_row="3" />
70      <Button android:text="=" android:layout_column="2"
71              android:layout_row="3" />
72      <Button android:text="/" android:layout_column="3"
73              android:layout_row="3" />
74    </GridLayout>
75  </LinearLayout>
```

要注意的是，在上述的設計中，我們並沒有讓所有的元件都有其id，其中僅有用以顯示計算結果的 EditText 元件與用以排列計算機輸入按鈕的 GridLayout 有 id，分別為「@id/display」與「@id/keys」；其它沒有 id 的元件，我們在稍後的設計中，將為您說明如何進行相關的操作。

現在，請先檢查一下您所設計好的介面，是否如同圖 3-20 所看到的結果一樣。其中我們使用 GridLayout 所放置的多個按鈕，似乎沒能填滿整個畫面，我們將在後續的小節中說明該如何處理此問題。

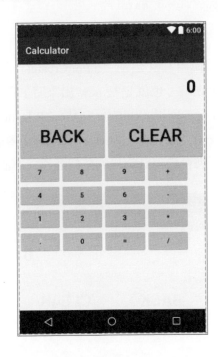

圖 3-20

對應程式碼 3-11 的設計圖內容。

3-5-2　動態調整計算機輸入按鈕

現在，先讓我們關心第一個要處理的問題：「如何讓使用 GridLayout 所排列的輸入按鈕填滿畫面空間」！我們將撰寫相關的程式碼以便可以自行調整按鈕的大小，並讓它們填滿整個畫面。讓我們先回顧一下：「每個 Android APP 的執行，就是執行其相關的 Activity」，對於我們現在這個「Calculator 專案」而言，其主要的 Activity 就是由「MainActivity.java」所定義的，其中的「onCreate()」method 就是在此 Activity 被建立時，負責進行其對應的 layout 設定，請參考以下的程式碼：

程式碼 **3-12**　MainActivity.java 的 onCreate() method（Calculator 專案）

```
1   protected void onCreate(Bundle savedInstanceState) {
2           super.onCreate(savedInstanceState);
3           setContentView(R.layout.layout_main);
4   }
```

其中第 2 行是呼叫使用其父類別 [10] 的 onCreate() method，以便完成一個 Activity 在建立時（也就是被 new 出來時）所必須要進行的工作。接著，在第 3 行，則以「setContentView(R.layout.layout_main);」將「layout_main.xml」設定為此 Activity 的顯示內容，請執行結果如圖 3-21 [11] 所示，您會發現計算機的按鈕並沒能填滿整個畫面。

圖 **3-21**

使 用 GridLayout 無法填滿畫面。

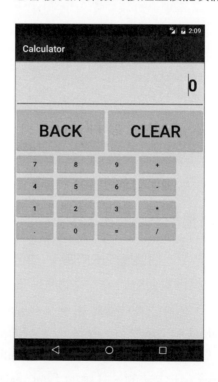

註 10　在 Java 語言中，「super」即表示其父類別。在此例中 MainActivity 類別是繼承自 AppCompatActivity 類別

註 11　圖 3-20 與圖 3-19 非常相似（根本就完全一樣），只不過圖 3-20 是執行時的畫面，圖 3-19 則是設計介面時的畫面。

首先，請您將 MainActivity.java 中的 onCreate() method 加以修改，保留原本在程式碼 3-12 的前 3 行程式碼，並參考程式碼 3-13 完成程式碼之修改，以便將每個計算機的輸入按鈕的高度皆設定為 250dp。

注　意

在此所新增的程式碼使用到了 Button 與 GridLayout 類別，必須要使用下列的 import 來將其載入：

```
import android.widget.Button;
import android.widget.GridLayout;
```

程式碼 3-13　修改 MainActivity.java 的 onCreate() method（Calculator 專案）

```
1   protected void onCreate(Bundle savedInstanceState) {
2       super.onCreate(savedInstanceState);
3       setContentView(R.layout.layout_main);
4       // 保留以上三行，新增以下的程式碼
5       GridLayout keysGL = (GridLayout) findViewById(R.id.keys);
6       int kbHeight = 250;
7
8       Button btn;
9       for( int i=0; i< keysGL.getChildCount();i++) {
10              btn = (Button) keysGL.getChildAt(i);
11              btn.setHeight(kbHeight);
12          }
13  }
```

在上述程式中，第 5 行所呼叫的「findViewById()」是透過繼承自父類別而來 method，可以取回 id 為「keys」的 GridLayout，並以「keysGL」做為物件名稱。接著在第 9-12 的迴圈中，使用 GridLayout 的「getChildAt()」method，將所有其內部的子元件逐一取回，並在第 11 行中使用「setHeight()」method，將每個元件的高度都設定為「kbHeight」的值。請參考第 6 行，kbHeight 的值為 250dp。其執行結果，如圖 3-22 所示。

圖 3-22

將 GridLayout 的
子元件高度設為
250dp。

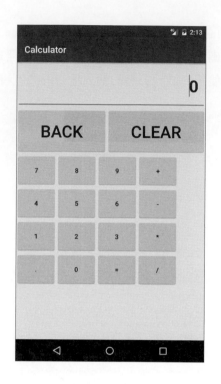

我們可以使用類似的方法，將各子元件的寬度也加以設定。然而，
此一做法仍有問題，因為我們並沒有正確地計算元件所應使用的寬
度與高度；此外，這種做法遇到不同螢幕大小的裝置時，仍然無法
確保能填滿畫面。

因此，我們再次修改 MainActivity.java 中的「onCreate()」method 如
程式碼 3-14 所示：

程式碼 3-14　再次修改 MainActivity.java 的 onCreate() method（Calculator 專案）

```
1   protected void onCreate(Bundle savedInstanceState) {
2       super.onCreate(savedInstanceState);
3       setContentView(R.layout.layout_main);
4
5       GridLayout keysGL = (GridLayout) findViewById(R.id.keys);
6       int kbHeight =(int)(keysGL.getHeight()/ keysGL.getRowCount());
7       int kbWidth =(int)(keysGL.getWidth()/ keysGL.getColumnCount());
8
```

```
 9        Button btn;
10        for( int i=0; i< keysGL.getChildCount();i++)
11        {
12            btn = (Button) keysGL.getChildAt(i);
13            btn.setHeight(kbHeight);
14            btn.setWidth(kbWidth);
15        }
16    }
```

其中，第 6 行與第 7 行，我們利用 GridLayout 的「getHeight()」、
「getWidth()」、「getRowCount()」與「getColumnCount()」等方法，
分別取回此 GridLayout 所配置到的高、寬、列數與行數等資訊；並
經計算後求出其適當的元件高度與寬度，也就是變數「kbHeight」與
「kbWidth」。並且，我們也在第 13 行與第 14 行，將各個元件的高
與寬加以設定（透過「setHeight()」與「setWidth()」method。）。現
在，讓我們再次執行這個應用程式，看看畫面的配置是否正確？

很遺憾的是這樣的修改仍不正確！但是問題到底出在哪呢？有沒有
簡單的除錯方法可以幫助我們瞭解問題呢？

3-5-3　簡單的程式除錯

Android Studio 提供了一個相當完整的程式開發環境，其中當然也包
含了除錯資訊。在本小節中，我們將使用一個名為「Log」的靜態類
別[12]，用以輸出除錯的資訊。Log 類別是 Android SDK 實作日誌的方
法，其目的是記錄系統運作過程中的重要事件，以了解系統狀態並
進而做為分析異常或程式錯誤原因的重要參考。Log 類別提供 5 種
日誌作業方法可以讓我們在程式碼中加入日誌資訊，請參閱表 3-2：

註 12　您必須載入 andorid.util.Log，請參考 http://developer.android.com/
reference/android/util/Log.html

表 3-2　Log 類別輸出日誌資訊的相關 method

method	意義
Log.v()	verbose，詳細記錄
Log.d()	debug，除錯記錄
Log.i()	info，通知記錄
Log.w()	warn，警告記錄
Log.e()	error，錯誤記錄

從表 3-2 中可以得知，Log 類別提供了不同的 method，包含了 Log.
v()、Log.d()、Log.i()、Log.w() 與 Log.e() 等方法，用以輸出不同層
級的除錯資訊。我們可以利用這些 Log 類別的相關 method 將指定
的資訊顯示到 Android Studio 的「logcat 視窗」中。這些 Log 類別
的 method 在呼叫時，必須給定兩個參數，第一個是標籤，通常使用
專案名稱或是您指定的特定除錯標籤，第二個就是要顯示的除錯資
訊，例如：

```
Log.v("Calculator", "keysGL.getHeight()=" + keysGL.getHeight());
Log.v("1stRound", "x=" + x );
Log.v("NewVersion", "MainActivity created!");
```

其所顯示的資訊可以在程式執行時，透過「Logcat 視窗」來得到相
關的除錯資訊。要注意的是，使用 Log 類別必須載入「andorid.util.
Log」。關於 Log 類別的更多資訊，可以參考 http://developer.android.
com/reference/android/util/Log.html。

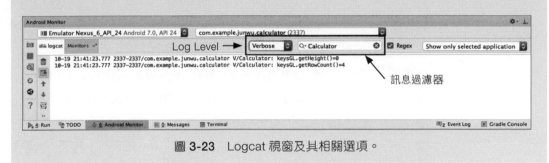

資 訊 補 給 站

如何開啟及使用 Logcat 視窗？

您可以透過功能選單「View | Tools Windows > Android Monitor」，或者是透過在 Android Studio 主視窗左下方的「6: Android Monotor」快捷按鈕來開啟「Logcat 視窗」。開啟了「Logcat 視窗」以後，您可以透過其中間的「Log level」下拉式選單，選擇所要觀看的日誌類型；其選項包含「verbose」、「debug」、「info」、「warn」、「error」與「assert」，您可以依實際需求選擇所要檢視的日誌組合。另外，您也可以在「Log level」下拉式選單的右側找到一個訊息過濾器（Log filter），您可以在此過濾（尋找）所需的資訊。請參考圖 3-23。

圖 3-23　Logcat 視窗及其相關選項。

現在，請依下列指示來為我們的程式加上除錯的資訊，以便能找出程式碼 3-14 的錯誤。

☞ 請在程式碼 3-14 中的第 5 行後面，加入以下兩行程式碼：

```
Log.v("Calculator", "keysGL.getHeight()=" + keysGL.getHeight());
Log.v("Calculator", "keysGL.getRowCount()=" + keysGL.getRowCount());
```

☞ 請再次執行程式，並開始「Logcat 視窗」看看能不能找出問題出在哪？

請參考以下 logcat 視窗的輸出：

```
V/MyActivity:  keysGL.getHeight()=0
V/MyActivity:  keysGL.getRowCount()=4
```

發現問題了嗎？沒錯，其所取回的高度的值竟然是 0!（不過所取回的列數是正確的）。其實這個問題發生的原因是：當 Activity 被建立時（onCreate），儘管我們已經完成其對應的 Layout 的設定，但是在此時，該 Layout 還沒有被建立。我們必須等到 Layout 被建立並產生後，才能計算得出其高度（當然寬度也會遇到一樣的問題）；在其被建立以前，其數值仍為 0，因此導致了這個錯誤。我們將再下一小節中說明如何更正這個問題。

3-5-4　WindowFocusChanged 事件

要真正地瞭解這個問題發生的原因，必須要先瞭解 Activity 的行為與可能的狀態（我們將會在本書後續章節中加以說明）。在此，我們只需要先知道一個 APP 在 Create 事件發生時，其所設定的 Layout 在當下還不會真正地顯示出來，必須等到發生 WindowFocusChanged 事件時，才是 Layout 已經完成的時候。因此，我們將動態調整按鈕大小的程式碼，改成寫在「onWindowFocusChanged()」裡面，請依下列指示修改 MainActivity.java：

☞ 請參考程式碼 3-15，將「onCreate()」回復到原本的內容，如第 1-4 行。也請將其中第 6-20 行的「onWindowFocusChanged()」的內容加入到 MainActivity.java 之中。

程式碼 3-15　新增 onWindowFocusChanged() method 到 MainActivity.java

```
1    protected void onCreate(Bundle savedInstanceState) {
2        super.onCreate(savedInstanceState);
3        setContentView(R.layout.layout_main);
4    }
5
6    public void onWindowFocusChanged (boolean hasFocus) {
7        GridLayout keysGL = (GridLayout) findViewById(R.id.keys);
8
9        int kbHeight = (int) (keysGL.getHeight() / keysGL.getRowCount());
10       int kbWidth = (int) (keysGL.getWidth()/keysGL.getColumnCount());
11
12       Button btn;
```

```
13
14      for( int i=0; i< keysGL.getChildCount();i++){
15          btn = (Button) keysGL.getChildAt(i);
16          btn.setHeight(kbHeight);
17          btn.setWidth(kbWidth);
18          btn.setTextSize(TypedValue.COMPLEX_UNIT_SP, 36 );
19      }
20  }
```

其中第 14-19 行的迴圈，就始負責逐一地將 GridLayout 內的元件，
逐一地設定其大小。要注意的是，我們也在第 18 行將各個按鈕的
字型大小設定為 36 號字 [13]。至此，我們終於把使用者介面設計完成
了，請參考圖 3-24。

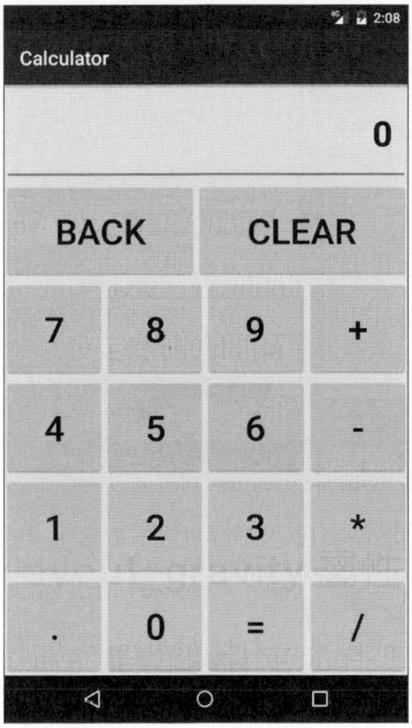

圖 3-24

終於正確顯示的
使用者介面。

註 13　其中的 TypedValue 是定義在 android.util 中的類別，用以處理動
　　　態輸入的資料，其中也定義了許多與輸入資料相關的常數，例如
　　　TypedValue.COMPLEX_UNIT_SP 即表示單位為 sp。請參考 http://
　　　developer.android.com/reference/android/util/TypedValue.html。

3-5-5 程式的處理邏輯

Android APP 的程式設計，與傳統的程式設計有許多不同之處。基本上，Android 的程式設計是採用所謂的事件驅動（event-driven）的架構 — 當應用程式啟動後，只有在特定事件發生時，才需要做出回應。此種事件處理架構是當前相當普及的一種做法，如果您有視窗應用程式設計等相關經驗，對此應該不會陌生。我們在此以物件導向系統設計的工具進行這個計算機程式的設計，以著名的 UML（unified modeling language）當中的 Statechart Diagram（狀態圖）為例，此計算機程式的處理邏輯可以表示如圖 3-25。[14]

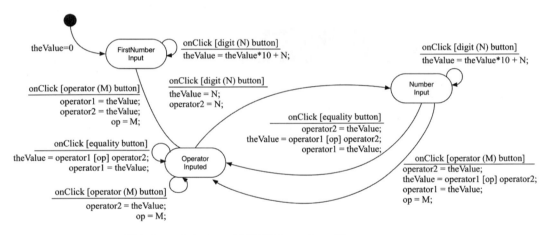

圖 3-25　Calculator 專案的 Statechart 圖

現在，讓我們將此狀態圖的設計，實作到 MainActivity.java 程式中。請依下列指示進行：

☞**STEP 01**　請在 Android Studio 中編輯「layout_main.xml」檔案，將所有按鈕的「onClick」事件，都加入一個名為「processKeyInput」的事件處理方法，請參考程式碼 3-16，其中的第 28 行、第 35 行、第 46 行、第 49 行、第 52 行、第 56 行、第 59 行、第 62 行、第 65

註 14　對於狀態圖陌生的同學，應該要自行補充相關的知識。

行、第 68 行、第 71 行、第 74 行、第 77 行、第 80 行、第 83 行、
第 86 行、第 89 行以及第 94 行等，都是要修改的部份，請在這些地
方加入以下這一個屬性（為便利起見，我們將需要增加程式碼的地
方以粗體表示）：

```
android:onClick="processKeyInput"
```

其意義為讓這些按鈕，當發生滑鼠的 click 事件時，執行一個名為
「processKeyInput」的 method。

程式碼 3-16　修改後的 layout_main 檔案（Calculator 專案）

```
1  <?xml version="1.0" encoding="utf-8"?>
2  <LinearLayout xmlns:android="http://schemas.android.com/apk/res/android"
3      android:orientation="vertical"
4      android:layout_width="match_parent"
5      android:layout_height="match_parent">
6  <EditText
7      android:layout_width="match_parent"
8      android:layout_height="100dp"     .
9      android:inputType="number"
10     android:id="@+id/display"
11     android:text="0"
12     android:textSize="36sp"
13     android:textStyle="bold"
14     android:textAlignment="gravity"
15     android:gravity="center_vertical|right"
16     android:paddingEnd="16dp"
17     android:paddingRight="16dp" />
18  <LinearLayout
19     android:orientation="horizontal"
20     android:layout_width="match_parent"
21     android:layout_height="wrap_content">
22  <Button
23     android:layout_width="wrap_content"
24     android:layout_height="100dp"
25     android:text="Back"
26     android:layout_weight="0.5"
27     android:textSize="36sp"
```

```
28                  android:onClick="processKeyInput" />
29          <Button
30              android:layout_width="wrap_content"
31              android:layout_height="100dp"
32              android:text="Clear"
33              android:layout_weight="0.5"
34              android:textSize="36sp"
35              android:onClick="processKeyInput" />
36      </LinearLayout>
37      <GridLayout
38          android:layout_width="match_parent"
39          android:layout_height="0dp"
40          android:layout_weight="1"
41          android:columnCount="4"
42          android:rowCount="4"
43          android:id="@+id/keys">
44          <Button android:text="7" android:layout_column="0"
45                  android:layout_row="0"
46                  android:onClick="processKeyInput" />
47          <Button android:text="8" android:layout_column="1"
48                  android:layout_row="0"
49                  android:onClick="processKeyInput" />
50          <Button android:text="9" android:layout_column="2"
51                  android:layout_row="0"
52                  android:onClick="processKeyInput" />
53          <Button android:text="+" android:layout_column="3"
54                  android:layout_row="0"
55                  android:onClick="processKeyInput" />
56          <Button android:text="4" android:layout_column="0"
57                  android:layout_row="1"
58                  android:onClick="processKeyInput" />
59          <Button android:text="5" android:layout_column="1"
60                  android:layout_row="1"
61                  android:onClick="processKeyInput" />
62          <Button android:text="6" android:layout_column="2"
63                  android:layout_row="1"
64                  android:onClick="processKeyInput" />
65          <Button android:text="-"  android:layout_column="3"
66                  android:layout_row="1"
67                  android:onClick="processKeyInput" />
68          <Button android:text="1" android:layout_column="0"
69                  android:layout_row="2"
```

```
70                android:onClick="processKeyInput" />
71        <Button android:text="2" android:layout_column="1"
72                android:layout_row="2"
73                android:onClick="processKeyInput" />
74        <Button android:text="3" android:layout_column="2"
75                android:layout_row="2"
76                android:onClick="processKeyInput" />
77        <Button android:text="*" android:layout_column="3"
78                android:layout_row="2"
79                android:onClick="processKeyInput" />
80        <Button android:text="."  android:layout_column="0"
81                android:layout_row="3"
82                android:onClick="processKeyInput" />
83        <Button android:text="0" android:layout_column="1"
84                android:layout_row="3"
85                android:onClick="processKeyInput" />
86        <Button android:text="=" android:layout_column="2"
87                android:layout_row="3"
88                android:onClick="processKeyInput" />
89        <Button android:text="/" android:layout_column="3"
90                android:layout_row="3"
91                android:onClick="processKeyInput" />
92      </GridLayout>
93  </LinearLayout>
```

STEP 02 請在 MainActivity.java 中，加入以下的程式碼，為此 APP
可能的三個狀態以及可能的運算子加以定義：

```
enum State {FirstNumberInput, OperatorInputed, NumberInput}
enum OP { None, Add, Sub, Mul, Div}
```

其中「None」表示未定義，「Add」、「Sub」、「Mul」與「Div」則分
別表示加、減、乘與除等運算子。請參考程式碼 3-17，這兩行程式
碼必須新增於類別 MainActivity 的定義之前（請注意程式碼中以粗
體標示的地方）。

程式碼 **3-17**　為 MainActivity.java 增加列舉資料型別的宣告（Calculator 專案）

```
import android.widget.Button;
import android.widget.GridLayout;

enum State {FirstNumberInput, OperatorInputed, NumberInput}
enum OP { None, Add, Sub, Mul, Div}

public class MainActivity extends AppCompatActivity {
    @Override
    protected void onCreate(Bundle savedInstanceState) {
...
```

STEP 03　請在 MainActivity.java 類別中，加入以下的宣告：

```
private int theValue = 0;
private int operand1=0, operand2=0;
private OP op=OP.None;
private State state = State.FirstNumberInput;
```

其中，「theValue」表示計算機目前的數值，「operand1」與「operand2」則是一個運算式中的兩個運算元，「op」表示運算子，「state」則表示 APP 目前的狀態，我們將其初始狀態設定為 State.FirstNumberInput。請參考程式碼 3-18，我們將要新增的程式碼以粗體標示加以標示：

程式碼 **3-18**　為 MainActivity.java 增加列舉資料型別的宣告（Calculator 專案）

```
...
enum State {FirstNumberInput, OperatorInputed, NumberInput}
enum OP { None, Add, Sub, Mul, Div}

public class MainActivity extends AppCompatActivity {

    private int theValue = 0;
    private int operand1=0, operand2=0;
    private OP op=OP.None;
    private State state = State.FirstNumberInput;

    @Override
    protected void onCreate(Bundle savedInstanceState) {
...
```

☞ **STEP 04**　請在 MainActivity.java 類別中，加入「processKeyInput()」method，如程式碼 3-19。由於「processKeyInput()」method 被呼叫時[15]，系統會傳進來的一個「View」類別的參數「view」，所以我們就可以取得發生事件的元件。我們在第 2 行，將發生事件的元件轉換為「Button」類別的物件「b」。由於我們並沒有為每個計算機的按鈕區分不同的 id，所以在第 3 行，我們透過取得發生事件的元件的「Text」屬性[16]，並轉換為一個「String」類別的物件「bstr」。接著從第 7 行開始，依據 bstr 的值，搭配狀態圖的分析，我們針對不同狀態做出不同的回應。詳細程式碼，請參閱程式碼 3-19。

程式碼 3-19　新增 processKeyInput() method 到 MainActivity.java 以做為事件處理（Calculator 專案）

```
1   public void processKeyInput(View view){
2       Button b= (Button )view;      // 取得發生事件的按鈕
3       String bstr= b.getText().toString();    // 取得發生事件的按鈕上的文字
4       int bint; // 透過 R.id.display 取得顯示結果的 EditText 元件
5       EditText edt = (EditText) findViewById(R.id.display);
6
7       switch(bstr) { // 依據發生事件的按鈕上的文字值，進行不同的處理
8       // 數字按鈕被點按時
9           case "0":
10          case "1":
11          case "2":
12          case "3":
13          case "4":
14          case "5":
15          case "6":
16          case "7":
17          case "8":
18          case "9":
19              bint = (new Integer(bstr)).intValue(); // 將文字轉換為整數值
20
21              switch(state) { // 依據當時的狀態決定不同的處理
```

註 15　也就是某個按鈕被滑鼠點擊時（onClick 事件發生時）。
註 16　也就是按鈕上顯示的文字。

```
22              case FirstNumberInput:
23                  theValue=theValue*10+bint;
24                  break;
25              case OperatorInputed:
26                  theValue=bint;
27                  operand2=bint;
28                  state=State.NumberInput;
29                  break;
30              case NumberInput:
31                  theValue=theValue*10+bint;
32                  break;
33          }
34          edt.setText("" + theValue);
35          break;
36      case "Clear": // 清除並重設相關變數
37          state=State.FirstNumberInput;
38          theValue=0;
39          edt.setText((CharSequence)("0"));
40          op=OP.None;
41          operand2=operand1=0;
42          break;
43      case "Back": // 倒退鍵
44          theValue=(int)(theValue/10);
45          edt.setText("" + theValue);
46          break;
47      case "+":
48      case "-":
49      case "*":
50      case "/": // 當 operator 被點選時
51          switch(state) { // 依據當時的狀態決定不同的處理
52              case FirstNumberInput:
53                  operand1=theValue;
54                  operand2=theValue;
55                  switch(bstr) {
56                      case "+": op=OP.Add; break;
57                      case "-": op=OP.Sub; break;
58                      case "*": op=OP.Mul; break;
59                      case "/": op=OP.Div; break;
60                  }
61                  state=State.OperatorInputed;
62                  break;
63              case OperatorInputed:
```

```
64              switch(bstr) {
65                  case "+": op=OP.Add; break;
66                  case "-": op=OP.Sub; break;
67                  case "*": op=OP.Mul; break;
68                  case "/": op=OP.Div; break;
69              }
70              operand2=theValue;
71              break;
72          case NumberInput:
73              operand2=theValue;
74              switch(op) {
75                  case Add: theValue=operand1+operand2; break;
76                  case Sub: theValue=operand1-operand2; break;
77                  case Mul: theValue=operand1*operand2; break;
78                  case Div: theValue=operand1/operand2; break;
79              }
80              operand1=theValue;
81              switch(bstr) {
82                  case "+": op=OP.Add; break;
83                  case "-": op=OP.Sub; break;
84                  case "*": op=OP.Mul; break;
85                  case "/": op=OP.Div; break;
86              }
87              state=State.OperatorInputed;
88              edt.setText("" + theValue);
89              break;
90          }
91          break;
92      case "=": // 當＝號被點選時，依據當時的狀態決定不同的處理
93          if(state==State.OperatorInputed) {
94              switch(op) {
95                  case Add: theValue=operand1+operand2; break;
96                  case Sub: theValue=operand1-operand2; break;
97                  case Mul: theValue=operand1*operand2; break;
98                  case Div: theValue=operand1/operand2; break;
99              }
100             operand1=theValue;
101         }
102         else if(state==State.NumberInput) {
103             operand2=theValue;
104             switch(op) {
105                 case Add: theValue=operand1+operand2; break;
```

```
106                   case Sub: theValue=operand1-operand2; break;
107                   case Mul: theValue=operand1*operand2; break;
108                   case Div: theValue=operand1/operand2; break;
109              }
110              operand1=theValue;
111              state=State.OperatorInputed;
112          }
113          edt.setText("" + theValue);
114          break;
115      }
116  }
```

至此，「Calculator」APP 已經開發完成，請自行執行與測試。

3-6 | Exercise

Exercise 3.1

請新增一個新的專案「UI Demo」，設計如圖 3-25(a) 的使用者介面。
當使用者按下「Demo 1」按鈕後，則將畫面切換為如圖 3-25(b) 的使
用者介面；若是使用者按下的是「Demo 2」或「Demo 3」按鈕，則
將畫面切換為如圖 3-25(c) 或 (d) 的使用者介面。

圖 3-25

「UI Demo」專案
的使用者介面設
計。

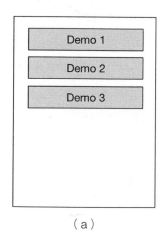

（a）

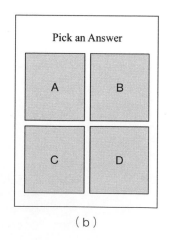

（b）

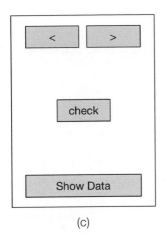

(c)

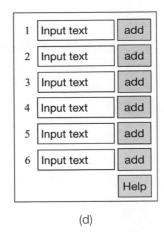

(d)

Exercise 3.2

請說明「TableLayout」與「GridLayout」的差異。

Exercise 3.3

請設計您專屬的「colors.xml」檔案,將您會時常使用到的顏色加以定義。

Exercise 3.4

請為「Hello Android」或「UI Test」設計「dimens.xml」檔案,將margin 與 padding 加以設定,並在介面設計時使用這些設定值。

Exercise 3.5

本章所設計的計算機應用程式,並沒有實作小數的運算。請修改狀態圖並針對程式進行相關的修改,以支援小數的運算。

Exercise 3.6

本章所設計的計算機應用程式,並沒有考慮到溢位的問題。請試著修改這個程式,使其能支援更多位數的運算,並且明確說明可支援的位數。

Exercise 3.7

請修改並增強這個計算機程式，使其能支援更多的運算，例如
「x^2」、「x^y」、「±」與「$1/x$」等。

Exercise 3.8

請修改並增強這個計算機程式，讓使用者可以直接在 EditText 元件
中輸入數值（其實本章所示範的版本已經允許使用者在 EditText 中
輸入數值，但並不能用來進行運算）並加以運算。

04

Activity 活動的生命週期

我們在前面的章節內容中，已經多次使用「Activity（活動）」做為程式執行的主體。其實一個 APP 在其執行的過程中，Activity 會經歷一些不同的狀態之改變，例如因使用者切換不同的 APP 之執行，使其 Activity 會在前景（foreground）與背景（background）中進行切換。本章將說明一個 Activity 的生命週期，以及其中相關的事件與狀態。

4-1 | 生命週期的 Callback Method

與許多傳統的程式設計方法相比，Android 並不是透過 main()[1] 的執行來啟動應用程式，而是依 Activity 的生命週期之不同階段時，由 Android 系統呼叫相關的 method 來進行對應的處理。我們將這些負責執行不同生命週期階段的 method 稱為「callback method」，其中包含啟動一個 Activity 或是終止、暫停一個 Activity，都是由一系列的 callback method 來完成的。

請參考 Google 官方提供的 Activity 生命週期圖以及 Activity 的狀態圖，如圖 4-1 與 4-2。在一個 Activity 生命的過程，就如同攀爬金字塔的過程。當系統產生一個新的 Activity 實體後，每次的 callback method 將會讓該 Activity 往上攀爬一步，直到其到達頂端時，該 Activity 才會在前景執行並且允許使用者和它互動。當使用者離開這

註 1 在許多程式語言中，例如 C/C++ 或 Java 等語言，都是由一個 main() 開始執行程式。

個 Activity 時，系統將會呼叫其它的 method，來將它往下移動直到其實體被終結為止。有時，一個 Activity 只是暫時停留在特定的生命週期階段，日後還可以再回復到上層的狀態，例如使用者在不同的 APP 間切換時。

在圖 4-1 中，可以發現一個 Activity 有以下三種主要的生命階段：

1. **完整生命階段**：一個 Activity 之完整的生命階段開始自 onCreate()，終止於 onDestroy() method 的呼叫。

2. **可視生命階段**：一個 Activity 的可視生命階段是開始自 onStart()，終止於 onStop() method 的呼叫。在這個階段中，Activity 對應的 Layout 是可以在螢幕上看見的。

3. **前景生命階段**：一個 Activity 的前景生命階段介於 onResume() 與 onPause() 之間，使用者可以在此前景生命階段中操作並使用這個 Activity。

圖 4-1

Activity 的生命週期

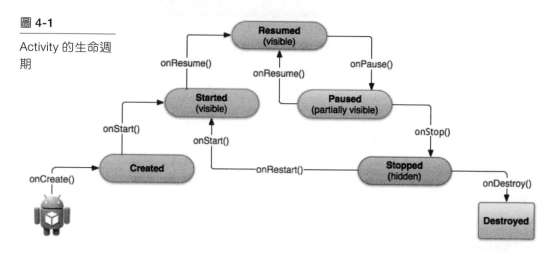

[圖片來源：http://developer.android.com/images/training/basics/basic-lifecycle.png]

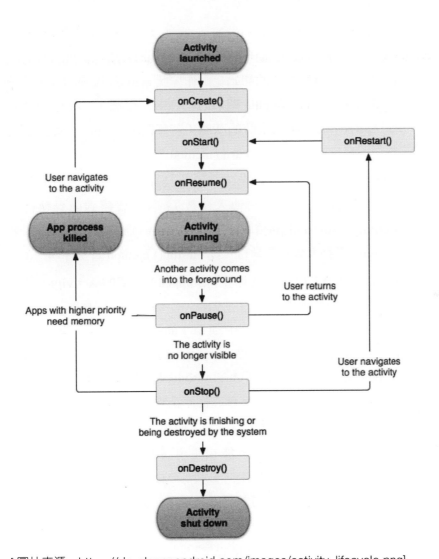

圖 4-2

Activity 的狀態
圖。

[圖片來源　https://developer.android.com/images/activity_lifecycle.png]

視應用目的的不同，我們所撰寫的 APP 不一定要實做所有的生命
週期的 callback method，但是對於開發人員來說，瞭解這些不同的
callback method 是相當重要的。以下彙整了生命週期相關的 callback
method：

1. **onCreate()**：此為 Activity 第一次被建立時，由系統加以呼叫。主要可用以設定使用者介面（Layout）、建立背景執行的執行緒，並且執行相關的初始化動作。此 method 被呼叫時，系統會傳入 android.os.Bundle 類別的物件做為參數，此參數包含有此 Activity 前一次結束時的狀態（若無則傳入 null）。此方法的實作，通常會以呼叫 onStart() method 做為結束。

2. **onStart()**：在 Activity 被建立後，且在變成可視之前，系統會呼叫此 method（不需傳入參數）。若是要轉到前景執行的 Activity，Android 後續會呼叫 onResume() method；反之，若 Activity 要轉換到背景執行，則 onStop() method 會被呼叫。

3. **onRestart()**：已經處於停止（Stopped）狀態的 Activity，若需要再次啟動時，則會呼叫 onRestart() method（同樣的，也沒有參數傳入）。Android 在 onRestart() method 後，會呼叫 Activity 的 onStart() method 以接續 Activity 的啟動程序。雖然 onStart() 與 onRestart() methods 都會在 Activity 回復執行時被加以呼叫，但僅有 onRestart() method 會在從停止到回復時被呼叫。

4. **onResume()**：此方法在 Activity 取得焦點（focus，意即成為作用中的 Activity），以及能和使用者進行互動之前，會由系統進行呼叫（也不需要任何參數）。當一個已進入暫停狀態的 Activity 要被恢復回前景執行時（例如一個被對話框部分遮住畫面的 Activity，在對話框處理完成並關閉後，該 Activity 將從暫停狀態回復執行。）Android 也會呼叫 onResume() method，來進行對應的處理。此方法也是一個 Activity 每次要在前景執行時，所必要執行的一個方法，因此我們可以在此 method 中進行必要的初始化處理。

5. **onPause()**：當使用者恢復或開始另一個 Activity，且新 Activity 的使用者介面會遮住部分目前的焦點 Activity（也就是作用中的 Activity 被其它 Activity 遮住了部份畫面）活動，原本作用中的 Activity 將會進入暫停狀態，並且保持在待命的狀態，後續隨時可以回復到作用中的狀態。此時 Android 會呼叫原本作用中的 Activity 的 onPause() method（此方法同樣不需要任何傳入參數），使其進入暫停狀態。一般而言，我們應該在 onPause() method 中處理下列事項：

- 停止進行中的動作或是會消耗 CPU 資源的動作（例如動畫或影片播放）。

- 將使用者預期活動結束時因儲存的資料，在此方法中先預存以避免該 Activity 被暫停後又被無預警的終止。

- 釋放在暫停期間內不再需要的系統資源，或是其它可能會影響電池續航力的資源。

- 要特別注意的是，此方法的執行必須儘可能地快速，因為在 onPause() method 沒能完成前（並使 Activity 進入暫停狀態前），其它 Activity 將無法取得焦點並開始執行。負荷較高的工作（例如資料庫寫入等），應該交由 onStop() method 負責。

- 如果被暫停的 Activity 後續被恢復執行，則 Android 會呼叫其 onResume() method；但是如果暫停中的 Activity 最終無法恢復其執行並且被結束，則 Android 會呼叫其 onStop() method 加以結束。

6. **onStop()**：當一個 Activity 的使用者介面被其它活動完全遮蔽、或是該 Activity 被終止執行時，Android 會呼叫其 onStop() method 進入停止狀態。後續當該 Activity 從停止狀態再恢復到焦點狀態時，Android 會呼叫其 onRestart() method，以重新啟動該 Activity；如果該 Activity 已被終止執行，則 Android 會呼叫其 onDestroy() method 以進行終結。通常，一個 Activity 收到要執行 onStop() method 的要求時，表示使用者在螢幕上已經完全看不到該 Activity 的畫面，同時該 Activity 已退居幕後（也就是在背景）執行。此時，我們應該在 onStop() method 中將大部份的資源都加以釋放，已避免該 Activity 在資源不足時，被系統強制終止其執行，而造成已結束的 Activity 卻仍佔用資源或記憶體的異常現象。如同我們已說明過的，onPause() 一定會在 onStop() 方法之前被執行，不過由於 onPause() method 的執行時間會影響到後續欲執行的 Activity 的啟動延遲，因此高負荷的工作應該由 onStop() method 負責處理。

7. **onDestory()**：在 Activity 被終止前，這個 onDestory() method 會被呼叫（也不需要任何的傳入參數），以進行相關的「善後」（例如關閉已開啟的資源等）。理論上，這個 method 是 Activity 被呼叫的最後一個 method，但有時也可能因為系統記憶體不足或其它原因，Activity 也可能會被強制結束，此時 onDestory() 就不會被呼叫。

如果我們希望一個 Activity 在其啟動時，能回復到前一次執行時的狀態（如果有前一次的話）。我們可以使用 android.os.Bundle 類別的物件，來儲存下次要用以回復 Activity 執行時所需要的資料。Bundle 是以 (key, value) 的配對方式儲存所欲保存的資料，我們可以在 Activity 要進入暫停前，以「onSaveInstanceState()」method 來將多個 (key,value) 的配對加以儲存。此方法在預設上會將該 Activity 的 layout（使用者介面）中的各個元件的相關屬性，全部加以儲存。只要呼叫「onSaveInstanceState()」就可以將大部份需要保存的資料加以儲存，但若需要加入其它的欲儲存資料，則必須覆寫這個方法，以 (key, value) 的配對方式，將其它資料也一併加以保存。通常在實作上，我們會在所覆寫的 onSaveInstanceState() 中呼叫「super.onSaveInstanceState()」method，先將所有元件的屬性加以保存，然後再加入新的 (key, value) 型式的資料。

日後，當使用者重新啟動此 Activity 時，就可以透過 Bundle 物件來恢復該 Activity 原先的狀態，也就是呼叫「onRestoreInstance(Bundle)」的 method 來完成其恢復。如我們前面所提及的，onCreate()method 不論在系統初次建立 Activity 時，或是重建時，都會被加以呼叫並會將 Bundle 物件傳入。因此，我們可以在 onCreate() 的實作上，先判斷 Bundle 參數是否為 null，然後就可以得知它是第一次被啟動還是再次的啟動。至於在 onRestoreInstanceState() method，是在要恢復之前儲存狀態時才呼叫，因此可以略過這個檢查。

4-2 ｜ 測試 Activity 的生命週期相關 Callback Method

接下來，我們將在這一節中，撰寫一個簡單的 APP 用以測試並學習 Activity 的狀態改變過程。

STEP 01 請先新增一個專案（使用「Empty Activity」），名為「Life Cycle Test」，或是以第 3 章所示範過的複製專案的方法，將其它您已經建立好的專案複製一份並命名為「LifeCycle Test」[2]。

STEP 02 請開啟並編輯「Android｜app > java > com.example.junwu. lifecycletest > MainActivity.java」。請參考程式碼 4-1，將與 Activity 生命週期相關的 callback method 進行實作。為了確保其父類別中原本該執行的 callback method 能夠被加以執行，因此請您在每個 callback method 實作的第一行，加入「super.xxxxx();」來呼叫並執行其父類別中原本的 callback method（其中的 xxxxx 代表了 method 的名稱。）。此外，為了能夠觀察到其狀態的改變，我們也在每個 callback method 的實作中加入了「Log.v(TAG, "XXXXX!")」（同樣的，此處的 XXXXX 代表 callback method 的名稱），其中的第一個參數是做為除錯訊息的標籤，為了便利起見（因為要使用很多次），我們在程式中定義了一個字串 TAG，其內容為「LifeCycleTest」。請參考程式碼 4-1，以完成相關的設計。

註 2　不要忘記要將原本名為「activity_main.xml」的檔案，改為「layout_ main.xml」。

程式碼 4-1　MainActivity.java 檔案內容

```
1   public class MainActivity extends AppCompatActivity {
2       private static String TAG = "LifeCycleTest";
3
4       protected void onCreate(Bundle savedInstanceState) {
5           Log.v(TAG, "onCreate!");
6           super.onCreate(savedInstanceState);
7           setContentView(R.layout.layout_main);
8       }
9       protected void onStart () {
10          Log.v(TAG, "onStart!");
11          super.onStart();
12      }
13      protected void onRestart() {
14          Log.v(TAG, "onRestart!");
15          super.onRestart();
16      }
17      protected void onResume () {
18          Log.v(TAG, "onResume!");
19          super.onResume();
20      }
21      protected void onStop () {
22          Log.v(TAG, "onStop!");
23          super.onStop();
24      }
25      protected void onPause() {
26          Log.v(TAG, "onPause!");
27          super.onPause();
28      }
29      protected void onDestroy() {
30          Log.v(TAG, "onDestroy");
31          super.onDestroy();
32      }
33  }
```

STEP 03 請編譯並在執行此專案，並且在執行時請觀察「logcat 視窗」中的除錯訊息（如圖 4-3 所示），以瞭解 Activity 生命週期的變化。

請試著配合本章 4-1 節的說明，使用「LifeCycle Test」專案來檢視一個 Activity 各種狀態的變化（您應該要進一步嘗試切換其它的 APP，以迫使「LifeCycle Test」進入暫停的狀態；並試著將「LifeCycle Test」強制結束，以觀察對應的狀態行為。）。

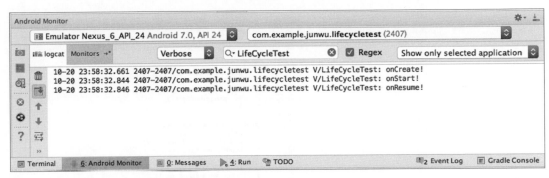

圖 4-3　LifeCycleTest 專案執行時的 Logcat 視窗內容。

4-3 │ 以除錯模式測試 Activity 的生命週期

在本節中，我們將改以 Android 的除錯模式來執行並驗證我們的專案。請開啟「LifeCycleTest 專案」的「MainActivity.java」程式，並在「Editor 視窗」中，以滑鼠在程式碼左方點擊建立「中斷點（break point）」，如圖 4-4 所示。注意，再次點擊則可移除中斷點。

圖 4-4

在「Editor 視窗」
中設定中斷點。

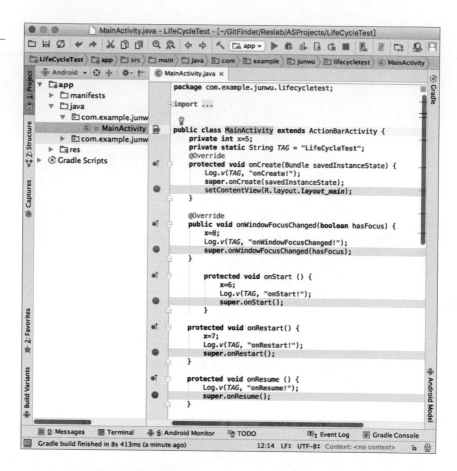

然後以圖示 或功能選單中的「Run > debug 'app'」，或是以快速鍵
「Ctrl+D」³ 等方式，來使用除錯模式執行專案。等到 Android Studio
啟動了除錯模式後，程式的執行會停在第一個中斷點上，並且在畫
面下方會出現「Debug 視窗」，如圖 4-5 所示。

註3 在 Mac 系統上，請按「Command + D」。

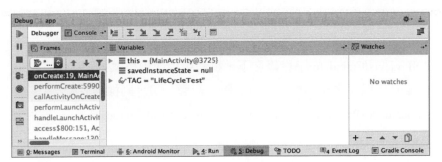

圖 4-5

Debug 視窗。

您可以在這個「Debug 視窗」中觀察程式執行的狀況，以及相關變數的值，同時也可以視需要在「Debug 視窗」的右側，加入特定變數或運算式到「Watch 子視窗」中，以隨時觀測所需的資訊。待使用者按下在「Debug 視窗」最左側上方的 ▶（或是以快速鍵「Alt+Ctrl+R」[4]）後，才會再繼續後續的程式執行，直到下一個中斷點為止。當然，您也可以利用其它在「Debug 視窗」中的按鈕，來執行包含暫停、停止、Step Over、Step into 或是 Step out 等功能，視您實際的需要完成除錯。

4-4 ｜ 有記憶的計算機

請執行在上一章中所開發的「Calculator（計算機）」APP，並觀察當使用者切換不同的應用程式時，該計算機程式是否仍能正確地執行？當使用者將程式結束，然後再次執行時，前一次的結果是否有被保留起來？很可惜，答案是否定的！所以在本節中，我們將修改此專案，讓它可以變成一個具有記憶的計算機 APP!

在接下來的練習中，請先將你的「Calculator 專案」複製一份，並更改專案名為「Calculator2 專案」，以避免我們修改錯誤影響了原本該有的正常功能。請依下列步驟完成專案的複製：

註 4　在 Mac 系統上，請按「Command + Option + R」。

<code>☞ STEP 01</code> 請找到第 3 章的「Calculator」專案所在之目錄，並將其複製一份。例如我們原本將「Calculator」專案放置於「/Users/someone/ASProjects/Calculator」目錄之下，我們可以使用檔案總管或其它類似的工具（以文字命令模式亦可）將其複製一份，同樣存放於「/Users/someone/ASProjects」目錄之下，並命名為「Calculator2」。

<code>☞ STEP 02</code> 開始 Android Studio 後，選擇「Open an existing Android Studio project（開啟已存在的 Android Studio 專案）」選項，請選擇開啟已複製好的目錄，並按下「OK」後將該專案開啟。

<code>☞ STEP 03</code> 接下來，此專案還有一些地方需要手動地修改，請在「Project 視窗」裡選取「Android | app > manifests > AndroidManifest.xml」檔案，使用滑鼠雙擊將其開啟。在該檔案的開頭處有以下的內容：

```
1  <manifest xmlns:android="http://schemas.android.com/apk/res/android"
2      package="com.example.junwu.calculator">
```

請將其中第 2 行的「package = "com.example.junwu.calculator"」修改為「package = "com.example.junwu.calculator2"」，修改後之結果如下：

```
1  <manifest xmlns:android="http://schemas.android.com/apk/res/android"
2      package="com.example.junwu.calculator2">
```

<code>☞ STEP 04</code> 在「Project 視窗」裡選取「Android | Gradle Scripts > build.gradle (Module: app)」檔案，以滑鼠雙擊將其開啟。該檔案開頭處可以找到以下的內容：

```
1  android {
2      compileSdkVersion 22
3      buildToolsVersion "23.0.0"
4      defaultConfig {
```

```
5              applicationId "com.example.junwu.calculator"
6              minSdkVersion 19
7              targetSdkVersion 22
8              versionCode 1
9              versionName "1.0"
10             testInstrumentationRunner
11                      "android.support.test.runner.AndroidJUnitRunner"
12         }
```

請將其中第 5 行的「applicationId="com.example.junwu.calculator"」修改為「applicationId="com.example.junwu.calculator2"」，修改後之結果如下：

```
1    android {
2        compileSdkVersion 22
3        buildToolsVersion "23.0.0"
4        defaultConfig {
5            applicationId "com.example.junwu.calculator2"
6            minSdkVersion 19
7            targetSdkVersion 22
8            versionCode 1
9            versionName "1.0"
10           testInstrumentationRunner
11                    "android.support.test.runner.AndroidJUnitRunner"
12       }
```

☞ **STEP 05** 切換「Project 視窗」為「Packages 視窗」，並選取「Packages | app > com.example.junwu > calculator」，點擊滑鼠右鍵並在彈出式選單中選取「Refactor | Rename」以便讓我們將這個套件名稱也加以修改，請將其也改為「calculator2」，在此步驟中 Android Studio 會出現 Warning 訊息，並詢問使用者要「Rename directory」、「Cancel」及「Rename package」，請選擇「Rename package」，並在下方跳出的「Find Refactoring Preview」視窗中選擇「Do Refactor」。

☞ **STEP 06** 從選單中選取「Tools | Android > Sync Project with Gradle Files」，以便讓我們所修改過的 Gradle 的設定，能夠與專案內容協同一致。

至此已成功地將「Calculator」專案複製為「Calculator2」專案。在本章接下來的內容中，我們將使用這個新的「Calculator2」專案進行演示與講解。

要實現將程式運行中的變數或其它資料保存起來，在 Android SDK 中的 Activity 類別提供了一組 method：「onSaveInstanceState(Bundle outState)」與「onRestoreInstanceState(Bundle savedInstanceState)」，它們分別會將 Activity 相關的 View 元件的屬性值加以儲存與還原，其資料是保存在一個 Bundle 類別的物件中。請參考以下的步驟將一個新的資料加入到 Bundle 類別的物件中。具體來說，我們將把代表計算結果的「theValue」變數的值保存起來。

☞ STEP 01　請編輯「Android | app > java > com.example.junwu.calculator2 > MainActivity.java」，並將下列程式碼加入到 MainActivity 類別的定義中：

```
@Override
protected void onSaveInstanceState(Bundle outState) {
    outState.putInt("newItem", theValue);
    super.onSaveInstanceState(outState);
}

@Override
protected void onRestoreInstanceState(Bundle savedInstanceState) {
    super.onRestoreInstanceState(savedInstanceState);
    theValue = savedInstanceState.getInt("newItem");
    EditText edt = (EditText)findViewById(R.id.display);
    edt.setText((CharSequence)("" + theValue));
}
```

在上述的程式碼中，我們透過「onSaveInstanceState()」與「onRestoreInstanceState()」這兩個 callback method，來達成將「theValue」保存以及還原的目的。首先在「onSaveInstanceState()」中，我們是使用 Bundle 類別的「putInt()」method 來將一個 int 整數加入到 Bundle 類別的物件中，其有使用兩個參數，分別為「key」與

「value」。例如「outState.putInt("newItem", theValue);」，所新增的資料其 key 就命名為「newItem」，value 則為變數 theValue 的值。後續在「onRestoreInstanceState()」中，則是以 Bundle 類別的「getInt()」取回特定的資料。例如「theValue = savedInstanceState. getInt("newItem");」就是將名為「newItem」的項目從 Bundle 中取出，並將其值放入至「theValue」變數中，最後並將其值顯示在名為「display」的 EditText 元件中（也就是用以顯示計算結果的元件）。

☞ **STEP 02**　現在請編譯並執行「Calculator 2」專案，看看在切換不同 APP 的情況下，又或是將其結束後再行啟動時，其計算結果可不可以正確地被保存及顯示？

很可惜的是上述的這兩個 callback method，並不能如我們預期的正確地儲存與還原「theValue」的數值。其原因在於，「onSave InstanceState()」method 的執行具有不確定性，它是在你的 Activity 因系統問題（例如記憶體不足時）被強制結束時，由 Android 加以呼叫。若是由使用者自行結束的 Activity（例如按下 Home 鍵結束程式），就不會被呼叫此 method。類似的情形也發生在「onRestore InstanceState()」method，它也是由 Android 系統自行判斷是否該呼叫，不能保證它永遠會都被呼叫。所以，基於上述理由，這兩個 method 並不是我們要實現保存計算機程式狀態的好選擇。

接下來，讓我們試試其它的 callback method。請繼續依下列步驟進行：

☞ **STEP 03**　請繼續編輯「Android | app > java > com.example.junwu. calculator2 > MainActivity.java」，依下列程式碼修改 MainActivity 類別的「onWindowFocusChanged()」的內容。此次的修改，主要是增加最後以灰色網點所標示的那兩行，以便讓發生「WindowFocus Changed」事件時，也能夠更新計算結果的顯示：

```
public void onWindowFocusChanged (boolean hasFocus) {
    GridLayout keysGL = (GridLayout) findViewById(R.id.keys);
    int kbHeight = (int) (keysGL.getHeight()/ keysGL.getRowCount());
    int kbWidth = (int) (keysGL.getWidth() / keysGL.getColumnCount());

    Button btn;

    for (int i = 0; i < keysGL.getChildCount(); i++) {
        btn = (Button) keysGL.getChildAt(i);
        btn.setHeight(kbHeight);
        btn.setWidth(kbWidth);
        btn.setTextSize(TypedValue.COMPLEX_UNIT_SP, 36);
    }
    EditText edt = (EditText) findViewById(R.id.display);
    edt.setText((CharSequence)("" + theValue));
}
```

☞ **STEP 04** 現在請繼續編輯「Android | app > java > com.example.junwu. calculator2 > MainActivity.java」，依下列程式碼增加「onPause()」與「onResume()」這個 callback method：

```
protected void onPause() {
    super.onPause();
    SharedPreferences appSharedPrefs = PreferenceManager
            .getDefaultSharedPreferences(this.getApplicationContext());
    SharedPreferences.Editor prefsEditor = appSharedPrefs.edit();
    prefsEditor.putString("newItem", (new Integer(theValue)).toString());
    prefsEditor.commit();
}

protected void onResume () {
    super.onResume();
    SharedPreferences appSharedPrefs = PreferenceManager
            .getDefaultSharedPreferences(this.getApplicationContext());
    theValue =
            (new Integer(appSharedPrefs.getString("newItem", "0"))).intValue();
}
```

請注意，由於在這兩個 method 中使用了「SharedPreferences」與「PreferenceManager」這兩個類別，所以請也將下列兩行加入到 MainActivity.java 的開頭處：

```
import android.content.SharedPreferences;
import android.preference.PreferenceManager;
```

在上述程式中，我們利用「SharedPreferences」類別來儲存所欲保存的資料，此類別同樣是以 (key, value) 的方式儲存資料，其中 key 是一個字串，而 value 則是一個物件。我們首先利用「PreferenceManager」類別的「getDefaultSharedPreferences()」取得儲存此 Activity 內容的 SharedPreferences 類別的物件。接著透過 SharedPreferences 的 Editor 類別來編輯 preferences，我們將 theValue 轉成 String 類別的物件後透過「putString()」method 加以保存。最後以其「commit()」來將此編輯的內容寫入。由於這些動作是在 onPause() 內執行，且 onPause() 每當 Activity 失去其前景執行時，就會被加以執行，因此我們可以確保其值能正確地被保存。

我們將類似但相反的做法，應用在「onResume()」內，同樣透過「SharedPreferences」的物件，我們將其 key 為「newItem」的物件取回，並轉換為整數後將其值設定給 theValue 變數。

STEP 05 上述的程式碼修改完成後，請執行看看是否一切正常。看看這個計算機 APP 是否已經有了記憶？是否已經能夠記住執行中的計算結果？

本章的「Calculator 2」範例，利用了 Activity 的生命週期以及配合適當的 callback method，並透過 Preferences 來保存及還原應用程式相關的變數數值。請仔細鑽研此範例，相信對於您未來設計其它的應用程式，一定會非常有幫助！

4-5 | Exercise

Exercise 4.1

請修改 4-2 小節所設計的「LifeCycleTest 專案」，增加「onWindow FocusChanged()」方法的實作（可參考以下的程式碼），執行並觀察其被呼叫的時間點為何？

```
public void onWindowFocusChanged(boolean hasFocus) {
    Log.v(TAG, "onWindowFocusChanged!");
    super.onWindowFocusChanged(hasFocus);
}
```

Exercise 4.2

在「Calculator」與「Calculator2」專案中，其用以動態顯示適當按鈕大小的程式碼，可否從 onWindowFocusChanged() 中，改至 onResume()? 請解釋您的答案。

Exercise 4.3

將本章所設計的計算機應用程式「Calculator2」，增加適當除錯日誌資訊輸出，並實作程式碼 5-2 程式碼，觀察並說明究竟何時系統才會呼叫 onSaveInstanceState() 與 onRestoreInstanceState()。

Exercise 4.4

針對「Calculator」與「Calculator2」，以 Android Studio 所提供的除錯環境，觀察在程式執行期間「theValue」數值的變化。

05

CoordinatorLayout

本章將為讀者介紹「CoordinatorLayout」，它是 Android Studio 為專案新增的「Basic Activity」預設的使用者介面佈局，也是目前 Google 公司所主推的「Material Design」元件之一。我們將在本章中，為各位讀者簡介「CoordinatorLayout」的架構以及說明其使用的細節。我們將會在 5-1 節先為各位介紹「Basic Activity」的使用，並在 5-2 節將「Basic Activity」所使用的「CoordinatorLayout」加以介紹，讓讀者可以對使用 Android Studio 幫我們所新增的「Basic Activity」能有更清楚的瞭解，對於未來設計符合「Material Design」的 APP 應用程式也十分有幫助。

5-1 │ 使用 Basic Activity

在過去的幾個章節中，我們所使用的範例都是在專案中加入「Empty Activity」，本章將要為各位讀者介紹一個新的 Activity —「Basic Activity」，並為您進行相關的應用示範。「Basic Activity」顧名思義為「基礎」的「Activity」，同時它是我們在新增專案時，除了「Add no activity」之外的第一個選項；因此，我們可以將「Basic Activity」視為是 Android Studio「預設」或「推薦」開發人員所使用的 Activity。

當我們使用 Android Studio 建立新的專案時，除非您選擇建立「Add no activity」，否則 Android Studio 不但會幫我們建立 APP 應用程式所需要的程式也會幫我們建立各項相關的資源，其中也包含了

Activity。以過去我們所選擇的「Empty Activity」為例，雖然其名稱為「Empty」[1]，但其實還是會為我們建立對應的 MainActivity.java 以及其所使用的使用者介面 activity_main.xml[2] 檔案。至於「Basic Activity」也是一樣，它也會為我們建立一些預設的程式檔案以及資源。

請依以下步驟建立一個「Basic Activity」專案，並且學習關於這個「預設」的 Activity 的架構以及其所包含的內容。

STEP 01　請 以 Android Studio 新 增 一 個 名 為「CoordinatorLayout Demo」的專案，如圖 5-1 所示。

圖 **5-1**

建立一個名為
「Coordinator
Layout Demo」
的專案。

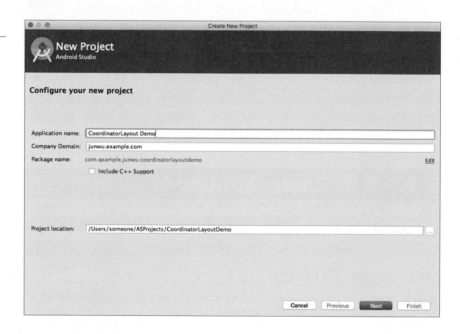

STEP 02　接著在「Target Android Devices」步驟時，直接使用預設值即可，如圖 5-2 所示。

註 1　Empty 為空無一物的意思。
註 2　在過去的章節內容中，我們都要求您將此檔案改名為 layout_main.xml。

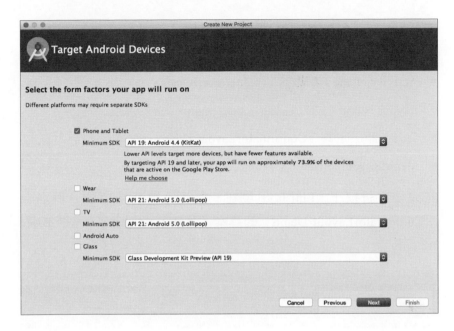

圖 5-2

設定 Android 裝置
相關選項。

STEP 03 接著在「Add an Activity to Mobile」步驟時，選擇「Basic Activity」，如圖 5-3 所示。

請點擊此處

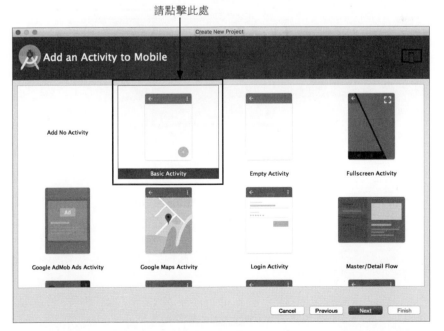

圖 5-3

選擇加入「Basic Activity」到「Coordinator Layout Demo」專案中。

STEP 04 接下來，進行到「Customize the Activity」的步驟時（如圖 5-4），請依下列的指示進行設定：

- Activity Name：請設定為「MainActivity」。
- Layout Name：請設定為「layout_main」[3]。
- Title：請設定為「CoordinatorLayout Demo」。
- Menu Resource Name：請設定為「menu_main」。

完成後，請按下「Finish」。現在，我們已經新增完成一個名為「CoordinatorLayout Demo」的專案，並在其中加入了一個「Basic Activity」。

圖 5-4

設定 Activity 的屬性。

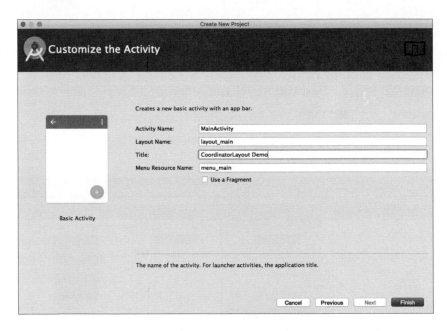

註3　此處別忘了將預設的 activity_main 改名。

☞ **STEP 05** 請編譯並執行這個名為「CoordinatorLayout Demo」的專案，請看看它與使用「Empty Activity」的專案何不同之處。

圖 5-5

Coordinator
Layout Demo 專案
的執行畫面之一。

請參考圖 5-5，此專案的執行畫面的確與使用「Empty Activity」的專案有很大的差異。單從執行結果來看，可以發現以下的差異：

■ 畫面的右上角多了一個選單（也就是標示為：之處），若點選該處則會出現如圖 5-6 的畫面，其中多了一個名為「Settings」的選項，但該選項點選後暫無功能。

圖 5-6

Coordinator
Layout Demo 專案
的執行畫面之二
（選單內容）。

- 畫面的右下角多了一個紅色的圓形，其中顯示了一個「信件」的
  圖示。如果點擊該圖示，則會在畫面的最下方出現一個灰色的區
  域，其中顯示了一個訊息「Replace with your own action（以您自
  己的 action 取代）」，如圖 5-7 所示。此訊息若是拖往右方則會消
  失不見，或者靜待片刻後也會消失不見。這裡的紅色的圓形圖示
  與最下方出現的灰色區域，分別被稱為「Floating Action Button
  （浮動的 action 按鈕）」與「Snackbar」；這兩個元件都是屬於目
  前 Google 所大力提倡「Material Design」的元件，相信您並不會
  感到陌生，應該已經在許多 APP 中看過此種設計。

圖 5-7

Basic 專案執
行畫面之三
（Snackbar）。

現在，讓我們透過程式碼來瞭解一下「Basic Activity」的相關細
節，首先是 MainActivity.java（為節省版面，僅列出部份程式碼）：

程式碼 5-1　MainActivity.java 片段（Basic 專案）

```
    ...
1   public class MainActivity extends AppCompatActivity {
2       @Override
3       protected void onCreate(Bundle savedInstanceState) {
4           super.onCreate(savedInstanceState);
5           setContentView(R.layout.layout_main);
6           Toolbar toolbar = (Toolbar) findViewById(R.id.toolbar);
7           setSupportActionBar(toolbar);
8           FloatingActionButton fab =
9               (FloatingActionButton) findViewById(R.id.fab);
10          fab.setOnClickListener(new View.OnClickListener() {
11              @Override
12              public void onClick(View view) {
13                  Snackbar.make(view, "Replace with your own action",
```

```
14                     Snackbar.LENGTH_LONG).setAction("Action",
15                                             null).show();
16          }
17      });
18   }
```

程式碼 5-1 顯示了「Basic」專案的主要運作的 Activity，其第 3-18 行為其「onCreate()」method 的內容。此 method 的內容，在開始處與過去相同，其中第 5 行的「setContentView(R.layout.layout_main);」將此 Activity 的對應 Layout 設定為「R.layout.layout_main」，此處也就是我們在新增專案時所選定「layout_main」所對應的 R.java 中的 id[4]。至於接下來的部份，我們將在以下的小節中逐一加以說明。

5-1-1　Toolbar 工具列

當我們為專案新增了「Basic Activity」後，其預設就會幫我們為此 Activity 加入一個 Toolbar（工具列），請參考程式碼 5-1 的第 6-7 行：

```
Toolbar toolbar = (Toolbar) findViewById(R.id.toolbar);
setSupportActionBar(toolbar);
```

其中是以「findViewById(R.id.toolbar)」去找到此專案的 Toolbar（工具列）資源，然後設定做為此 Activity 的工具列之用（透過「SupportActionBar()」mehtod 實現）。不過讀者可能會好奇，此處的「R.id.toolbar」又是從何而來呢？請參考以下的程式碼 5-2，其內容取自於「layout_main.xml」中的片段：

註4　相信讀者們經過了前面的章節內容後，應該對此已經相當熟悉了。

程式碼 5-2　layout_main.xml 片段（CoordinatorLayout Demo 專案）

```
   ...
1  <android.support.design.widget.AppBarLayout
2      android:layout_width="match_parent"
3      android:layout_height="wrap_content"
4      android:theme="@style/AppTheme.AppBarOverlay">
5
6      <android.support.v7.widget.Toolbar
7          android:id="@+id/toolbar"
8          android:layout_width="match_parent"
9          android:layout_height="?attr/actionBarSize"
10         android:background="?attr/colorPrimary"
11         app:popupTheme="@style/AppTheme.PopupOverlay" />
12  </android.support.design.widget.AppBarLayout>
   ...
```

如前述，此處的「layout_main.xml」就是「MainActivity.java」對應的使用者介面的檔案（我們在此僅先摘錄其中的一部份），程式碼 5-2 包含了該 Layout 中所使用的「AppBarLayout」。「AppBar Layout」是指在應用程式畫面上方的一塊「長條狀」的區域的 Layout，通常被用來放置工具列。這個顯示在畫面上方的區域被稱之為「Application Bar」或是「APP Bar」，中文則譯做為「應用程式列」。在程式碼的第 6-11 行，其包含了一個 Toolbar 元件的定義，請參考其中的第 7 行，其 id 即為「toolbar」，也就是在程式碼 5-1 的第 6 行所要找尋的「R.id.toolbar」元件。如此一來，我們就可以明瞭這個工具列是如何與 Activity 產生關聯的了，不過如圖 5-6 所顯示的「Settings」選項又是如何加入到此 Toolbar 中的呢？請再開啟「MainActivity.java」，您應該可以在裡面找到一個名為「onCreateOptionsMenu()」的 method，其內容如程式碼 5-3 所示：

程式碼 5-3　MainActivity.java 片段（CoordinatorLayout Demo 專案）

```
   ...
1  @Override
2  public boolean onCreateOptionsMenu(Menu menu) {
3  // Inflate the menu; this adds items to the action bar if it is present.
```

```
4        getMenuInflater().inflate(R.menu.menu_main, menu);
5        return true;
6    }
     ...
```

此 method 就是在建立此 Activity 時，若其設定有選單時，就會被加以呼叫的一個 method。本例因為設定了 Toolbar，且該 Toolbar 預設有選單的設定，所以此 method 就會被加以呼叫，且其參數「Menu menu」就是由系統將一個 Menu 類別的物件傳入，我們只要在此設定好這個 menu 物件的內容，選單就會正確地在工具列上呈現並可加以使用。因此，現在的問題就是該如何將這個 Menu 類別的 menu 物件適切地加以定義其內容（當然，此點還是透過資源的設定而完成的）。

還記得前面我們在新增此專案時，設定了一個名為「menu_main」的選單名稱嗎（如圖 5-4 所示），在程式碼 5-3 中的第 4 行「getMenuInflater().inflate(R.menu.menu_main, menu);」就是使用這個名為「R.menu.menu_main」的選單資源的內容，來 inflate（填充、生成）這個 menu 物件。請參考以下的 menu_main.xml 檔案的內容：

程式碼 5-4　「Android | app > res > menu > menu_main.xml」（CoordinatorLayout Demo 專案）

```
1    <android.support.design.widget.AppBarLayout
2    <menu xmlns:android="http://schemas.android.com/apk/res/android"
3        xmlns:app="http://schemas.android.com/apk/res-auto"
4        xmlns:tools="http://schemas.android.com/tools"
5        tools:context="com.example.junwu.CoordinatorLayout
6                Demo.MainActivity">
7        <item
8            android:id="@+id/action_settings"
9            android:orderInCategory="100"
10           android:title="@string/action_settings"
11           app:showAsAction="never" />
12   </menu>
```

程式碼 5-4 定義了一個選單的內容，您可以在其中的第 7-11 行找到其中一個（也是目前唯一的一個）item（選項），其中的第 10 行以「android:title」屬性設定其選項的顯示名稱為「@string/action_settings」，您可以從程式碼 5-5 中得知，其值被設定為「Settings」。

程式碼 5-5　「Android | app > res > values > strings.xml」（CoordinatorLayout Demo 專案）

```
1   <resources>
2       <string name="app_name">CoordinatorLayout Demo</string>
3       <string name="action_settings">Settings</string>
4   </resources>
```

至此，工具列的部份已經大致完成了相關的設定，只剩下未來使用者在使用此 APP 應用程式時，點擊選單時所應進行的對應處理動作的定義。關於此點，我們只要實作一個名為「onOptionsItemSelected()」的 method 即可完成；但是新增的「Basic Activity」並沒有提供相關的對應處理動作的實作（Android Studio 不可能預料得到開發人員打算提供何種處理，當然無法幫我們產生程式碼），您可以在「MainActivity.java」中找到這個 method，不過目前它尚未有相關的處理動作。我們將在未來使用者選單功能的設計時，再針對此點加以說明。

5-1-2　FloatingActionButton

現在讓我們接著繼續說明程式碼 5-1 的第 8-17 行的部份，為了便利讀者的閱讀，我們將程式碼再次列舉如下：

```
8   FloatingActionButton fab =
9       (FloatingActionButton) findViewById(R.id.fab);
10  fab.setOnClickListener(new View.OnClickListener() {
11      @Override
12      public void onClick(View view) {
13          Snackbar.make(view, "Replace with your own action",
14              Snackbar.LENGTH_LONG).setAction("Action",
15                                              null).show();
16      }
17  });
```

在第 8 行中，又出現了一個新的類別 —「FloatingActionButton」，可翻譯為「浮動式的動作按鈕」，它就是出現在圖 5-5 至圖 5-7 中的那個紅色的圓形按鈕。「FloatingActionButton」可以讓使用者有一個容易操作的按鈕（因為它永遠固定在使用者介面的最上層），是 Google 所大力提倡的「Material Design」常見的元件（相信您已經在很多 APP 應用程式中看過此種圓形的動作按鈕了）。

在第 8 至 9 行中，同樣是以「findViewById()」method 去尋找名為「R.id.fab」的資源，它可以在「layout_main.xml」中找到，請參考下面的程式碼 5-6：

程式碼 5-6　layout_main.xml 片段（CoordinatorLayout Demo 專案）

```
...
1  <android.support.design.widget.FloatingActionButton
2      android:id="@+id/fab"
3      android:layout_width="wrap_content"
4      android:layout_height="wrap_content"
5      android:layout_gravity="bottom|end"
6      android:layout_margin="@dimen/fab_margin"
7      app:srcCompat="@android:drawable/ic_dialog_email" />
...
```

在第 1 行中，我們可以得知這是一個「FloatingActionButton」的元件，並在第 2 行可以看到此元件的 id 為「fab」。因此此元件就是我們在程式碼 5-1 中的第 8 至 9 行中所要尋找的名為「R.id.fab」的元件。至於後續的 3-7 行程式碼則定義了此「FloatingActionButton」的相關屬性，其中第 7 行則定義了此元件的外觀圖示，您可以試著將第 7 行的設定值，從「@android:drawable/ic_dialog_email」改為「@android:drawable/ic_dialog_info」，看看會有什麼不同？我們也會在本書後續內容中，教您如何設定其它不同的圖示，甚至使用自行設計的圖示。

至於在程式碼 5-1 的第 10-17 行，則是為這個 FloatingActionButton 設定一個事件處理的監聽器（Event Listener），當發生 Click 事件[5] 時，第 12-16 行的「onClick()」將會被呼叫（其中的第 13-15 行會產生一個 Snackbar 用以顯示訊息，請見下一小節的說明）。對於 Java 語言的 AWT 或 Swing 程式設計熟悉的讀者，應該對於此種 delegation 的程式設計方式不會感到陌生，例如以下的程式碼是為 java.awt. Button 類別的物件增加一個滑鼠事件的監聽器，當使用者以滑鼠點擊該按鈕時，其中的「mouseClicked()」method 將會被加以呼叫：

```
Button theBtn = new Button("Click Me!");
theBtn.addMouseListener(new mouseAdapter()
{
        public void mouseClicked(MouseEvent e)
        {
                … // 發生滑鼠點擊事件時的處理
        }
});
```

請將上面這段用於 AWT 的 Button 滑鼠事件的監聽與處理的程式碼，與程式碼 5-1 的第 10-17 行進行比較，您應該會發現其中類似的精神與架構。要特別注意的是所有 View 元件都適用此處所使用的「setOnClickListener()」method 以及名為「OnClickListener()」的 interface[6]。

5-1-3 Snackbar

在前一小節中，當 FloatingActionButton 被點擊時，其負責處理的監聽器（Listener）的「onClick()」method，會執行以下的程式碼（已列示於程式碼 5-1 之第 13-15 行）：

註 5   當然，此處並不是指滑鼠的 click，而是指使用者用手指加以點擊的事件。

註 6   此 interface 實作時必須提供一個名為「onClcik()」的 method 實作。

```
13   Snackbar.make(view, "Replace with your own action",
14       Snackbar.LENGTH_LONG).setAction("Action",
15                                     null).show();
```

細心的讀者應該會發現這其實是一行程式碼，但因為排版的因素，我們使用了三行加以呈現。在開始說明這行程式的意義前，請先讓我們說明一下 Snackbar 的用途以及其語法。Snackbar 是一個出現在畫面底部的一個彈出式區域，可用以顯示訊息並可以顯示一個操作按鈕以執行特定事件。當其出現在畫面上時，我們可以使用 swipe 手勢讓它滑動消失，或是點擊其操作按鈕（如果有的話）；當然，若使用者不對其進行操作，則待一定時間後它也會自動消失。

Snackbar 可以使用其「make()」method 來產生物件，其原型如下：

```
Snackbar make (View view, CharSequence text, int duration)
```

其中 view 為該 Snackbar 所欲顯示的 View 元件，text 則為欲顯示的文字串；duration 則為 Snackbar 顯示的時間，共有三種可以設定的數值：

■ Snackbar.LENGTH_LONG：以較長的時間顯示 Snackbar。

■ Snackbar.LENGTH_SHORT：以較短的時間顯示 Snackbar。

■ Snackbar.LENGTH_INDEFINITE：在 swipe[7] 滑動消失前，該 Snackbar 永遠顯示。

要注意的是不論是 Snackbar.LENGTH_LONG 或 Snackbar.LENGTH_SHORT 都只有短短的數秒而已，其所謂的較長或較短的時間僅為相對的比較。

註 7　Swipe 手勢是指使用者有手指將特定的元件以滑動的方式進行操作。

參考 Snackbar 的「make()」的原型，我們可以寫出以下的程式碼來
建立一個 Snackbar 的物件，並命名為 sbar，然後呼叫其「show()」
method，將它顯示出來（在畫面最底層的地方）：

```
Snackbar sbar = Snackbar.make ( view, "Replace with your own action",
                        Snackbar.LENGTH_LONG);
sbar.show();
```

如果和程式碼 5-1 的第 13-15 行比較，您會發現一些不同之處，其
主要的差異是程式碼 5-1 中還使用了另一個名為「setAction()」的
method，其原型如下：

```
Snackbar setAction (CharSequence text, View.OnClcikListener listener)
```

其中第一個參數是要顯示的動作按鈕的名稱，第二個參數則是一個
負責處理此動作按鈕的監聽器（我們會再後續的內容中再進行示
範）。現在讓我們接續前面的例子，為 sbar 增加一個動作按鈕及其事
件處理：

```
Snackbar sbar = Snackbar.make ( view, "Replace with your own action",
                            Snackbar.LENGTH_LONG);
sbar.setAction("Action", new View.OnClickListener() {
            public void onClick(View v) {
                Log.v("ProjectLog","test");
            });
sbar.show();
```

上述的程式碼的執行結果如圖 5-8 所示，在彈出的 Snackbar 的右側
會多出了一個名為「Action」的動作按鈕，當使用者按下該動作按鈕
後會產生一個 log 訊息。

圖 5-8
包含動作按鈕的
Snackbar。

請注意「make()」與「setAction()」這兩個 method 的傳回值都是其
本身的 Snackbar 物件，所以我們還可以利用此點將上述程式碼改寫
如下：

```
Snackbar.make (view, "Replace with your own action",
            Snackbar.LENGTH_LONG).setAction(
         "Action", new View.OnClickListener() {
                     public void onClick(View v) {
                         Log.v("ProjectLog","test");
                     }}).show();
```

雖然會覺得有點複雜，但仔細看看它只是利用「make()」method
所傳回的 Snackbar 物件直接執行其「setAction()」method；然後
再利用「setAction()」method 所傳回的 Snackbar 物件，再執行其
「show()」method 而已。由於為專案新增一個「Basic Activity」
時，Android Studio 只會幫我們建立一個具有架構但無內容的

Activity 與其介面，因此以此處的 Snackbar 為例，它並不會幫我們
將其「onClick()」method 加以實作（試想 Android Studio 怎麼可能
知道要幫我們產生什麼功能的程式碼呢？），它只是幫我們在應該要
傳入一個 View.OnClickListener 的物件時，簡單地以「null」代替，
因此在新建立好專案的時候，其相關的程式碼如下：

```
Snackbar.make (view, "Replace with your own action",
              Snackbar.LENGTH_LONG).setAction("Action", null).show();
```

請您將上面這段程式碼和程式碼 5-1 中的第 13-15 相比（為便利比
較，我們再次將程式碼附於下方），有沒有發現除了縮排以外兩者完
全相同？沒錯，現在您應該已經可以完全瞭解這行程式的意義了。

```
13   Snackbar.make(view, "Replace with your own action",
14       Snackbar.LENGTH_LONG).setAction("Action",
15                                   null).show();
```

這行程式碼雖然有使用「setAction()」method，並且將該動作按鈕
命名為「Action」，不過由於其 View.OnClickListener 設定為 null，
因此其動作按鈕並不會顯現。但由於它預先已產生好這些程式
碼，所以未來可以很容易地增添相關的動作處理（也就是 View.
OnClickListener 的實作），以完成所需的事件處理。

5-2 ｜ CoordinatorLayout

2015 年的 Google I/O 年會，Google 公司發表了 Android Design Support
Library，讓開發人員可以更為容易地完成「Material Design（實感
設計）」[8] 的一組類別庫。由於受到 Goolge 官方的大力支持，再加上

註8　Material Design 是目前 Andorid 陣營所主推的一種使用者介面設
　　計風格，透過使用 Google 所提供的類別庫將可以更容易做出符合
　　Material Design 的使用者介面。

Android Design Support Library 的確提供了開發人員簡易的方式來進行「Material Design」，還有更為重要的是「Material Design」的呈現效果的確很好、很漂亮，是目前廣受使用者喜好的一種設計風格。如果您和筆者一樣，不具備專業級的美術設計素養，那麼跟著主流的設計風格就對了，使用 Android Design Support Library 雖然無法讓您所設計的 APP 應用程式獨樹一格，但至少可以讓您的 APP 看起來和其它專業開發人員所設計的一樣專業，而且也具有相似的操作方法，這樣一來就可以讓使用者更容易接受您所設計的 APP 應用程式。

在 Android Design Support Library 中，提供了許多的「Material Design」元件，其中有一個功能強大的 Layout，稱之為「Coordinator Layout」，它是以 FrameLayout 為基礎，但它還具備有可以依據其所管理的元件的位置變化，動態地調整其它元件位置的能力，正如其名稱一樣「Coordinator」，它會協調其所管理的元件，一起調整顯示的位置。例如當使用者在「FloatingAction Button」上進行點選後，其所彈出的「Snackbar」並不會將「FloatingActionButton」遮蓋掉，而是會協調它一起往上方移動，直到「Snackbar」消失後，再讓「FloatingActionButton」回到原本的位置。

「CoordinatorLayout」若再搭配其它的「Material Design」元件使用，將可以做出許多優異的效果。Android Studio 也將 Coordinator Layout 做為其「Basic Activity」預設使用的 Layout。以下我們將利用前一小節所建立的「CoordinatorLayout Dem」專案，為您說明「CoordinatorLayout」的相關細節。

首先，要瞭解「CoordinatorLayout」可以從「CoordinatorLayout Demo」專案的「layout_main.xml」開始，因為在 Android Studio 幫我們為新專案所建立的「Basic Activity」中，其所對應的使用者介面檔案「layout_main.xml」就是採用「CoordinatorLayout」做為其預設的 Layout。請先參考以下的程式碼 5-7：

程式碼 5-7　layout_main.xml（CoordinatorLayout Demo 專案）

```
1   <?xml version="1.0" encoding="utf-8"?>
2   <android.support.design.widget.CoordinatorLayout xmlns:android="http://
3   schemas.android.com/apk/res/android"
4       xmlns:app="http://schemas.android.com/apk/res-auto"
5       xmlns:tools="http://schemas.android.com/tools"
6       android:layout_width="match_parent"
7       android:layout_height="match_parent"
8       android:fitsSystemWindows="true"
9       tools:context="com.example.junwu.coordinatorlayoutdemo
10                  .MainActivity">
11
12      <android.support.design.widget.AppBarLayout
13          android:layout_width="match_parent"
14          android:layout_height="wrap_content"
15          android:theme="@style/AppTheme.AppBarOverlay">
16
17          <android.support.v7.widget.Toolbar
18              android:id="@+id/toolbar"
19              android:layout_width="match_parent"
20              android:layout_height="?attr/actionBarSize"
21              android:background="?attr/colorPrimary"
22              app:popupTheme="@style/AppTheme.PopupOverlay" />
23
24      </android.support.design.widget.AppBarLayout>
25
26      <include layout="@layout/content_main" />
27
28      <android.support.design.widget.FloatingActionButton
29          android:id="@+id/fab"
30          android:layout_width="wrap_content"
31          android:layout_height="wrap_content"
32          android:layout_gravity="bottom|end"
33          android:layout_margin="@dimen/fab_margin"
34          app:srcCompat="@android:drawable/ic_dialog_email" />
35
36  </android.support.design.widget.CoordinatorLayout>
```

依據程式碼 5-7，我們可以發現此 Layout 是以「CoordinatorLayout」為最上層的 ViewGroup 元件，它主要管理了三個元件，分別是：

- 第 12-24 行的「AppBarLayout」元件，此元件也是一個 View Group，與「CoordinatorLayout」一樣是屬於 Android Design

Support Library 中的類別，其作用是做為 APP 應用程式畫面上方的「Application Bar（應用程式列）」。在程式碼 5-7 中，此 AppBarLayout 內放置了一個「ToolBar」（如程式碼 5-7 中的第 17-22 行），相關說明可以參考本章 5-1-1 小節。

- 第 26 行使用「include」載入「@layout/content_main」Layout。

- 第 28-34 行的「FloatingActioinButton」元件（請參考本書 5-1-2 與 5-1-3 小節）。

請參考圖 5-9，您可以發現這個由 Android Studio 所幫我們新增的「Basic Activity」所搭配的使用者介面「layout_main.xml」是以「CoordinatorLayout」為基礎，做為 APP 應用程式的「框架（Framework）」。「layout_main.xml」的內容就好比在規劃 APP 應用程式的主要畫面架構，其中包含最上方由「AppBarLayout」所管理的「ToolBar」，以及最下方的「FloatingActionButton」，然後將「@layout/content_main」以「include」指令載入做為位於畫面中央的主要內容區域。當然，此處的「@layout/content_main」就是在「Android | app > res > layout > content_main.xml」檔案，請參考程式碼 5-8 的內容。

圖 5-9

Basic Activity 的使用者介面（包含 layout_main. xml 與 content_ main.xml）。

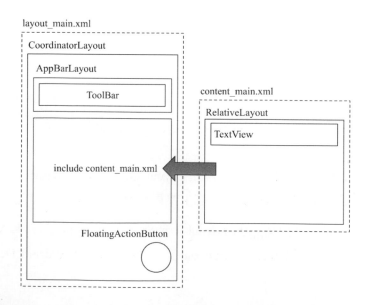

程式碼 **5-8**　content_main.xml（CoordinatorLayout Demo 專案）

```
1   <?xml version="1.0" encoding="utf-8"?>
2   <RelativeLayout xmlns:android="http://schemas.android.com/apk/res/android"
3       xmlns:app="http://schemas.android.com/apk/res-auto"
4       xmlns:tools="http://schemas.android.com/tools"
5       android:id="@+id/content_main"
6       android:layout_width="match_parent"
7       android:layout_height="match_parent"
8       android:paddingBottom="@dimen/activity_vertical_margin"
9       android:paddingLeft="@dimen/activity_horizontal_margin"
10      android:paddingRight="@dimen/activity_horizontal_margin"
11      android:paddingTop="@dimen/activity_vertical_margin"
12      app:layout_behavior="@string/appbar_scrolling_view_behavior"
13      tools:context="com.example.junwu.coordinatorlayoutdemo.
14                  MainActivity"
15      tools:showIn="@layout/layout_main">
16
17      <TextView
18          android:layout_width="wrap_content"
19          android:layout_height="wrap_content"
20          android:text="Hello World!" />
21  </RelativeLayout>
```

至此，我們已經將 Android Studio 為專案所新增的「Basic Activity」的架構以及其所使用的「CoordinatorLayout」進行了初步的說明。本書後續章節中，將視情況選擇建立「Basic Activity」或「Empty Activity」等不同的 Activity。

• 5-3 | Exercise

Exercise 5.1

請修改本章所介紹的「CoordinatorLayout Demo」專案，將 Floating ActionButton 的圖示，由「email」改為「加號」的圖案。[提示：請將 FloatingActionButton 的「app:srcCompat」屬性，由「@android: drawable/ic_dialog_email」改為其它的值。]

Exercise 5.2

請接續修改「CoordinatorLayout Demo」專案。這次請為選單增加一個新的選項（原本只有一個名為「Settings」的選項），其名稱為「Help」。

Exercise 5.3

請接續修改「CoordinatorLayout Demo」專案，為按下 FloatingAction Button 時所彈出的「Snackbar」修改其顯示訊息為「Are you sure to add?」

Exercise 5.4

承上題，請為此專案設計一個整數變數 value，其初始值為 0，並將在「content_main.xml」中的 TextView 的內容由「Hello World!」改為變數 value 的值。然後請為「Snackbar」增加一個名為「Yes」的動作按鈕，並為它設計「onClick」method，以便在使用者按下「Yes」動作按鈕時，能夠把變數「value」的值加 1，並更新其內容於「content_main.xml」中的 TextView。

06

Explicit 與 Implicit Intent

Intent 可以翻譯為「意圖」，代表的是「我們想要（試圖）去做些什麼（intent to do something）」。從程式設計的角度來看，也可以將 Intent 視為一個可用以在不同 Activity 間進行溝通的物件。當我們有一個 intent 時（也就是有些想法時），可以在 Android 系統中，指定特定的 Activity 來加以執行，或是由 Android 系統自行尋找適合的 Activity 加以執行；我們將此兩種方式稱為顯式（explicit）與隱式（implicit）的意圖，其中顯式意圖已經在第二章介紹過（只不過當時沒有將其定義為顯式意圖）。本章 6-1 節將設計一個「Traveling」專案，以做為本章主要的內容示範，並將針對過去已使用過的顯式（explicit）意圖，進行一個簡單的回顧。6-2 節將示範如何為專案設計專屬的 Launcher 圖示。6-3 節則說明隱式（implicit）意圖的使用。6-4 節與 6-5 節針對 ActionBar 的使用，以及多國語言環境的支援進行解說。

• 6-1 | 以 Explicit Intent 切換 Activity

在開始之前，請先依以下步驟建立一個名為「Traveling」的專案，以做為本章主要的操作示範：

STEP 01 請以 Android Studio 新增一個名為「Traveling」的專案，並在進行到「Add an Activity to Mobile」的步驟時，選取建立「Basic Activity」專案，如圖 6-1 所示。

圖 6-1

建立「Basic Activity」的專案。

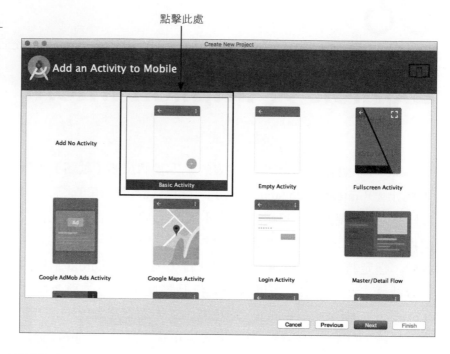

點擊此處

📑 **STEP 02** 接下來，進行到「Customize the Activity」的步驟時（如圖 6-2），請依下列的指示進行設定：

- Activity Name：請設定為「MainActivity」。
- Layout Name：請設定為「layout_main」。
- Title：請設定為「Traveling Around the World」。
- Menu Resource Name：請設定為「menu_main」。

完成後，請按下「Finish」。

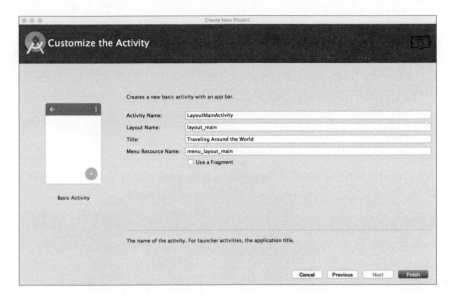

圖 6-2

設定專案屬性。

本章後續將利用這個「Traveling」專案，來示範 explicit 以及 implicit 的 intent 切換，以及 Laucher 圖示的設定和多國語言的支援等。最後也會講解如何透過 intent 來進行單向或雙向的資訊傳遞。

6-1-1　使用者介面設計

「Traveling」專案的使用者介面大致如圖 6-3 的規劃，其主畫面中將顯示兩個按鈕，分別是「Paris」與「Zurich」按鈕；當使用者點擊這兩個按鈕時，就會切換到其它的 Activity，以便顯示對應的風景圖片。

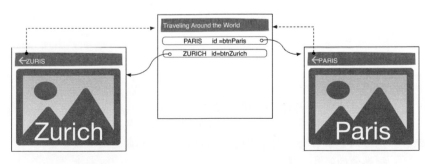

圖 6-3

Traveling APP 功能示意圖。

在此規劃中，「Traveling」專案將會包含三個 Activities 以及其所對應的使用者介面（也就是 Layout 檔案），分別是：

1. **MainActivity.java 與 layout_main.xml**：為此專案的主要 Activity 以及其 Layout[1]。注意，在 layout_main.xml 檔案中，我們需要新增兩個按鈕，分別為「Paris」與「Zurich」，其 id 分別為「btnParis」與「btnZurich」。

2. **ParisActivity.java 與 layout_paris.xml**：用以顯示巴黎風景照片的 Activity 與其 layout。

3. **ZurichActivity.java 與 layout_zurich.xml**：用以顯示蘇黎世風景照片的 Activity 與其 layout。

具體來說，「Traveling」專案的目的在於建構一個可顯示世界各地風景照片的 APP。如圖 6-3 所示，我們在其主畫面（layout_main.xml）中，可以點擊「PARIS」與「ZURICH」按鈕，來顯示「layout_paris.xml」與「layout_zurich.xml」這兩個畫面；並可在這兩個畫面中點擊上方的「←」返回主畫面。請參考本節後續的說明，完成「Traveling」專案的使用者介面與相關的 Activities 設計。

(1) 將圖形檔加入專案

為完成「Traveling」專案，您需要先準備巴黎與蘇黎世的照片[2]，並依下列步驟加入到專案中：

STEP 01 請使用檔案總管將本書隨附光碟中的「photos」資料夾打開，並使用滑鼠選取在其中的「paris.jpg」，然後以滑鼠右鍵選擇「複製」功能[3]。

註 1　雖然 MainActivity.java 預設的 Layout 檔名為「activity_main.xml」，但是請不要忘記我們已經在建立「Traveling」專案時，將其命名為「layout_main.xml」，如圖 6-2 所示。

註 2　您可以自本書隨附光碟中的「photos」取得相關檔案，或是使用您自行準備的照片檔案。

註 3　Mac 系統為「拷貝」

STEP 02 在 Android Studio 中，以滑鼠右鍵點選「Android | app > res > drawable」，並在彈出式選單中，選取「Paste（貼上）」。

STEP 03 接下來請在「Copy 視窗」中，為所欲加入專案的檔案命名為「paris.jpg」（這也是其預設的名稱）。按下「OK」後，檔案就會被複製到專案中。

STEP 04 重覆前述步驟，以便將另一張圖檔「zurich.jpg」也加入到專案中。

完成後，您應該可以在「Android | app > res > drawable」的項目中看到已新增完成的「paris.jpg」與「zurich.jpg」。

(2) layout_main.xml 與 content_main.xml 設計

準備好相關的圖檔後，請參考圖 6-3 完成「layout_main.xml」的設計。如我們在第五章曾說明過的，此「layout_main.xml」是一個 APP 應用程式的主要使用者介面的框架，負責上方的「AppBar Layout」與下方的「FloatingActionButton」；至於內容的部份則是使用「include」指令，將一個名為「content_main.xml」的 Layout 檔案載入。我們將先針對「layout_main.xml」進行相關的設計與修改，請依照以下的步驟：

STEP 01 從「Project 視窗」中選取開啟「Android | app > res > layout > layout_main.xml」檔案並使用「Text 模式」進行編輯。由於我們在此處將不打算使用「FloatingActionButton」，因此請將相關的設定從檔案中移除。程式碼 6-1 為「Traveling」專案預先產生的「layout_main.xml」檔案，請將其中第 27-33 行（也就是以粗體標示的部份）移除。

程式碼 6-1　layout_main.xml（Traveling 專案）

```
1    <?xml version="1.0" encoding="utf-8"?>
2    <android.support.design.widget.CoordinatorLayout
3        xmlns:android="http://schemas.android.com/apk/res/android"
```

```
4      xmlns:app="http://schemas.android.com/apk/res-auto"
5      xmlns:tools="http://schemas.android.com/tools"
6      android:layout_width="match_parent"
7      android:layout_height="match_parent"
8      android:fitsSystemWindows="true"
9      tools:context="com.example.junwu.traveling.MainActivity">
10
11     <android.support.design.widget.AppBarLayout
12         android:layout_width="match_parent"
13         android:layout_height="wrap_content"
14         android:theme="@style/AppTheme.AppBarOverlay">
15
16         <android.support.v7.widget.Toolbar
17             android:id="@+id/toolbar"
18             android:layout_width="match_parent"
19             android:layout_height="?attr/actionBarSize"
20             android:background="?attr/colorPrimary"
21             app:popupTheme="@style/AppTheme.PopupOverlay" />
22
23     </android.support.design.widget.AppBarLayout>
24
25     <include layout="@layout/content_main" />
26
27     <android.support.design.widget.FloatingActionButton
28         android:id="@+id/fab"
29         android:layout_width="wrap_content"
30         android:layout_height="wrap_content"
31         android:layout_gravity="bottom|end"
32         android:layout_margin="@dimen/fab_margin"
33         app:srcCompat="@android:drawable/ic_dialog_email" />
34
35 </android.support.design.widget.CoordinatorLayout>
```

STEP 02　將「layout_main.xml」中的「FloatingActionButton」移除後，還需要一併修改在「MainActivity.java」中的程式碼（將使用到該 FloatingActionButton 的程式碼移除）。請參考程式碼 6-2，請將其中的第 10-19 行移除（也就是以粗體標示的部份）。

程式碼 6-2　MainActivity.java 片段（Traveling 專案）

```
...
1   public class MainActivity extends AppCompatActivity {
2
3       @Override
4       protected void onCreate(Bundle savedInstanceState) {
5           super.onCreate(savedInstanceState);
6           setContentView(R.layout.layout_main);
7           Toolbar toolbar = (Toolbar) findViewById(R.id.toolbar);
8           setSupportActionBar(toolbar);
9
10          FloatingActionButton fab =
11              (FloatingActionButton) findViewById(R.id.fab);
12          fab.setOnClickListener(new View.OnClickListener() {
13              @Override
14              public void onClick(View view) {
15                  Snackbar.make(view, "Replace with your own action",
16                      Snackbar.LENGTH_LONG)
17                      .setAction("Action", null).show();
18              }
19          });
20      }
...
```

接下來請修改「content_main.xml」的設計，請參照圖 6-3 的規劃進行相關的設計。請依照以下的步驟進行：

STEP 03 從「Project 視窗」中選取開啟「Android | app > res > layout > content_main.xml」檔案並使用「Text 模式」進行編輯。請將該檔案中的「TextView」元件的定義移除，並加入如圖 6-3 所規劃的兩個按鈕。請注意，在此我們並不特別規範其使用者介面的設計，您可以依您的喜好自行置這兩個按鈕的大小或位置，但請將其 id 命名為「btnParis」與「binZurich」。您可以參考程式碼 6-3 來設計這兩個按鈕的大小與位置（其中大部份為預先配置好的內容，我們已將其中關於「TextView」元件的定義移除了，並在其中的第 16-31 行完成這兩個按鈕的配置）：

程式碼 6-3　content_main.xml（Traveling 專案）

```xml
1   <?xml version="1.0" encoding="utf-8"?>
2   <RelativeLayout xmlns:android="http://schemas.android.com/apk/res/android"
3       xmlns:app="http://schemas.android.com/apk/res-auto"
4       xmlns:tools="http://schemas.android.com/tools"
5       android:id="@+id/content_main"
6       android:layout_width="match_parent"
7       android:layout_height="match_parent"
8       android:paddingBottom="@dimen/activity_vertical_margin"
9       android:paddingLeft="@dimen/activity_horizontal_margin"
10      android:paddingRight="@dimen/activity_horizontal_margin"
11      android:paddingTop="@dimen/activity_vertical_margin"
12      app:layout_behavior="@string/appbar_scrolling_view_behavior"
13      tools:context="com.example.junwu.traveling.MainActivity"
14      tools:showIn="@layout/layout_main">
15
16      <Button
17          android:layout_width="match_parent"
18          android:layout_height="wrap_content"
19          android:text="@string/paris"
20          android:id="@+id/btnParis"
21          android:layout_alignParentTop="true"
22          android:layout_alignParentLeft="true"
23          android:layout_alignParentStart="true" />
24
25      <Button
26          android:layout_width="match_parent"
27          android:layout_height="wrap_content"
28          android:text="@string/zurich"
29          android:id="@+id/btnZurich"
30          android:layout_below="@id/btnParis"
31          android:layout_centerHorizontal="true" />
32
33  </RelativeLayout>
```

STEP 04 請特別注意在程式碼 6-3 中的第 19 及第 28 行，它們將這兩個按鈕的顯示文字設定為「@string/paris」與「@string/zurich」（但是我們還未將這兩個字串進行定義，因此將在後續的步驟中新增這兩個字串的定義。）

STEP 05 請在「Project 視窗」中開啟「Android | app > res > values > strings.xml」檔案,並參考程式碼 6-4 的內容(其中標示為粗體標示的部份,也就是第 4 行及第 5 行),將這兩個字串的內容加以定義。此外,為了讓「Toolbar」上面的文字能夠如圖 6-3 所設計一樣,顯示「Traveling Around the World」,請一併將 strings.xml 中的「app_name」字串之內容修改為「Traveling Around the World」[4],如程式碼 6-4 的第 2 行所示。

程式碼 **6-4** 「Android | app > res > values > strings.xml」(Traveling 專案)

```
1    <resources>
2        <string name="app_name">Traveling Around the World</string>
3        <string name="action_settings">Settings</string>
4        <string name="paris">Paris</string>
5        <string name="zurich">Zurich</string>
6    </resources>
```

(3) ParisActivity.java 與 layout_paris.xml

接下來,請依下列步驟為「Traveling」專案新增一個名為「Paris Activity.java」的 Activity 以及其對應的使用者介面「layout_paris.xml」[5]。

STEP 01 請在「Project 視窗」中以滑鼠右鍵點選「Android | app」,並在彈出式選單中選擇執行「new | Activity > Empty Activity」,為「Traveling」專案新增一個「Empty Activity」。請參考圖 6-4,在「Configure Activity」的設定畫面中,進行以下的設定:

註 4　請注意,此處的修改除了影響到 MainActivity 的 Toolbar 上的顯示文字外,也會改變在桌面上的 APP 顯示名稱。

註 5　依本書的慣例,我們將 Activity 依功能、目的或作用命名為 Xxx Activity.java,並將其使用者介面 Layout 檔案命名為「layout_xxx.xml」。以此處為例,用以顯示「Paris」風景照片的 Activity 就命名為「ParisActivity.java」,其使用者介面則命名為「layout_paris.xml」。

- ■ Activity Name：設定為「ParisActivity」。
- ■ Layout Name：設定為「layout_paris」。

其它部份直接使用預設值即可，完成後請按下「Finish」按鈕。

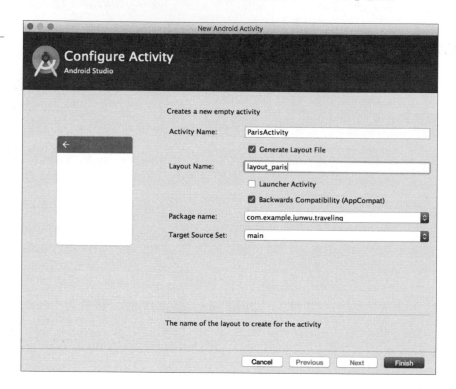

STEP 02 請在「Project 視窗」中開啟剛剛所新建立的「layout_paris.
xml」進行編輯，並在「Text 模式」中，加入一個「ImageView」的
元件，用以顯示巴黎的風景照片。請參考程式碼 6-5，其中的第
13-18 行即為此「ImageView」的設定。我們在第 16 行將此
「ImageView」元件的 id 設定為「imageViewParis」，並在第 17 行將
其圖形檔的來源（android:src）設定為在前面所加入的 paris.jpg 圖
檔，其設定值為「@drawable/paris」。至於在第 18 行的「android:

scaleType」屬性設定了此圖形檔的呈現方式為「centerCrop」[6]，意即將此圖片置中並按原始比例縮放，其超出範圍的部份則予以裁切。

程式碼 6-5 　「Android | app > res > layout > layout_paris.xml」（Traveling 專案）

```
1   <?xml version="1.0" encoding="utf-8"?>
2   <RelativeLayout xmlns:android="http://schemas.android.com/apk/res/android"
3       xmlns:tools="http://schemas.android.com/tools"
4       android:id="@+id/layout_paris"
5       android:layout_width="match_parent"
6       android:layout_height="match_parent"
7       android:paddingBottom="@dimen/activity_vertical_margin"
8       android:paddingLeft="@dimen/activity_horizontal_margin"
9       android:paddingRight="@dimen/activity_horizontal_margin"
10      android:paddingTop="@dimen/activity_vertical_margin"
11      tools:context="com.example.junwu.traveling.ParisActivity">
12
13      <ImageView
14          android:layout_width="match_parent"
15          android:layout_height="match_parent"
16          android:id="@+id/imageViewParis"
17          android:src="@drawable/paris"
18          android:scaleType="centerCrop" />
19
20  </RelativeLayout>
```

(4) ZurichActivity.java 與 layout_zurich.xml

請參考上一小節的做法，為「Traveling」專案新增一個名為「Zurich Activity.java」的 Activity 以及其對應的使用者介面「layout_zurich. xml」。要注意的是，在「layout_zurich.xml」中的「ImageView」其 id 應設定為「imageViewZurich」。在此我們將不提供相關的細節，請自行加以完成[7]。

註 6　ImageView 的 scaleType 屬性共有 matrix、fitXY、fitStart、fitCenter、fitEnd、center、centerCrop 以及 centerInside 等 8 種可能的設定值，您可以自行選擇適合的設定。有興趣的讀者也可以自行嘗試每一個設定值的效果。

註 7　如果您都有依照前面的示範進行此專案的設計，相信您已經有能力自行完成此處的要求。

6-1-2 事件處理與 Explicit Intent

完成了基本的使用者介面設計，接下來則開始進行「event（事件）」
的處理，請依下列步驟進行：

STEP 01 請開啟「content_main.xml」檔案，並使用「Text 模式」為
每個按鈕加入「android:onClick="actionPerformed"」屬性定義。這
是用以將使用者對按鈕的點擊事件（不論是點擊哪一個按鈕），都設
定由「actionPerformed()」method 加以負責處理。請參考程式碼
6-6，其中的第 24 與第 33 行即為此次更改的結果。

程式碼 6-6 content_main.xml（Traveling 專案）

```
1    <?xml version="1.0" encoding="utf-8"?>
2    <RelativeLayout xmlns:android="http://schemas.android.com/apk/res/android"
3        xmlns:app="http://schemas.android.com/apk/res-auto"
4        xmlns:tools="http://schemas.android.com/tools"
5        android:id="@+id/content_main"
6        android:layout_width="match_parent"
7        android:layout_height="match_parent"
8        android:paddingBottom="@dimen/activity_vertical_margin"
9        android:paddingLeft="@dimen/activity_horizontal_margin"
10       android:paddingRight="@dimen/activity_horizontal_margin"
11       android:paddingTop="@dimen/activity_vertical_margin"
12       app:layout_behavior="@string/appbar_scrolling_view_behavior"
13       tools:context="com.example.junwu.traveling.MainActivity"
14       tools:showIn="@layout/layout_main">
15
16       <Button
17           android:layout_width="match_parent"
18           android:layout_height="wrap_content"
19           android:text="@string/paris"
20           android:id="@+id/btnParis"
21           android:layout_alignParentTop="true"
22           android:layout_alignParentLeft="true"
23           android:layout_alignParentStart="true"
24           android:onClick="actionPerformed" />
25
26       <Button
27           android:layout_width="match_parent"
28           android:layout_height="wrap_content"
29           android:text="@string/zurich"
```

```
30              android:id="@+id/btnZurich"
31              android:layout_below="@id/btnParis"
32              android:layout_centerHorizontal="true"
33              android:onClick="actionPerformed" />
34
35      </RelativeLayout>
```

STEP 02 接下來請開啟「MainActivity.java」進行編輯，並在其中加入「actionPerfomed()」method；此 method 就是在上一個步驟負責為「content_main.xml」內的兩個按鈕處理「onClick」事件的 method。其內容如程式碼 6-7 所示，請把它加入到「MainActivity.java」中的適當位置。要注意的是，因為使用了「Intent」類別，所以必須要使用「import android.content.Intent;」來將該類別載入。

程式碼 6-7　actionPerformed() method（寫在 MainActivity.java 內）

```
    ...
1   public void actionPerformed(View view) {
2           Intent intent = new Intent();
3           switch(view.getId())
4           {
5               case R.id.btnParis:
6                   intent.setClass(this, ParisActivity.class);
7                   startActivity(intent);
8                   break;
9               case R.id.btnZurich:
10                  intent.setClass(this, ZurichActivity.class);
11                  startActivity(intent);
12                  break;
13          }
14      }
    ...
```

程式碼 6-7 是以顯式意圖（explicit intent）來進行 Activity 的切換，讓使用者可以從「MainActivity.java」切換到「ParisActivity.java」或是「ZurichActivity.java」。具體來說，當使用者點擊了「Paris」按鈕後，程式會從原本的「MainActivity」切換成「ParisActivity」，如程式碼 6-7 的第 5-8 行。此處的意圖（Intent）是由第 2 行的程式

碼來宣告並產生一個新的 Intent 類別的物件，名為「intent」。針對
使用者點擊按鈕的不同，我們分別將此意圖以顯性方式指定其欲切
換的 Activity。其做法是使用 Intent 類別的 setClass() method 來表達
欲切換 Activity 的意圖。然後再以 Activity 類別的「startActivity()」
method 來將 explicit intent 所表達的意圖（意即將其明確指定欲切換
的 Activity），加以切換執行。Intent 類別的 setClass() 之原型如下：

```
setClass(Context packageContext, Class<?> cls)
```

其中第一個參數是當前作用中的 Activity，第二個參數是以泛型
（generic type）的方式表示一個 Java 語言的類別。

資　訊　補　給　站

其實 setClass() 的第一個參數是一個 Context 類別的物件。Context 是一個抽象類別
（abstract class），用以表示一個 Android 應用程式中的特定資訊，其中包括資源、類
別以及對於應用程式的操作，例如啟動 Activity、進行廣播（broadcasting）與接收意圖
等操作。請參考圖 6-5，你會發現包含 Activity、Service 與 Application 等都是 Context
類別的衍生類別。關於 Context 類別更詳細的說明已超出了本書的範圍，請參閱 http://
developer.android.com/reference/android/content/Context.html 或其它相關的文件。

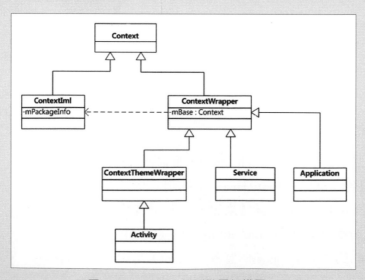

圖 6-5　Context 類別階層架構圖。

從應用的角度來說明，setClass() 的目的在於設定欲切換執行的對象，其中第一個參數與第二個參數就是原本執行中的內容以及欲切換執行的內容。我們必須要注意第一個參數通常是以「this」表達，至於第二個參數則可指定特定的 Activity 類別。例如在程式碼 6-7 中的第 6 行與第 10 行，就是將第一個參數設定為 MainActivity 本身，且第二個參數分別為「ParisActivity」與「ZurichActivity」，代表要切換到「ParisActivity」與「ZurichActivity」。

現在，請你執行「Traveling 專案」看看執行的結果。目前此程式在執行時，會先顯示如圖 6-6(a) 的主畫面（也就是 MainActivity.java 以及 layout_main.xml 與 content_main.xml 的使用者介面），然後當使用者按下「PARIS」或「ZURICH」按鈕時，則會切換為「ParisActivity.java」或「ZurichActivity.java」（其對應的使用者介面為「layout_paris.xml」或「layout_zurich.xml」）的畫面（如圖 6-6(b) 或 (c)），您可以透過 Android 行動裝置的「返回按鈕」來切換為原本的主畫面。

(a)　　　　　　　　　　(b)　　　　　　　　　　(c)

圖 6-6　「Traveling」專案目前的執行畫面。

6-2 │ 為專案製作 Launcher 圖示

在繼續後續的學習以前，讓我們先來為專案製作一個專屬的 Launcher 圖示。所謂的 Launcher 圖示，指得是在 Android 裝置上顯示的桌面圖示 [8]。以 Android 系統而言，您必須提供不同大小的圖形檔才能滿足不同螢幕尺寸的裝置，請參考表 6-1。

表 6-1　不同的 Launcher 圖示尺寸

類別	說明	dpi	Launcher 圖示大小
MDPI	medium density	160dpi	48×48
HDPI	high density	240dpi	72×72
XHDPI	extra high density	320dpi	96×96
XXHDPI	extra extra high density	480dpi	144×144
XXXHDPI	extra extra extra high density	640dpi	192×192

Android Studio 提供我們一個「Image Asset」工具，我們只要準備好一張圖檔 [9]，即可讓工具幫我們縮放成不同尺寸。請依照以下步驟為「Traveling」專案製作 Launcher 圖示：

☞STEP 01　請先自行以您慣用的繪圖軟體製作一個大小為 192×192 的圖檔（要注意的是，您應該為圖示進行去除背景的動作）。您也可以直接在本書隨附光碟中的「photos」目錄中，取得一個名為「launcher.png」的圖示檔案。

☞STEP 02　以滑鼠右鍵點擊「Andorid | app > res > mipmap」在彈出選單中選取「New > Image Asset」，這時你應該可以看到如圖 6-7 的畫面。請一下列要求完成相關設定：

註 8　您應該已經看膩了小綠機器人的圖示了吧？

註 9　建議準備最大解析度之圖示，然後再使用 Image Asset 幫我們轉換成小張的圖示。

- 在「Name」處輸入「ic_launcher_tw」[10]。

- 在「Asset Type」選取「Image」。

- 請點選在「Path」右側的「…」按鈕，開啟檔案選取對話窗，然後請選取您所要使用的圖形檔，如圖 6-8 所示。

- 其它的設定皆使用預設值即可。

☞ **STEP 03** 完成後請按下「Next」，並在接下來出現的「Confirm Icon Path」視窗中（如圖 6-9 所示），檢查其所產生的各種大小的圖示是否正確，如果一切都正確請按下「Finish」以完成圖示新增的動作。

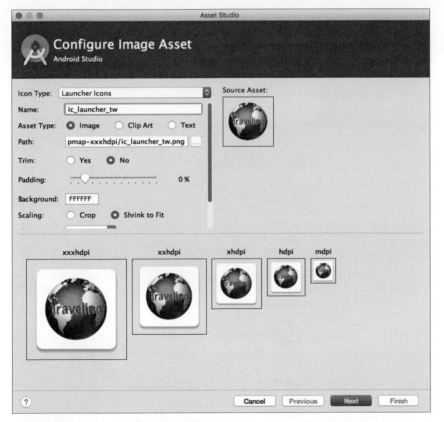

圖 6-7

Image Asset 的操作畫面。

註 10 此處「ic」為 icon 的縮寫，「TW」則為「Traveling around the World」的縮寫。

圖 6-8

Image Asset 的選
取圖檔畫面。

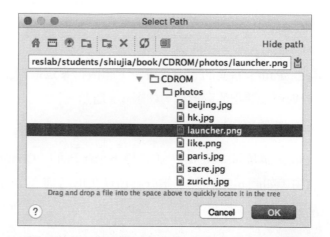

圖 6-9

Image Asset 確認
新增圖示的畫面。

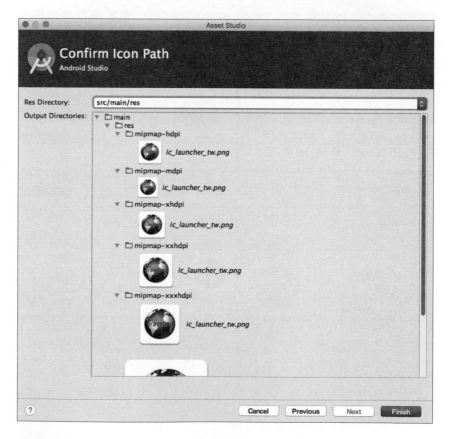

STEP 04 成功將圖示加入「Andorid｜app＞res＞mipmap」後，請開
啟「Android｜app＞manifest＞AndroidManifest.xml」檔案，在其中

的 application 的「icon」屬性，請將其內容由「@mipmap/ic_launcher」
改為「@mipmap/ic_launcher_tw」，如此就可以將 APP 的桌面啟動圖
示設定完成。

請執行「Traveling」專案，現在您的 APP 在桌面上的圖示應該已經
不再是「小綠機器人」了！

6-3 │ 以 Implicit Intent 切換 Activity

從 6-1 小節開始設計的「Traveling 專案」是以 Explicit intent 的方式
表達所欲切換執行的 Activity。在本小節中，我們將再為「Traveling
專案」增加兩個亞洲城市，分別是北京與香港，請依下列步驟將相
關的照片[11] 及 Activity 加入到「Traveling」專案中：

☞ **STEP 01** 請使用檔案總管將本書隨附光碟中的「photos」資料夾打
開，並使用滑鼠選取在其中的「beijing.jpg」，然後以滑鼠右鍵選擇
「複製」功能。

☞ **STEP 02** 在 Android Studio 中，以滑鼠右鍵點選「Android | app >
res > drawable」，並在彈出式選單中，選取「Paste（貼上）」。

☞ **STEP 03** 接下來請在「Copy 視窗」中，為所欲加入專案的檔案命名
為「beijing.jpg」（這也是其預設的名稱）。按下「OK」後，檔案就
會被複製到專案中。

☞ **STEP 04** 重覆前述步驟 1-3，以便將另一張圖檔「hk.jpg」加入到專
案中。

完成後，您應該可以在「Android | app > res > drawable」的項目中看
到已新增完成的「beijing.jpg」與「hk.jpg」。接下來，請繼續新增相
關的 Activities。

註 11 您可以在本書隨附之光碟中的「photos」目錄內，找到名為「beijing.
jpg」與「hk.jpg」的兩張照片檔案，分別是北京與香港的照片。

☞ **STEP 05** 請在「Project 視窗」中以滑鼠右鍵點選「Android｜app」，並在彈出式選單中選擇執行「new｜Activity > Empty Activity」，為「Traveling」專案新增一個「Empty Activity」，並請在「Configure Activity」的設定畫面中，進行以下的設定：

- Activity Name：設定為「BeijingActivity」。
- Layout Name：設定為「layout_beijing」。

其它部份直接使用預設值即可，完成後請按下「Finish」按鈕。

☞ **STEP 06** 請在「Project 視窗」中開啟剛剛所新建立的「layout_beijing.xml」進行編輯，並在「Text 模式」中，加入一個「Image View」的元件，用以顯示北京的風景照片。請參考程式碼 6-8，其中的第 13-18 行即為此「ImageView」的設定。我們在第 16 行將此「ImageView」元件的 id 設定為「imageViewBeijing」，並在第 17 行將其圖形檔的來源（android:src）設定為在前面所加入的 beijing.jpg 圖檔，其設定值為「@drawable/beijing」。至於在第 18 行的「android:scaleType」屬性設定了此圖形檔的呈現方式為「centerCrop」[12]，意即將此圖片置中並按原始比例縮放，其超出範圍的部份則予以裁切。

程式碼 6-8　「Android｜app > res > layout > layout_beijing.xml」（Traveling 專案）

```
1   <?xml version="1.0" encoding="utf-8"?>
2   <RelativeLayout xmlns:android="http://schemas.android.com/apk/res/android"
3       xmlns:tools="http://schemas.android.com/tools"
4       android:id="@+id/layout_beijing"
5       android:layout_width="match_parent"
6       android:layout_height="match_parent"
7       android:paddingBottom="@dimen/activity_vertical_margin"
8       android:paddingLeft="@dimen/activity_horizontal_margin"
```

註 12　ImageView 的 scaleType 屬性共有 matrix、fitXY、fitStart、fitCenter、fitEnd、center、centerCrop 以及 centerInside 等 8 種可能的設定值，您可以自行選擇適合的設定。有興趣的讀者也可以自行嘗試每一個設定值的效果。

```
 9        android:paddingRight="@dimen/activity_horizontal_margin"
10        android:paddingTop="@dimen/activity_vertical_margin"
11        tools:context="com.example.junwu.traveling.BeijingActivity">
12
13        <ImageView
14            android:layout_width="match_parent"
15            android:layout_height="match_parent"
16            android:id="@+id/imageViewBeijing"
17            android:src="@drawable/beijing"
18            android:scaleType="centerCrop" />
19
20    </RelativeLayout>
```

STEP 07 請參考步驟 5 與步驟 6，建立「HKActivity.java」與「layout_hk.xml」，並請編輯「layout_hk.xml」檔案，將 id 為「imageViewHK」的「ImageView」元件加入到其中（其圖形檔來源 android:src 設定為「@drawable/hk」）。

接下來，請編輯「content_main.xml」，為它新增一個按鈕「Asia Cities」，讓使用者可以選擇一個亞洲的城市，請參考圖 6-10 並依下列步驟進行：

圖 6-10

修改後的 layout_main.xml

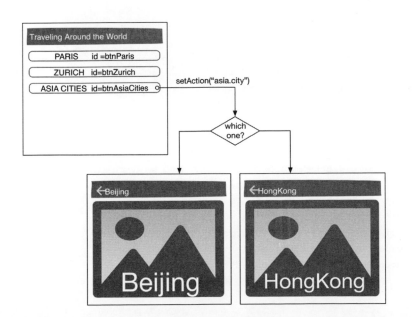

☞STEP 08　請 開 啟「content_main.xml」，並 將 一 個 id 為「btnAsia Cities」的按鈕加入到其中，請參考程式碼 6-9 完成此步驟（注意：其中第 35-42 行為此步驟所新增的程式碼，我們亦使用粗體加以標示）。

程式碼 6-9　為 content_main.xml 新增 btnAsiaCities 按鈕（Traveling 專案）

```
1    <?xml version="1.0" encoding="utf-8"?>
2    <RelativeLayout xmlns:android="http://schemas.android.com/apk/res/android"
3        xmlns:app="http://schemas.android.com/apk/res-auto"
4        xmlns:tools="http://schemas.android.com/tools"
5        android:id="@+id/content_main"
6        android:layout_width="match_parent"
7        android:layout_height="match_parent"
8        android:paddingBottom="@dimen/activity_vertical_margin"
9        android:paddingLeft="@dimen/activity_horizontal_margin"
10       android:paddingRight="@dimen/activity_horizontal_margin"
11       android:paddingTop="@dimen/activity_vertical_margin"
12       app:layout_behavior="@string/appbar_scrolling_view_behavior"
13       tools:context="com.example.junwu.traveling.MainActivity"
14       tools:showIn="@layout/layout_main">
15
16       <Button
17           android:layout_width="match_parent"
18           android:layout_height="wrap_content"
19           android:text="@string/paris"
20           android:id="@+id/btnParis"
21           android:layout_alignParentTop="true"
22           android:layout_alignParentLeft="true"
23           android:layout_alignParentStart="true"
24           android:onClick="actionPerformed" />
25
26       <Button
27           android:layout_width="match_parent"
28           android:layout_height="wrap_content"
29           android:text="@string/zurich"
30           android:id="@+id/btnZurich"
31           android:layout_below="@id/btnParis"
32           android:layout_centerHorizontal="true"
33           android:onClick="actionPerformed"/>
34
```

```
35      <Button
36          android:layout_width="match_parent"
37          android:layout_height="wrap_content"
38          android:text="@string/asiacities"
39          android:id="@+id/btnAsiaCities"
40          android:layout_below="@id/btnZurich"
41          android:layout_centerHorizontal="true"
42          android:onClick="actionPerformed"/>
43
44  </RelativeLayout>
```

STEP 09 請開啟「Android | app > res > values > strings.xml」檔案，
將程式碼 6-9 中的第 38 行所使用到的字串進行定義。請將下面的內
容加入到「strings.xml」當中：

```
<string name="asiacities">Asia Cities</string>
```

接著就要開始針對在「MainActivity.java」中的「actionPerfomed()」
method 進行修改，但此次我們不使用 Explicit intent（顯式意圖）方
式表達對於特定的 Activity 的意圖，而是改以「Implicit intent」的方
式定義隱性的意圖，請依下列步驟進行：

STEP 10 請開啟 MainActivity.java 並參考程式碼 6-10，完成對
「actionPerformed()」method 的修改（此次新增的為第 13-17 行，我
們也使用粗體加以標示）：

程式碼 **6-10** 修改 MainActivity.java 中的 actionPerformed() method（Traveling 專案）

```
    ...
1   public void actionPerformed(View view) {
2       Intent intent = new Intent();
3       switch(view.getId())
4       {
5           case R.id.btnParis:
6               intent.setClass(this, ParisActivity.class);
7               startActivity(intent);
```

```
8              break;
9          case R.id.btnZurich:
10             intent.setClass(this, ZurichActivity.class);
11             startActivity(intent);
12             break;
13         case R.id.btnAsiaCities:
14             intent.setAction("asia.city");
15             intent = Intent.createChooser(intent, "Please pick a city");
16             startActivity(intent);
17             break;
18     }
19 }
20 …
```

在程式碼 6-10 中的第 2 行，宣告了一個 Intent 類別的物件，並在後續的程式中，針對 btnParis 與 btnZurich 按鈕，採用 Explicit intent（顯式意圖）的處理方式，來切換讓不同的 Activity 加以執行。但在第 13 至 17 行（也就是此次新增的部份），我們針對「R.id. btnAsiaCities」（也就是「Asia Cities」按鈕），所採用的是 Implicit intent（隱式意圖）的方式：「表達想要進行的處理，但不指定負責處理的 Activity」。請參考程式碼 6-10 的第 14 行以 setAction() method 設定想要進行一個名為「asia.city」處理的意圖，並在第 15 行以「Intent.createChooser()」method 來讓使用者決定由哪個 Activity 來負責處理這個意圖，最後在第 16 行啟動使用者所選取的 Activity。

這種只指定「想要進行的處理的意圖」，而不指定「負責處理的 Activity」的做法，就是所謂的 Implicit intent（隱式意圖）。但在我們的應用程式中，有哪些 Activity 符合這樣的意圖呢？或是有哪些 Activity 有能力處理「asia.city」這樣的處理呢？回顧我們在前面小節中所介紹的「Explicit intent（顯式意圖）」，它是以 setClass() 明確定義要切換的 Activity；反觀在本小節中，我們所採用的「Implicit intent（隱式意圖）」並沒有明確指定要切換的 Activity，而必須使用 intent filter 讓 Android 系統自動篩選有能力執行該意圖的 Activity 加以切換執行，當有能力的 Activity 多於一個以上時，Android 則會讓使用者進行選取。Android 系統會為隱式意圖尋找「action」與「category」相符合的 Activity，來進行選取並切換其執行。此處我們將 action 的名稱設定為「asia.city」做為其名稱，至於在 category 方面則是以預設的 android.intent.category.DEFAULT 做為其值 [13]。請依照以下步驟進行：

☞ **STEP 11** 請開啟「Android | app > manifests > AndroidManifest.xml」並進行編輯，將其中定義「BeijingActivity」與「HKActivity」這兩個 Activity 的地方進行修改，加入以下的「intent-filter（意圖過濾器）」，使得它們能向系統表示它們有能力處理「asia.city」這個意圖，請參考程式碼 6-11 以完成相關的修改。

程式碼 **6-11**　修改 AndroidManifest.xml（Traveling 專案）

```
    ...
 1  <activity android:name=".BeijingActivity"
 2      android:label="@string/beijing">
 3      <intent-filter>
 4          <action android:name="asia.city" />
 5          <category android:name="android.intent.category.DEFAULT" />
 6      </intent-filter>
 7  </activity>
 8  <activity android:name=".HKActivity"
 9      android:label="@string/hk">
10      <intent-filter>
11          <action android:name="asia.city" />
12          <category android:name="android.intent.category.DEFAULT" />
13      </intent-filter>
14  </activity>
    ...
```

☞ **STEP 12** 請開啟「Android | app > res > values > strings.xml」檔案，將程式碼 6-11 中的第 2 行與第 9 行所使用到的字串進行定義。請將

註 13　Android 系統預設將所有執行隱式意圖的 Activity 值設定 android. intent.category.DEFAULT。

下面的內容加入到「strings.xml」當中：

```
<string name="beijing">Beijing </string>
<string name="hk">Hong Kong</string>
```

至此已完成相關的修改，請編譯並執行看看現在專案的執行結果為何。

6-4 | 使用 ActionBar

所謂的 ActionBar 是指在畫面上方的那個區塊，相信你一定在很多 APP 都看過這個類似的使用者介面。從第一章到現在為止，我們都是透過 Android Studio 來建立或新增所需的 Activity。不論您選擇的是建立「Basic Activity」或是「Empty Activity」為例，不知道您有沒有注意到，其實 Android Studio 幫我們新增的都是繼承自「AppCompatActivity」類別的 Activity[14]。其實，這個「AppCompatActivity 類別」是由 Android SDK 所提供給我們的程式主題樣式（Theme）[15]之一，可幫助不同的程式設計師開發出具有相同外觀與操作方式的應用程式。

此處的 AppCompatActivity 類別其中有包含「ActionBar」類別的支援，我們可以檢視在「layout_main.xml」中的內容（請參考程式碼 6-12），其中我們是以「CoordinatorLayout」做為此使用者介面的 Layout（佈局）。在裡面我們一開始便定義了其包含有一個

註 14 去看看專案中的 MainActivity.java，有沒有看到「public class MainActivity extends AppCompatActivity」？

註 15 關於程式主題樣式（Theme）其實是一個非常重要的主題，尤其對於希望能設計出高品質的 APP 的開發人員而言，這是個「絕對必須學會」的課題。但是這個非常重要的主題，實在是超出了入門課的範疇，所以我們暫時將這個主題留給有興趣的讀者自行探究。

「AppBarLayout」，且它又包含了一個「Toolbar」（程式碼 6-12 的第 15-20 行）。這裡就會使得我們的程式可以出現一個 Toolbar，我們將其稱為「ActionBar」。

程式碼 6-12　layout_main.xml 部份內容（Traveling 專案）

```
1   <android.support.design.widget.CoordinatorLayout
2       xmlns:android="http://schemas.android.com/apk/res/android"
3       xmlns:app="http://schemas.android.com/apk/res-auto"
4       xmlns:tools="http://schemas.android.com/tools"
5       android:layout_width="match_parent"
6       android:layout_height="match_parent"
7       android:fitsSystemWindows="true"
8       tools:context="com.example.junwu.traveling.MainActivity">
9
10      <android.support.design.widget.AppBarLayout
11          android:layout_width="match_parent"
12          android:layout_height="wrap_content"
13          android:theme="@style/AppTheme.AppBarOverlay">
14
15        <android.support.v7.widget.Toolbar
16            android:id="@+id/toolbar"
17            android:layout_width="match_parent"
18            android:layout_height="?attr/actionBarSize"
19            android:background="?attr/colorPrimary"
20            app:popupTheme="@style/AppTheme.PopupOverlay" />
21      </android.support.design.widget.AppBarLayout>
      ...
```

這個 ActionBar 的使用，通常是在其對應的 Activity 的「onCreate()」method 中使用，例如您可以在「MainActivity.java」中的「onCreate()」method 中找到以下的程式碼：

```
Toolbar toolbar = (Toolbar) findViewById(R.id.toolbar);
setSupportActionBar(toolbar);
```

這裡就是透過「AppCompatActivity」類別的「setSupportActionBar()」method，來完成關於「ActionBar」的設定。

AppCompatActivity 類別還可以搭配不同的程式主題樣式使用，在「Android | app > manifests > AndroidManifest.xml」中，您可以看到「application」擁有「android:theme="@style/AppTheme"」屬性的定義，並且可以在「Android | app > res > values > styles.xml」檔案中，看到「style name="AppTheme" parent="Theme.AppCompat.Light.DarkActionBar"」這一行定義。這表示我們所設計的 APP 使用了「AppCompat.Light.DarkActionBar」這個主題[16]，我們將配合此主題進行以下的程式設計：

1.　為 MainActivity 加入 icon。

2.　為其它 Activity（包含 ParisActivity、ZurichActivity、Beijing Activity 與 HKActivity）增加「返回上一頁」的功能。

請依照以下的步驟進行：

STEP 01　請準備一張用以做為 ActionBar 的小圖示（icon）的圖形檔，其解析度建議使用 48×48，並且要進行去除背景的動作。您也可以直接在本書隨附光碟中的「photos」目錄中找到一個名為「ic_action_tw.png」的檔案。請使用檔案總管將您所要使用的圖示檔案所在之目錄開啟，並使用滑鼠將該檔案加以選取後以滑鼠右鍵選擇「複製」。然後在 Android Studio 中，以滑鼠右鍵點選「Android | app > res > drawable」，在彈出式選單中，選取「Paste（貼上）」，並在接下來出現的「Copy 視窗」中，為所欲加入專案的檔案命名為「ic_action_tw.png」，按下「OK」後把該圖示加入到專案中。

STEP 02　請在 MainActivity.java 的「onCreate()」method 中，加入以下的程式碼：

```
getSupportActionBar().setIcon(R.drawable.ic_action_tw);
```

註16　如前述，我們並不加以探討。但有興趣的讀者可以自行改變使用其它的主題，看看程式的外觀會有什麼變化！

此處是先以「AppCompatActivity」類別的「　」method 取得此 Activity 所使用的 ActionBar，然後透過「setIcon()」method 將此 AppBar 的圖示設定為「R.drawable.ic_action_tw」（也就是步驟 1 所新增的圖示檔案）。如此就能在 ActionBar 上顯示出你所設計的 icon 圖示。

至於第二項為其它的 Activity 的 ActionBar 增加可以返回上一頁的功能，我們以 ParisActivity 為例，進行以下的修改：

☞ **STEP 01** 請在「ParisActivity.java」中的「onCreate()」method 中，加入以下的程式碼：

```
getSupportActionBar().setDisplayHomeAsUpEnabled(true);
```

☞ **STEP 02** 步驟 1 的程式碼可以讓「返回」的圖示出現，接下來在「Android | app > manifests > AndroidManifest.xml」中，為 ParisActivity 增加以下的屬性：

```
android:parentActivityName="com.example.junwu.traveling.MainActivity"
```

如此一來，當使用者按下「返回」時，Android 系統才能知道它該返回哪裡。請參考程式碼 6-13，完成對 ParisActivity.java 的修改。

程式碼 6-13　ParisActivity.java 的 onCreate() method 內容（Traveling 專案）

```
1    protected void onCreate(Bundle savedInstanceState) {
2        super.onCreate(savedInstanceState);
3        setContentView(R.layout.layout_paris);
4        getSupportActionBar().setDisplayHomeAsUpEnabled(true);
5    }
```

請依照上述的兩個步驟將 ZurichActivity.java、BeijingActivity.java 與 HKActivity.java 進行同樣的修改。程式碼 6-14 列示了截至目前為止相關的修改，包含了 ActionBar 的返回設定與 intent filter 的設定，請參考並完成你自己的設計。

程式碼 6-14　完成修改後的 Manifest.xml（Traveling 專案）

```
1  <?xml version="1.0" encoding="utf-8"?>
2  <manifest xmlns:android="http://schemas.android.com/apk/res/android"
3      package="com.example.junwu.traveling">
4
5    <application
6        android:allowBackup="true"
7        android:icon="@mipmap/ic_launcher_tw"
8        android:label="@string/app_name"
9        android:supportsRtl="true"
10       android:theme="@style/AppTheme">
11       <activity
12           android:name=".MainActivity"
13           android:label="@string/app_name"
14           android:theme="@style/AppTheme.NoActionBar">
15           <intent-filter>
16               <action android:name="android.intent.action.MAIN" />
17               <category android:name=
18
19                   "android.intent.category.LAUNCHER" />
20           </intent-filter>
21       </activity>
22       <activity android:name=".ParisActivity"
23           android:parentActivityName=
24               "com.example.junwu.traveling.MainActivity" />
25       <activity android:name=".ZurichActivity"
26           android:parentActivityName=
27               "com.example.junwu.traveling.MainActivity" />
28       <activity android:name=".BeijingActivity"
29           android:label="@string/beijing"
30           android:parentActivityName=
31               "com.example.junwu.traveling.MainActivity" >
32           <intent-filter>
33               <action android:name="asia.city" />
34               <category android:name=
35                   "android.intent.category.DEFAULT" />
36           </intent-filter>
37       </activity>
38       <activity android:name=".HKActivity"
39           android:label="@string/hk"
40           android:parentActivityName=
41               "com.example.junwu.traveling.MainActivity" >
```

```
42              <intent-filter>
43                  <action android:name="asia.city" />
44                  <category android:name=
45                      "android.intent.category.DEFAULT" />
46              </intent-filter>
47          </activity>
48      </application>
49
50  </manifest>
```

在此，我們將目前為止新增功能的執行結果顯示於圖 6-11。

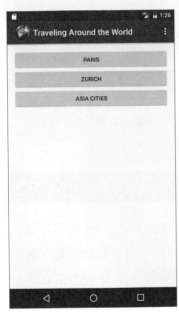

(a) AppBar 圖示已出現

(b) ParisActivity 的 AppBar
已顯示了返回上一頁圖示

圖 6-11

Traveling 專案執行
結果。

(c) 選取「ASIA CITIES」   (d) BeijingActivity 的 AppBar 已   (e) HKActivity 的 AppBar
　　後出現選單   顯示了返回上一頁圖示   已顯示了返回上一頁圖示

6-5 | 多國語言支援

Android 系統在全球受到普遍地歡迎，您所設計的 APP 應用程式也
有機會登上國際，讓全世界的人都可以使用。但要做到此點，就必
須讓您的 APP 應用程式提供多國語言的支援。如果您本來在程式
設計時，所有的字串常值都是以「字串資源檔（strings.xml）」來定
義，那麼要支援多國語言是一件非常簡單的事，請依下列步驟進行：

☞ **STEP 01** 請開啟「Android | app > res > values > strings.xml」，並在
其編輯視窗的右上角，以滑鼠點擊「Open editor」（如圖 6-12 所
示），或是以滑鼠右鍵點按「字串資源檔（strings.xml）」並在彈出選
單中選擇「Open Translations Editor」，就可以看到如圖 6-13 的操作
畫面。您可以按下左上角的地球圖示以新增新的語言，請在其中選
擇加入「Chinese(zh)」，如圖 6-14 所示。

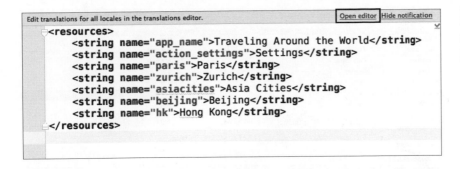

圖 6-12

strings.xml 的編輯
畫面之一。

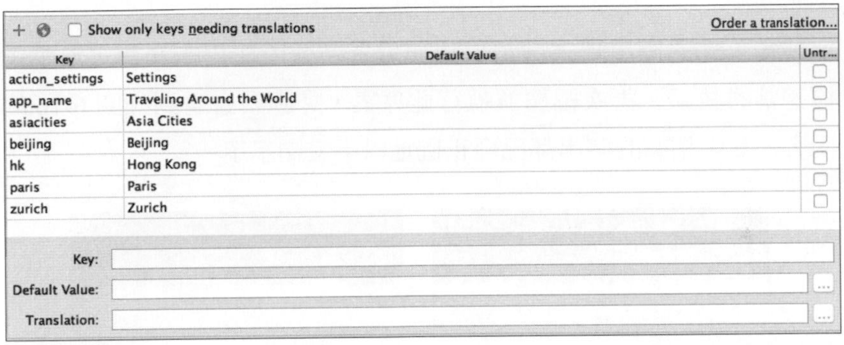

圖 6-13

strings.xml 的編輯
畫面之二。

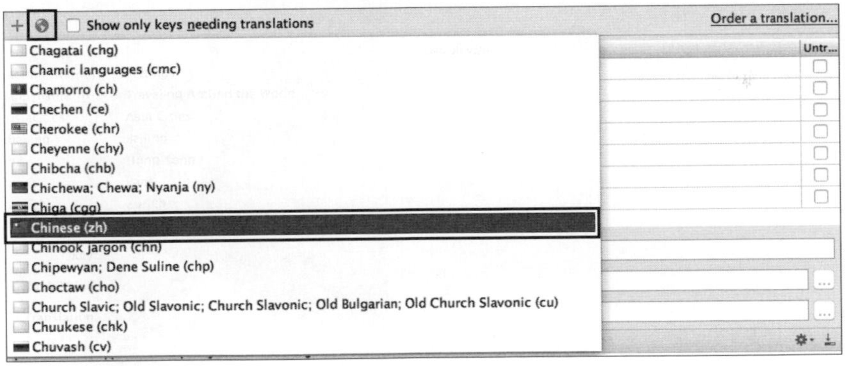

圖 6-14

選取加入繁體中
文。

☞ **STEP 02** 完成了上述步驟後，您應該可以看到如圖 6-15 的畫面，請
將所有的字串對應的中文翻譯輸入在表格中。

圖 6-15

輸入字串對應的
中文翻譯。

Key	Default Value	Untra...	🌏 Chinese (zh)
action_settings	Settings	☐	設定
app_name	Traveling Around the World	☐	環遊世界
asiacities	Asia Cities	☐	亞洲城市
beijing	Beijing	☐	北京
hk	Hong Kong	☐	香港
paris	Paris	☐	巴黎
zurich	Zurich	☐	蘇黎世

Show only keys needing translations   Order a translation...

Key:	paris
Default Value:	Paris
Translation:	巴黎

完成後，您的應用程式就可以依使用者裝置所使用的語言，自動選
擇適當的語系。再次編譯並執行此專案，您應該會看到如圖 6-16 的
內容，其中相關的字串都已經正確地以中文顯示了。

圖 6-16

以繁體中文顯示
的 Traveling 專
案。

(a)

(b)

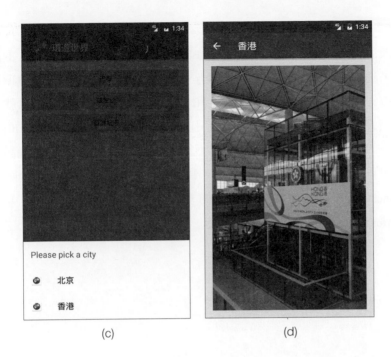

(c)   (d)

6-6 │ Exercise

Exercise 6.1

請依照本章的說明，將本書第三章所開發的「Calculator 專案」設計專屬的 launcher 圖示。

Exercise 6.2

請修改本章的「Traveling 專案」，把刪除在主畫面中的「Paris」與「Zurich」按鈕，改為只有「European Cities」與「Asia Cities」兩個按鈕。並且參考亞洲的北京與香港使用 implicit intent 切換的方式，讓使用者點選「European Cities」後，以 implicit intent 方式選取「Paris」或「Zurich」。此外，您所修改的專案也必須具備可以在中文與英文環境中，正確地顯示資訊的能力。

Exercise 6.3

請設計一個可以介紹您自己的 APP 應用程式，在此 APP 的主畫面中，必須提供「學經歷」、「專長」、「興趣」與「聯絡資訊」等項目的按鈕，以及其對應的 Activity 和 Layout（當然，其中的資訊就是您個人相關資訊的介紹）。當使用者點選某個按鈕時，則以 explicit 或 implicit intent 等方式切換到不同的 Activity 以呈現相關資訊。您可以使用本章所介紹的方式，為您的自我介紹 APP 設計相關的 launcher 圖示、提供多國語言的支援，並且在每個 Activity 中的 ActionBar 提供返回上一頁的功能。

07

Intent 與資訊傳遞

本章將介紹如何透過 Intent 在不同的 Activity 間進行資訊的傳遞，我們將以前一章所建立的「Traveling 專案」為基礎，繼續修改並增加相關的資訊傳遞設計。此外，我們也將說明 Intent 在其它系統服務上的支援，例如開啟瀏覽器或撥打電話等。

在開始之前，首先請您將第六章所建立的「Traveling 專案」依下列步驟複製為「Traveling2 專案」：

STEP 01 首先請找到第六章的「Traveling」專案所在之目錄，並將其複製一份。例如我們原本將「Traveling」專案放置於「/Users/someone/ASProjects/ Traveling」目錄之下，我們可以使用檔案總管或其它類似的工具（以文字命令模式亦可）將其複製一份，同樣存放於「/Users/someone/ASProjects」目錄之下，並命名為「Traveling2」。

STEP 02 啟動 Android Studio 後，請選擇「Open an existing Android Studio project（開啟已存在的 Android Studio 專案）」選項，並將剛剛複製好的「Traveling2」目錄開啟。

STEP 03 在「Project 視窗」選取「Android | app > manifests > AndroidManifest.xml」檔案，以滑鼠雙擊將其開啟。在該檔案的開頭處有以下的內容：

```
1   <manifest xmlns:android="http://schemas.android.com/apk/res/android"
2       package="com.example.junwu.traveling">
```

請將其中第 2 行的「package ＝ "com.example.junwu.traveling"」修改為「package ＝ "com.example.junwu.traveling2"」，修改後之結果如下：

```
1   <manifest xmlns:android="http://schemas.android.com/apk/res/android"
2       package="com.example.junwu.traveling2">
```

☞ **STEP 04** 在「Project 視窗」選取「Android | Gradle Scripts > build.gradle (Module: app)」檔案，以滑鼠雙擊將其開啟。該檔案開頭處可以找到以下的內容：

```
1   android {
2       compileSdkVersion 22
3       buildToolsVersion "23.0.0"
4       defaultConfig {
5           applicationId "com.example.junwu.traveling"
6           minSdkVersion 19
7           targetSdkVersion 22
8           versionCode 1
9           versionName "1.0"
10          testInstrumentationRunner
11              "android.support.test.runner.AndroidJUnitRunner"
12      }
```

請將其中第 5 行的「applicationId ＝ "com.example.junwu.traveling"」修改為「applicationId ＝ "com.example.junwu.traveling2"」，修改後之結果如下：

```
1   android {
2       compileSdkVersion 22
3       buildToolsVersion "23.0.0"
4       defaultConfig {
5           applicationId "com.example.junwu.traveling2"
6           minSdkVersion 19
7           targetSdkVersion 22
8           versionCode 1
```

```
9              versionName "1.0"
10             testInstrumentationRunner
11                        "android.support.test.runner.AndroidJUnitRunner"
12       }
```

☞ **STEP 05** 切換「Project 視窗」為「Packages 視窗」，並選取「Packages | app > com.example.junwu.traveling」，點擊滑鼠右鍵並在彈出式選單中選取「Refactor | Rename」以便讓我們將這個套件名稱也加以修改，請將其也改為「traveling2」，在此步驟中 Android Studio 會出現 Warning 訊息，並詢問使用者要「Rename directory」、「Cancel」及「Rename package」，請選擇「Rename package」。

☞ **STEP 06** 步驟 5 選擇「Rename package」後，Android Studio 下方會跳出「Find Refactoring Preview」視窗，請選擇「Do Refactor」。

☞ **STEP 07** 最後，請從選單中選取「Tools | Android > Sync Project with Gradle Files」，以便讓我們所修改過的 Gradle 的設定，能夠與專案內容協同一致。

至此已成功地將「Traveling」專案複製為「Traveling2」專案。在本章接下來的內容中，我們將使用這個新的「Traveling2」專案進行演示與講解。

7-1 | Intent 與資訊傳遞

不論是顯式（explicit）或隱式（implicit）意圖，我們都可以在 Activity 切換的過程中，進行資訊的傳遞。如同我們在第二章中的「UI Test 專案」所示範過的，其資訊的傳遞是透過 Intent 類別的 method 完成的。依資訊傳遞的路徑，還可進一步區分為單向與雙向：單向的資訊傳遞是指在使用 Intent 進行 Activity 切換時，傳遞資訊給新的 Activity；雙向資訊傳遞則是可以在原本的 Activity 與新的 Activity 間進行相互的資訊傳遞。

7-1-1　修改 Traveling2 專案內容

請先參考圖 7-1 為「content_main.xml」新增一些元件[1]。

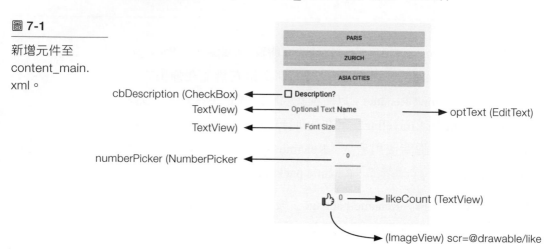

圖 7-1

新增元件至
content_main.
xml。

在此次的修改中，我們將讓使用者勾選是否需要圖片的描述，並且在勾選後，還可在輸入一個選擇性的字串並決定欲顯示的字體大小。更具體來說，在使用者點選「需要圖片描述」之前，其它相關的元件是不能作用的（意即）。

當使用者按下「Paris」按鈕後，我們會依使用者是否勾選需要圖片描述與否及其它相關設定，在巴黎風景照片上顯示相關內容。另外，我們也將在巴黎風景照片左上方新增一個「Like（讚）」的圖示[2]，當使用者點選此圖示之後，會在畫面上顯示「I like it ！」，並在主畫面中，顯示已累積了多少個 Like ！

註1　注意，在圖中我們以 XXX（YYY）標記所新增元件的 id 與型態，
　　　其中 XXX 為 id，YYY 為型態。未註明 id 者表示在程式中不會對其
　　　進行操作，所以 id 名稱並不重要。

註2　此處的圖示檔可以至本書隨附的光碟中取得。請將光碟中「photos」
　　　資料夾中的「like.png」圖檔複製於「Andraidapp | res > drawable」以
　　　滑鼠右鍵點選貼上即可。

現在請依下列步驟完成「content_main.xml」及「layout_paris.xml」的修改：

STEP 01 請依據圖 7-1 的設計要求，自行完成相關的設計（您可以自由地選擇使用「Design 模式」或「Text 模式」進行設計）。在此我們僅將建議的「content_main.xml」的修改結果列示於程式碼 7-1 中供您參考。雖然您所修改的「content_main.xml」不需要和我們完全一樣，不過請特別注意，每個元件的 id 請務必與圖 7-1 中所建議的元件 id 一致。

程式碼 7-1 新增元件後的 content_main.xml（Traveling2 專案）

```xml
1   <?xml version="1.0" encoding="utf-8"?>
2   <RelativeLayout xmlns:android="http://schemas.android.com/apk/res/android"
3       xmlns:app="http://schemas.android.com/apk/res-auto"
4       xmlns:tools="http://schemas.android.com/tools"
5       android:id="@+id/content_main"
6       android:layout_width="match_parent"
7       android:layout_height="match_parent"
8       android:paddingBottom="@dimen/activity_vertical_margin"
9       android:paddingLeft="@dimen/activity_horizontal_margin"
10      android:paddingRight="@dimen/activity_horizontal_margin"
11      android:paddingTop="@dimen/activity_vertical_margin"
12      app:layout_behavior="@string/appbar_scrolling_view_behavior"
13      tools:context="com.example.junwu.traveling2.MainActivity"
14      tools:showIn="@layout/layout_main">
15
16      <Button
17          android:layout_width="match_parent"
18          android:layout_height="wrap_content"
19          android:text="@string/paris"
20          android:id="@+id/btnParis"
21          android:layout_alignParentTop="true"
22          android:layout_alignParentLeft="true"
23          android:layout_alignParentStart="true"
24          android:onClick="actionPerformed" />
25
26      <Button
27          android:layout_width="match_parent"
28          android:layout_height="wrap_content"
```

```
29          android:text="@string/zurich"
30          android:id="@+id/btnZurich"
31          android:layout_below="@id/btnParis"
32          android:layout_centerHorizontal="true"
33          android:onClick="actionPerformed"/>
34
35      <Button
36          android:layout_width="match_parent"
37          android:layout_height="wrap_content"
38          android:text="@string/asiacities"
39          android:id="@+id/btnAsiaCities"
40          android:layout_below="@id/btnZurich"
41          android:layout_centerHorizontal="true"
42          android:onClick="actionPerformed"/>
43
44      <GridLayout
45          android:layout_width="match_parent"
46          android:layout_height="match_parent"
47          android:layout_below="@+id/btnAsiaCities"
48          android:layout_alignParentStart="true"
49          android:columnCount="2"
50          android:rowCount="4">
51          <CheckBox
52              android:layout_width="wrap_content"
53              android:layout_height="wrap_content"
54              android:text="@string/isDescription"
55              android:id="@+id/cbDescription"
56              android:layout_alignParentLeft="true"
57              android:textSize="18dp"/>
58
59          <TextView
60              android:text="Optional Text"
61              android:layout_width="wrap_content"
62              android:layout_height="wrap_content"
63              android:layout_column="0"
64              android:layout_row="1"
65              android:textSize="18sp"
66              android:layout_gravity="right" />
67
68          <EditText
69              android:layout_width="wrap_content"
70              android:layout_height="wrap_content"
71              android:text="Name"
```

```
72              android:ems="10"
73              android:id="@+id/optText"
74              android:enabled="false" />
75
76          <TextView
77              android:text="Font Size"
78              android:layout_width="wrap_content"
79              android:layout_height="wrap_content"
80              android:layout_column="0"
81              android:layout_row="2"
82              android:textSize="18sp"
83              android:textAlignment="viewStart"
84              android:layout_gravity="top|right"
85              android:paddingTop="10dp" />
86
87          <NumberPicker
88              android:layout_width="wrap_content"
89              android:layout_height="wrap_content"
90              android:id="@+id/numberPicker"
91              android:layout_column="1"
92              android:layout_gravity="top" />
93
94          <ImageView
95              android:layout_width="32dp"
96              android:layout_height="32dp"
97              app:srcCompat="@drawable/like"
98              android:layout_column="0"
99              android:layout_row="3"
100             android:layout_gravity="top|right" />
101
102         <TextView
103             android:text="0"
104             android:layout_width="wrap_content"
105             android:layout_height="wrap_content"
106             android:id="@+id/likeCount"
107             android:layout_column="1"
108             android:layout_row="3"
109             android:textSize="18sp"
110             android:layout_gravity="top"
111             android:paddingLeft="10dp" />
112     </GridLayout>
113 </RelativeLayout>
114
```

STEP 02 請修改 strings.xml 的內容，新增一個 name 為「isDescription」的字串，並依英文與中文分別修改為「Description?」與「是否需要描述？」。

STEP 03 除了「content_main.xml」外，我們也需要修改「layout_paris.xml」，為它新增一些元件，請參考圖 7-2，我們將在畫面左上方新增一個 FloatingActionButton[3] 以及一個 TextView（18 號字），分別命名為 likeFab 與 likeText；並且在畫面最下方加入兩個 TextView，命名為 parisOptText 與 parisDesp，其字型都設定為「白色」、「24 號字（24sp）」與「粗體」。請自行完成相關設計或參考程式碼 7-2。

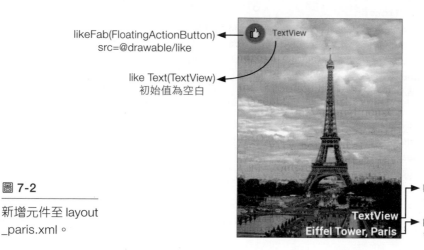

likeFab(FloatingActionButton)
src=@drawable/like

like Text(TextView)
初始值為空白

parisOptText(TextView)
白色、24 號字、粗體

parisDesp(TextView)
白色、24 號字、粗體

圖 7-2

新增元件至 layout_paris.xml。

程式碼 7-2　新增元件後的 layout_paris.xml（Traveling2 專案）

```
1   <?xml version="1.0" encoding="utf-8"?>
2   <RelativeLayout xmlns:android="http://schemas.android.com/apk/res/android"
3       xmlns:app="http://schemas.android.com/apk/res-auto"
4       xmlns:tools="http://schemas.android.com/tools"
5       android:id="@+id/layout_paris"
6       android:layout_width="match_parent"
7       android:layout_height="match_parent"
```

註 3　此處所使用的圖檔為前面步驟中所新增的「like.png」。

```
 8      android:paddingBottom="@dimen/activity_vertical_margin"
 9      android:paddingLeft="@dimen/activity_horizontal_margin"
10      android:paddingRight="@dimen/activity_horizontal_margin"
11      android:paddingTop="@dimen/activity_vertical_margin"
12      tools:context="com.example.junwu.traveling2.ParisActivity">
13
14      <ImageView
15          android:layout_width="match_parent"
16          android:layout_height="match_parent"
17          android:id="@+id/imageViewParis"
18          android:src="@drawable/paris"
19          android:scaleType="centerCrop" />
20
21      <android.support.design.widget.FloatingActionButton
22          android:id="@+id/likeFab"
23          android:layout_width="wrap_content"
24          android:layout_height="wrap_content"
25          android:layout_margin="@dimen/fab_margin"
26          app:srcCompat="@drawable/like" />
27
28      <TextView
29          android:text="Eiffel Tower, Paris"
30          android:layout_width="match_parent"
31          android:layout_height="wrap_content"
32          android:layout_alignParentBottom="true"
33          android:layout_alignParentStart="true"
34          android:id="@+id/parisDesp"
35          android:layout_alignParentEnd="true"
36          android:textSize="24sp"
37          android:textAlignment="textEnd"
38          android:textStyle="bold"
39          android:textColor="@android:color/white"
40          android:paddingEnd="5dp"
41          android:paddingBottom="5dp" />
42
43      <TextView
44          android:text="TextView"
45          android:layout_width="match_parent"
46          android:layout_height="wrap_content"
47          android:id="@+id/parisOptText"
48          android:textSize="24sp"
49          android:layout_above="@+id/parisDesp"
50          android:layout_alignParentStart="true"
```

```
51          android:textAlignment="textEnd"
52          android:textStyle="bold"
53          android:textColor="@android:color/white"
54          android:paddingEnd="5dp"
55          android:paddingBottom="5dp" />
56
57      <TextView
58          android:text="TextView"
59          android:layout_width="wrap_content"
60          android:layout_height="wrap_content"
61          android:id="@+id/likeText"
62          android:textSize="18sp"
63          android:gravity="center_vertical"
64          android:layout_alignBottom="@+id/likeFab"
65          android:layout_toEndOf="@+id/likeFab"
66          android:layout_alignTop="@+id/likeFab" />
67
68  </RelativeLayout>
```

後續我們將在本節中,介紹如何在 Activity 間進行資訊的傳遞。但是在此之前,先讓我們為 MainActivity.java 的「onCreate()」method 修改程式,使得在前面兩個步驟所設計的使用者介面元件能夠更符合我們的需求。

STEP 04　請參考程式碼 7-3,在 MainActivity.java 中的「onCreate()」method 中,新增相關的程式碼,以達成以下的目的:

1.　將我們在 content_main.xml 中所加入的 NumberPicker 元件的值設定為介於 12-48,且預設值為 24;此外,該元件預設為不可作用(也就是不可為 Enable 的狀態)。此部份請參考程式碼 7-3 的第 8-12 行(注意,其中的「np.setEnabled(false);」就是在 CheckBox 未勾選前,將其設定為不可作用(也就是不可為 Enable)的狀態)。

2.　視使用者是否勾選需要描述(description)的 CheckBox,動態地決定是否讓使用者能進一步填寫選擇性字串與定義字體大小,也就是依據 CheckBox 是否發生選擇變化的事件,來將選擇

性字串與定義字體大小的 NumberPicker 設定為可作用與不可作

用。請參考程式碼 7-3 的第 14-34 行。

程式碼 **7-3**　MainActivity.java 新的 onCreate() method（Traveling2 專案）

```
...
1   protected void onCreate(Bundle savedInstanceState) {
2       super.onCreate(savedInstanceState);
3       setContentView(R.layout.layout_main);
4       Toolbar toolbar = (Toolbar) findViewById(R.id.toolbar);
5       setSupportActionBar(toolbar);
6       getSupportActionBar().setIcon(R.drawable.ic_action_tw);
7
8       NumberPicker np=(NumberPicker)findViewById(R.id.numberPicker);
9       np.setEnabled(false);
10      np.setMaxValue(48);
11      np.setMinValue(12);
12      np.setValue(24);
13
14      CheckBox cb = (CheckBox)findViewById(R.id.cbDescription);
15      cb.setOnCheckedChangeListener(new
16                      CompoundButton.OnCheckedChangeListener() {
17          @Override
18          public void onCheckedChanged(CompoundButton buttonView,
19                                  boolean isChecked)
20          {
21              EditText et = (EditText) MainActivity.this.
22                      findViewById(R.id. optText);
23              NumberPicker np = (NumberPicker) MainActivity.this.
24                      findViewById(R.id.numberPicker);
25
26              if (isChecked) {
27                  et.setEnabled(true);
28                  np.setEnabled(true);
29              } else {
30                  et.setEnabled(false);
31                  np.setEnabled(false);
32              }
33          }
34      });
35  }
    ...
```

在上述程式中，第 14 行取回 CheckBox 元件並命名為 cb；然後在第 15 行為此 cb 物件新增一個可以其相關事件的「Listener（監聽器）」[4]，其中在第 18 行就是針對「onCheckedChanged」事件（也就是 CheckBox 的查核方塊的選取狀態改變時所發生的事件）的處理 method。在第 21-22 與 23-24 行分別先取回選擇性字串與定義字體大小的 NumberPicker，分別命名為 et 與 np。然後在「onCheckedChanged()」中，依據是否選取了查核方塊，來將 et 與 np 的 Enable 屬性設定為 true 或是 false。

☞ **STEP 05**　為了確保使用者的選項與輸入的字串，在 Activity 切換時也不至於遺失，所以我們也為 MainActivity.java 加入 onPause() 與 onResume() method 的實作，請參考程式碼 7-4（如本書第四章的「有記憶的計算機」範例一樣，使用 SharedPreferences 來儲存，其程式碼原理亦相同，在此不予解釋）：

程式碼 7-4　儲存與載入使用者選項的 onPause() 與 onResume() method（Traveling2 專案）

```
1    @Override
2    protected void onPause() {
3        super.onPause();
4        SharedPreferences appSharedPrefs = PreferenceManager
5                .getDefaultSharedPreferences(this.getApplicationContext());
6        SharedPreferences.Editor prefsEditor = appSharedPrefs.edit();
7
8        CheckBox cb = (CheckBox)findViewById(R.id.cbDescription);
9        EditText et=(EditText)findViewById(R.id.optText);
10       NumberPicker np=(NumberPicker)findViewById(R.id.numberPicker);
11       prefsEditor.putBoolean("cbvalue", cb.isChecked());
12       prefsEditor.putString("opttextvalue", et.getText().toString());
13       prefsEditor.putInt("npvalue", np.getValue());
```

註 4　如果您對於 Java 語言的 AWT 與 Swing 套件的事件處理機制熟悉的話，這個設定 Listener 的方式一定不會陌生；但是對於不熟悉的讀者，建議先行參閱相關書籍。

```
14      prefsEditor.commit();
15  }
16
17  @Override
18  protected void onResume() {
19      super.onResume();
20
21      SharedPreferences appSharedPrefs = PreferenceManager
22              .getDefaultSharedPreferences(this.getApplicationContext());
23
24      CheckBox cb = (CheckBox)findViewById(R.id.cbDescription);
25      EditText et=(EditText)findViewById(R.id.optText);
26      NumberPicker np=(NumberPicker)findViewById(R.id.numberPicker);
27
28      Boolean cbChecked = appSharedPrefs.getBoolean("cbvalue", false);
29      String optext = appSharedPrefs.getString("opttextvalue","");
30      int npv = appSharedPrefs.getInt("npvalue", 24);
31
32      if(cbChecked) {
33          cb.setChecked(true);
34          et.setEnabled(true);
35          np.setEnabled(true);
36          et.setText(optext);
37          np.setValue(npv);
38      }
39      else {
40          cb.setChecked(false);
41          et.setEnabled(false);
42          np.setEnabled(false);
43      }
44  }
```

至此，我們完成了「Traveling2 專案」的修改，接下來在後續的小節裡就要在此專案中示範資訊的單向與雙向傳遞。

7-1-2 單向資訊傳遞

如果要在使用 Intent 來切換 Activity 時（不論是顯式或隱式），都可以使用 Intent 類別的 putExtra() method 來實現。基本上，要傳遞的資訊是以 (key, value) 組合的方式來描述並加以傳遞，這也就是

putExtra() method 的兩個參數的作用；其中第一個參數就是 key 的部份，第二個參數就是數值 [5]。

Intent 類別的 putExtra() method 語法如下：

```
putExtra(key, value);
```

其中 key 的部份是一個用以做為標記的字串，至於 value 的部份可以是以下的型態：int、short、long、byte、float、double、boolean、char、String、CharSequence、Bundle、Serializable 與 Parcelable，其中除了 Bundle 與 Serializable 之外，也都還支援其陣列型態，這樣幾乎已經可以應付各種可能的需求了。

假設我們在 ActivityA 要切換到 ActivityB 時，想要將用以表示使用者姓名與年齡的字串及整數加以傳遞，若在 ActivityA 中使用者姓名與年齡分別儲存於變數 uName 與 uAge 中，那麼下列的程式碼可以在切換到 ActivityB 的同時，也將相關資訊透過 Intent 加以傳遞：

```
Intent it = new Intent();
it.setClass(this, ActivityB.class);
it.putExtra("username", uName);
it.putExtra("userage", uAge);
startActivity(it);
```

至於在接收端的 ActivityB 則可以使用以下的程式碼來取得 Intent 所夾帶的資訊：

```
Intent it = getIntent();
String usrName = it.getStringExtra("username");
int usrAge = it.getIntExtra("userage", 0);
```

註 5　請參考 http://developer.android.com/reference/android/content/Intent.html 以取得更多資訊。

要注意的是資訊一律使用「putExtra()」放入 Intent 中，但在接收端則可以使用「getStringExtra()」、「getIntExtra()」等方法取回不同資料型態的資訊[6]。要注意的是，其中 getIntExtra() 有兩個參數，第一個是要取回的整數資料之 key，第二個參數則是傳回資料的預設值（當所給定的 key 無法取得對應的數值時，就傳回預設值）。Intent 類別的「getXxxExtra()」method 多半都有這個做為預設值的第二個參數，不過「getStringExtra()」是個例外，它不需要第二個參數。

另外一方面，我們也可以使用 Bundle 類別來將多個欲傳送的資訊包裹起來再加以傳遞，請參考以下的例子：

```
Intent it = new Intent();
it.setClass(this, ActivityB.class);
Bundle extra = new Bundle();
extra.putString("username", uName);
extra.putInt("userage", uAge);
it.putExtras(extra);
startActivity(it);
```

Bundle 類別可以使用「putXXX(key, value)」method 將資料放入其中，然後使用 Intent 類別的「putExtras()」method 將 Bundle 類別放入後，再以 Intent 來進行傳遞。至於在接收端的 ActivityB 則可以使用以下的程式碼來取得 Intent 所夾帶的資訊：

```
Intent it = getIntent ();
Bundle bd=it.getExtras();
bd.getString("username", "none");
bd.getInt("userage", 0);
```

註 6　針對不同的資料型態，更多的「getXxxExtra()」method 請參考 http://developer.android.com/reference/android/content/Intent.html

這裡要注意的是 Bundle 類別的「getXxx() method 有提供多個版本，通常都包含有一個參數與兩個參數的版本，使用時請自行查閱相關文件[7]。

接下來，請使用本章的「Traveling2 專案」，實際練習資訊傳遞的方法，請依下列步驟進行：

☞ 依據本小節的內容，修改「Traveling2 專案」的「MainActivity.java」程式中的「actionPerfomed()」method，以便在使用者按下不同按鈕時，將相關的資訊傳遞給後續接手的（透過 intent 接續執行的）Activity。為了簡化我們的討論，此例將僅示範與討論 MainActivity 與 ParisActivity 間的資訊傳遞，至於 MainActivity 與其它 Activity 間的資訊傳遞則留待本章的作業由讀者您自行試著完成。請參考程式碼 7-5 所列示的「actionPerfomed()」method（屬於 MainActivity.java），完成程式碼的修改：

程式碼 7-5 修改 MainActivity.java 的 actionPerformed() 以支援參數傳遞（Traveling2 專案）

```
...
1  public void actionPerformed(View view) {
2      Intent intent = new Intent();
3
4      CheckBox cbDesp = (CheckBox)findViewById(R.id.cbDescription);
5      EditText et=(EditText)findViewById(R.id.optText);
6      NumberPicker np=(NumberPicker) findViewById(R.id.numberPicker);
7
8      switch(view.getId())
9      {
10         case R.id.btnParis:
11             intent.setClass(this, ParisActivity.class);
12             intent.putExtra("isDescription", cbDesp.isChecked());
13             intent.putExtra("optionalText",et.getText().toString());
14             intent.putExtra("optionalFontSize", np.getValue());
```

註7　除了可以在 Android Studio 撰寫程式時，參考彈出式選單外，還可參閱 http://developer.android.com/reference/android/os/Bundle.html。

```
15              startActivity(intent);
16              break;
17          case R.id.btnZurich:
18              intent.setClass(this, ZurichActivity.class);
19              startActivity(intent);
20              break;
21          case R.id.btnAsiaCities:
22              intent.setAction("asia.city");
23              intent = Intent.createChooser(intent, "Please pick a city");
24              startActivity(intent);
25              break;
26      }
27  }
    ...
```

至於在接收端的部份，我們一樣只針對 ParisActivity 的接收進行示範與說明，其它 Activity 則留待讀者自行完成。

☞ 請參考程式碼 7-6 的內容，完成 ParisActivity.java 的修改，其中是在「onCreate()」method 中將 MainActivity.java 所傳進來的資訊以「getXxxExtra()」來取得其值並進行後續處理。

程式碼 7-6　修改 ParisActivity.java 的 onCreate() 以支援參數接收（Traveling2 專案）

```
    ...
1   private static boolean isLike=false;
2   @Override
3   protected void onCreate(Bundle savedInstanceState) {
4       super.onCreate(savedInstanceState);
5       setContentView(R.layout.layout_paris);
6       getSupportActionBar().setDisplayHomeAsUpEnabled(true);
7
8       Boolean isDesp = getIntent().getBooleanExtra("isDescription", true);
9       String optText = getIntent().getStringExtra("optionalText");
10      int fs = getIntent().getIntExtra("optionalFontSize", 24);
11
12      TextView tv = (TextView) findViewById(R.id.parisDesp);
13      TextView ot = (TextView) findViewById(R.id.parisOptText);
14      TextView it = (TextView) findViewById(R.id.likeText);
15
```

```
16        it.setText(null);
17
18      if (isDesp) {
19          tv.setTextSize(TypedValue.COMPLEX_UNIT_SP, fs);
20          tv.setVisibility(View.VISIBLE);
21          ot.setText(optText);
22          ot.setTextSize(TypedValue.COMPLEX_UNIT_SP, fs);
23          ot.setVisibility(View.VISIBLE);
24      }
25      else {
26          tv.setVisibility(View.INVISIBLE);
27          ot.setVisibility(View.INVISIBLE);
28      }
29      isLike=false;
30  }
    ...
```

圖 7-3 展示了目前為止的執行畫面。請仔細研究本小節的內容，熟悉在 Activity 間進行資訊傳遞的方法。

圖 7-3

Traveling 專案執行結果。

(a) MainActivity 的畫面　　　(b) ParisActivity 的畫面

7-1-3 雙向資訊傳遞

除了前一小節介紹的單向資訊傳遞外，本小節將繼續說明如何進行雙向的資訊傳遞。我們假設 ActivityA 與 ActivityB 會互相地切換：先執行 ActivityA，然後切換到 ActivityB；當 ActivityB 結束後，再返回到 ActivityA。其中 ActivityA 會傳遞資訊給 ActivityB，ActivityB 也會回傳資訊給 ActivityA。在 ActivityA 傳遞資訊給 ActivityB 的部份，可以使用上一小節的方式完成，至於 ActivityB 回傳資訊給 ActivityA 的部份，則必須以下列方式實現：

1. 在 ActivityA 中，不再以 startActivity() 啟動 ActivityB，而是必須改以「startActivityForResult(Intent intent, int requestCode)」，其中 intent 即為指定切換之意圖，而 requestCode 則是我們用使用者自定的一個整數，讓日後 ActivityB 回傳並切換回 ActivityA 時，可以區分其來源。

2. 至於在接收端的部份，ActivityB 必須使用 setResult(int resultCode, Intent data) 來設定欲傳回的資料，其中 resultCode 是代表 ActivityB 結束的狀態（例如 RESULT_OK 代表正常），而 data 則是所欲回傳的資訊（以 Intent 表示）。

3. 當 ActivityB 結束並回傳資訊後，ActivityA 會接收到一個 ActivityResult 的事件，我們可以透過覆寫（override）其「onActivityResult()」來負責接收回傳的資訊，其 method 原型如下：

```
protected void onActivityResult(int requestCode, int resultCode, Intent data)
```

其中，requestCode 即為在呼叫 startActivityForResult() 時，所給定的 requestCode；因此我們可以利用此 requestCode 得知是哪一個呼叫回傳了。另外，resultCode 是由 ActivityB 回傳時所指定的代碼，用以表示 ActivityB 是否正確地結束（通常以 RESULT_OK 代表正常）；

最後的 data 參數則是由 ActivityB 所傳回的意圖，其中也包含了所回傳的資訊。

接下來，我們將針對「Traveling2 專案」進行一些修改，讓使用者在 ParisActivity 中，可以視其喜好點擊左上角的「FloatingActionButton（也就是那個「Like（讚）圖示」）」來表示他（她）喜歡這張照片。我們會將使用者是否喜歡這張照片的結果傳回到 MainActivity 中，並在 MainActivity 裡記錄並更新使用者已按過「Like（讚）圖示」的次數。此動作就是一個典型的雙向資訊的傳遞：

- MainActivity → ParisActivity：傳遞選擇性的描述字串及其字體大小。

- ParisActivity → MainActivity：傳遞使用者是否喜歡該照片（也就是是否有按下左上角的 FloatingActionButton）。

請依下列步驟進行實作：

STEP 01 我們首先必須將原本由 MainActivity 切換到 ParisActivity 的 intent 改寫，使它能夠成為可以接受傳回值的做法，請參考以下的程式碼 7-7，我們改寫了一些在 MainActivity.java 中的 actionPerformed() 的程式碼，將其原本針對「btnParis」被按下時的處理，改成回接收傳回值的「startActivityForResult()」，例如程式碼 7-7 中的第 16 行：

程式碼 7-7 修改 MainActivity.java 中的 actionPerformed() 來將 intent 改成可以接收傳回的結果（Traveling2 專案）

```
    ...
1   public void actionPerformed(View view) {
2       Intent intent = new Intent();
3
4       CheckBox cbDesp = (CheckBox)findViewById(R.id.cbDescription);
5       EditText et=(EditText)findViewById(R.id.optText);
6       NumberPicker np=(NumberPicker)
7                   findViewById(R.id.numberPicker);
```

```
8
9          switch(view.getId())
10         {
11            case R.id.btnParis:
12                intent.setClass(this, ParisActivity.class);
13                intent.putExtra("isDescription", cbDesp.isChecked());
14                intent.putExtra("optionalText",et.getText().toString());
15                intent.putExtra("optionalFontSize", np.getValue());
16                startActivityForResult(intent, 100);
17                break;
...
```

在程式碼 7-7 的第 16 行，呼叫「startActivityForResult(intent, 100)」時，其中的整數 100 即為我們自行定義的 request code。這個透過顯式意圖（explicit intent）所切換的 ParisActivity，可以在其「onCreate()」中來接收取得來自 MainActivity 的資訊[8]，在此不予贅述。接下來，我們來針對 ParisActivity 中的 FloatingActionButton 進行處理。

STEP 02 我們必須在 ParisActivity 中增加使用者按下「Floating ActionButton」也就是左上角的「Like（讚）圖示」時的處理。具體來說，當使用者按下該按鈕時，我們將利用「likeText」顯示字串「I like it!」；若是再次按下該按鈕則將該字串隱藏起來。程式碼 7-8 是我們在 ParisActivity.java 中的「onCreate()」method 的實作內容，請將其加入到 ParisActivity.java 中（可參考程式碼 7-6，請將程式碼 7-8 的內容加入到程式碼 7-6 的第 29 行與 30 行的中間）。

程式碼 7-8　負責處理按下 Like（讚）圖示的 FloatingActionButton（Traveling2 專案）

```
...
1  FloatingActionButton fab =
2                    (FloatingActionButton)
3  findViewById(R.id.likeFab);\
```

註 8　如 7-1-2 小節所示範過的。

```
4   fab.setOnClickListener(new View.OnClickListener() {
5       @Override
6       public void onClick(View view) {
7           TextView tv = (TextView) ParisActivity.this.
8                               findViewById(R.id.likeText);
9           if (!isLike) {
10              tv.setText("I like it!");
11              isLike=true;
12          } else {
13              tv.setText("");
14              isLike = false;
15          }
16      }
17  });
18  ⋯
```

此處我們在第 1 行取回 FloatingActionButton，並命名為 fab，並在第 3 行開始為其設計一個事件監聽器，負責處理它的「onClick」事件。第 9-15 行的 if 敘述，則是依據 isLike 的值，將 likeText 的值進行對應的改變。

現在讓我們再繼續示範如何處理 ParisActivity 的資訊傳回。當 ParisActivity 要結束並返回 MainActivity 時，我們必須分別考慮兩種可能的途徑：

1. 使用者以裝置上的「back 按鍵」返回前一個畫面 [9]。

2. 使用者點擊了在 ActionBar 左方的「←」。

STEP 03 針對第一種途徑，Android 系統會在裝置上的「back 按鍵」被按下時，呼叫 Activity 的一個名為「onBackPressed()」的 method。因此，我們只要覆寫（override）此 method 即可，請參考程式碼 7-9 的內容，為 ParisActivity.java 增加「onBackPressed()」method 的實作：

註 9　通常這代表放棄目前畫面中的任何變更，但我們為了示範如何傳回資訊，仍然將資訊傳回。

程式碼 **7-9**　在 ParisActivity.java 中增加 onBackPressed() 的實作（Traveling2 專案）

```
1   @Override
2   public void onBackPressed() {
3       Bundle bundle = new Bundle();
4       bundle.putBoolean("isLike", isLike);
5
6       Intent mIntent = new Intent();
7       mIntent.putExtras(bundle);
8
9       setResult(RESULT_OK, mIntent);
10      super.onBackPressed();
11  }
```

當使用者按下裝置上的「back（返回）」鍵時，此 onBackPressed()
method 將會被呼叫，我們先建立一個 Bundle 類別的物件，並且將代
表使用者是否喜歡這張照片的布林值放入其中；接著建立一個 Intent
類別的物件，並以「putExtras()」將該 Bundle 類別的物件放置其中
後，使用「setResult(RESULT_OK, mIntent)」設定回傳的資訊與狀
態；最後呼叫 Android SDK 預設的 onBackPressed() method 來結束
ParisActivity 並返回 MainActivity。

STEP 04　針對第二種途徑，也就是當使用者按下在 ActionBar 中的
「←」時，我們則覆寫在 ParisActivity 中的「onOptionsItemSelected()」
method，請參考程式碼 7-10 為 ParisActivity 完成 onOptionsIntem
Seleted() 的實作：

程式碼 **7-10**　覆寫 ParisActivity 的 onOptionsItemSelected()（Traveling2 專案）

```
1   @Override
2   public boolean onOptionsItemSelected(MenuItem item) {
3       int id = item.getItemId();
4
5       if (id==android.R.id.home)
6       {
7           Bundle bundle = new Bundle();
8           bundle.putBoolean("isLike", isLike);
```

```
9
10            Intent mIntent = new Intent();
11            mIntent.putExtras(bundle);
12
13            setResult(RESULT_OK, mIntent);
14            finish();
15            return true;
16        }
17
18     if (id == R.id.action_settings) {
19            return true;
20        }
21     return super.onOptionsItemSelected(item);
22  }
```

當使用者按下 ActionBar 上的「←」時，此 onOptionsItemSelected()
method 將會被呼叫，我們先建立一個 Bundle 類別的物件，並且將
代表使用者是否喜歡這張照片的布林值放入其中；接著建立一個
Intent 類別的物件，並以「putExtras()」將該 Bundle 類別的物件放
置其中後，使用「setResult(RESULT_OK, mIntent)」設定回傳的資
訊與狀態；最後呼叫「finish()」來結束 ParisActivity 的執行並返回
MainActivity。

☞ **STEP 05** 　最後不論使用者是使用硬體按鍵或是使用 ActionBar 來返回
到 Main Activity，我 們 都 必 須 在 MainActivity 中 的「onActivity
Result()」method 中取回由 ParisActivity 所回傳的資訊，並進行相關
的動作，請參考程式碼 7-11：

程式碼 7-11　覆寫 MainActivity 中的 onActivityResult()（Traveling2 專案）

```
1   int likecount=0;
2
3   @Override
4   protected void onActivityResult(int requestCode, int resultCode, Intent
5   data) {
6        super.onActivityResult(requestCode, resultCode, data);
7
```

```
8          if(requestCode==100)
9          {
10             boolean isLike= data.getBooleanExtra("isLike",false);
11             if(isLike)
12                likecount++;
13             TextView tv = (TextView)MainActivity.this.
14                             findViewById(R.id.likeCount);
15             tv.setText(""+likecount);
16          }
17     }
```

請依上述步驟完成「Traveling2 專案」的修改，然後執行看看其結果
是否如圖 7-4 所示。

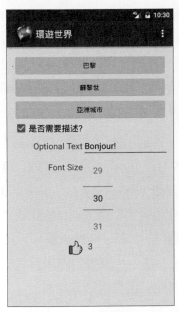

(a) 在 MainActivity 畫面上會顯
　　示使用者已按過「like」的
　　次數

(b) 當使用者按下「like」後，
　　在 Paris Activity 畫面上方
　　會顯示「I like it!」

圖 7-4

Traveling2 專案執
行結果。

7-2 │ Intent 其它應用

Intent 的應用除了可以用來切換執行不同的 Activity 之外，還有許多其它的應用，包含對 Android 系統內的其它服務的呼叫。例如下面這段程式碼可以用以啟動瀏覽器，並連結到國立屏東大學的網頁：

```
1   Intent intent = new Intent();
2   intent.setAction(Intent.ACTION_VIEW);
3   intent.setData(Uri.parse("http://www.nptu.edu.tw"));
4   startActivity(intent);
```

在上述的程式碼中，第 2 行是用以設定所需要的行動（action）為何，在此我們是以「Intent.ACTION_VIEW」為例，使用系統中的瀏覽器來開啟指定的網頁。第 3 行的「setData()」是用以設定此行動的相關資料，在此我們是配合 Intent.ACTION_VIEW 來設定欲開啟的網址 [10]。第 4 行則是將此 Intent 加以執行。關於 Intent 所支援的相關系統服務可以參考官方文件 [11]，以取得更完整的說明。

在此，我們仍以「Traveling2 專案」為例，建立一個「About（關於本軟體）」的 Activity，並讓使用者可以在 ActionBar 右側的選單中將其開啟（或是使用裝置上的選單按鈕）。在「layout_about.xml」的設計上，我們將提供三個按鈕，讓使用者可以寄 email 給此軟體的作者、瀏覽作者的首頁，以及撥打電話給作者。具體來說，你可以在本章針對「Traveling2 專案」的最後改善中，學習到應用程式的選單與使用 Intent 開啟網頁、發送電子郵件與撥打電話等功能。

請依下列步驟修改「Traveling2 專案」：

STEP 01　首先為你的專案新增一個名為「AboutActivity」與其對應的「layout_about.xml」這兩個檔案（也就是新增一個「Empty

---

註 10　網址以及使用其它服務是以 uri 的方式指定。

註 11　http://developer.android.com/reference/android/content/Intent.html

Activity」到專案中)。參考圖 7-5 的內容設計「layout_about.xml」
的畫面。我們在程式碼 7-12 提供給您一個設計的參考,但您不需要
完全一樣,只要注意相關元件的 id 是否正確即可。

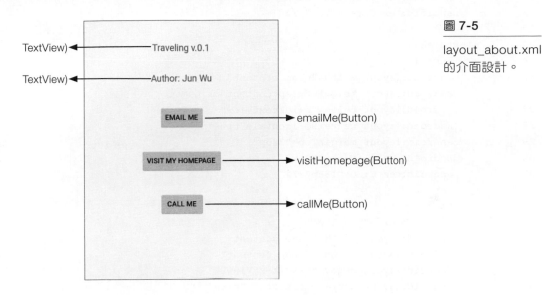

圖 **7-5**

layout_about.xml
的介面設計。

程式碼 **7-12**　layout_about.xml 的內容(Traveling2 專案)

```
1   <?xml version="1.0" encoding="utf-8"?>
2   <RelativeLayout xmlns:android="http://schemas.android.com/apk/res/android"
3       xmlns:tools="http://schemas.android.com/tools"
4       android:id="@+id/layout_about"
5       android:layout_width="match_parent"
6       android:layout_height="match_parent"
7       android:paddingBottom="@dimen/activity_vertical_margin"
8       android:paddingLeft="@dimen/activity_horizontal_margin"
9       android:paddingRight="@dimen/activity_horizontal_margin"
10      android:paddingTop="@dimen/activity_vertical_margin"
11      tools:context="com.example.junwu.traveling2.AboutActivity">
12
13      <TextView
14          android:text="Traveling v.0.1"
15          android:layout_width="wrap_content"
16          android:layout_height="wrap_content"
```

```
17              android:layout_alignParentTop="true"
18              android:layout_centerHorizontal="true"
19              android:layout_marginTop="28dp"
20              android:id="@+id/textView"
21              android:textSize="18sp" />
22
23      <TextView
24              android:text="Author: Jun Wu"
25              android:layout_width="wrap_content"
26              android:layout_height="wrap_content"
27              android:layout_below="@+id/textView"
28              android:layout_centerHorizontal="true"
29              android:layout_marginTop="38dp"
30              android:id="@+id/textView2"
31              android:textSize="18sp" />
32
33      <Button
34              android:text="Email Me"
35              android:layout_width="wrap_content"
36              android:layout_height="wrap_content"
37              android:layout_below="@+id/textView2"
38              android:layout_centerHorizontal="true"
39              android:layout_marginTop="42dp"
40              android:id="@+id/emailMe" />
41
42      <Button
43              android:text="Visit My Homepage"
44              android:layout_width="wrap_content"
45              android:layout_height="wrap_content"
46              android:layout_marginTop="37dp"
47              android:id="@+id/visitHomepage"
48              android:layout_below="@+id/emailMe"
49              android:layout_centerHorizontal="true" />
50
51      <Button
52              android:text="Call Me"
53              android:layout_width="wrap_content"
54              android:layout_height="wrap_content"
55              android:layout_marginTop="37dp"
56              android:id="@+id/callMe"
57              android:layout_below="@+id/visitHomepage"
58              android:layout_alignEnd="@+id/emailMe" />
59  </RelativeLayout>
```

☞ **STEP 02** 開啟「AndroidManifest.xml」檔案，為新增的 AboutActivity 加入「android:parentActivityName」的設定，使其能在「back（返回）」按鈕被點擊時，能回到適當的畫面（在此設定為 MainActivity）。請參考下面的片段：

```
<activity
        android:name=".AboutActivity"
        android:parentActivityName=".MainActivity">
</activity>
```

接著設定讓「MainActivity」能支援「選單（menu）」及其「About」選項。選單（menu）的支援在 Android Studio 中是相對容易些的，因為我們都是透過 Android Studio 建立「Basic Activity」或「Empty Activity」，如同我們在第六章曾提過的，Android Studio 會幫我們新增一個「AppCompatActivity」，其中也包含有「ActionBar」類別的支援。以「Traveling2 專案」為例，其「ActionBar」包含了一個「Setting（設定）」選項（menu item）。

首先，讓我們查看「Android | app > res > menu > menu_main.xml」檔案，其內容為 MainActivity.java 所使用的選單定義，如程式碼 7-13：

程式碼 7-13　「Android | app > res > menu > menu_main.xml」的內容（Traveling2 專案）

```
1   <menu xmlns:android="http://schemas.android.com/apk/res/android"
2       xmlns:app="http://schemas.android.com/apk/res-auto"
3       xmlns:tools="http://schemas.android.com/tools"
4       tools:context="com.example.junwu.traveling2.MainActivity">
5       <item
6           android:id="@+id/action_settings"
7           android:orderInCategory="100"
8           android:title="@string/action_settings"
9           app:showAsAction="never" />
10  </menu>
```

其中的 <menu> 即為選單的定義，這裡指定它搭配 MainActivity 使用（如第 4 行所示）。第 5 行開始的 <item> 標籤即為選項（menu item）的定義，其中「android:id」為其 id；「android:title」為其選項名稱的定義，其值通常會搭配 string 資源檔使用；「android:orderIn Category」表示其擺放的順序，其值必須大於等於 0（若一個選單具有多個選項時，其數值小者擺放於前。）；至於「app:showAsAction」定義該選項是否要顯示在 ActionBar 中，此處我們設定為「never」，表示只出現在選單中、不顯示在 ActionBar 裡面。

以下將修改該選單的設定，使其能支援我們所新增的「About Activity」。

STEP 03 請開啟「Android | app > res > menu > menu_main.xml」檔案，將其選項的 id 改為「action_about」，並且將 title 改為「@string/action_about」（當然，您也必須修改 strings.xml 的內容，其值依英文與中文分別為「About」與「關於」。），修改好的內容如程式碼 7-14 所示：

程式碼 7-14　修改後的「Android | app > res > menu > menu_main.xml」（Traveling2 專案）

```
1   <menu xmlns:android="http://schemas.android.com/apk/res/android"
2       xmlns:app="http://schemas.android.com/apk/res-auto"
3       xmlns:tools="http://schemas.android.com/tools"
4       tools:context="com.example.junwu.traveling2.MainActivity">
5       <item
6           android:id="@+id/action_about"
7           android:orderInCategory="100"
8           android:title="@string/action_about"
9           app:showAsAction="never" />
10  </menu>
```

這個修改後的選單，會在 APP 應用程式被執行時動態地生成。您可以在 MainActivity.java 中找到一個「onCreateOptionsMenu()」method（此 method 就是負責在 APP 應用程式執行時產生 Menu 類別的物件），其內容如下：

```
public boolean onCreateOptionsMenu(Menu menu) {
    // Inflate the menu; this adds items to the action bar if it is present.
    getMenuInflater().inflate(R.menu.menu_main, menu);
    return true;
}
```

其中使用「getMenuInflater().inflate(R.menu.menu_main, menu)」來
將指定的 menu 資源檔案（也就是以 R.menu.menu_main 所指定的
menu_main.xml 檔案），填充建置為 Menu 類別的物件（也就是本例
中的 menu）[12]。

請注意，除了此「menu_main.xml」要修改之外，其他原本有呼叫到
id 為「action_settings」的地方，也需要一併更改為「action_about」。

☞ **STEP 04**　接著，請開啟「MainActivity.java」，找到其中的「onOptions
Item Selected()」，並依照程式碼 7-15 的內容，完成當使用者選擇該
功能時的對應處理（此處為切換至 AboutActivity）：

程式碼 7-15　MainActivity.java 中的「onOptionsItemSelected()」（Traveling2 專案）

```
 1   public boolean onOptionsItemSelected(MenuItem item) {
 2       int id = item.getItemId();
 3
 4       if (id == R.id.action_about) {
 5           Intent mIntent = new Intent(this, AboutActivity.class);
 6           startActivity(mIntent);
 7           return true;
 8       }
 9       return super.onOptionsItemSelected(item);
10   }
```

當 APP 被執行時，如果使用者點選了選單中的項目時，「onOptions
ItemSelected()」就會被系統所呼叫。我們針對其中 id 為「action_about」

註12　你也可以自行建構 Menu 類別的物件，但本例是以 Android Studio 所採
　　　用的 menu 資源檔的方式，所以需要呼叫「getMenuinflater()」來建構。

的選項，利用顯式意圖（explicit intent）來將「AboutActivity」加以啟動。如此就完成了 MainActivity 中，關於 About 選項的相關設計。

☞**STEP 05** 接著，讓我們將「layout_about.xml」開啟，並編輯相關的設定，使其「emailMe」、「visitHomepage」與「callMe」等三個按鈕的「onClick」事件，都能由名為「actionPerformed()」method 加以執行。具體來說，您可以為這三個按鈕元件增加「android:onClick」的屬性，其值皆設定為「actionPerformed」；換句話說，這三個元件都應該增加「android:onClick="actionPerformed"」的設定。

☞**STEP 06** 開啟「AboutActivity.java」，參考程式碼 7-16 為「AboutActivity.java」加入「actionPerformed()」method 的程式碼：

程式碼 **7-16**　AboutActivity.java 中的「actionPerformed ()」（Traveling2 專案）

```
1   public void actionPerformed(View view) {
2       Intent intent = new Intent();
3       switch(view.getId())
4       {
5           case R.id.emailMe:
6               intent.setAction(Intent.ACTION_SENDTO);
7               intent.setData(Uri.parse("mailto:someone@somewhere.com "));
8               intent.putExtra(Intent.EXTRA_SUBJECT,
9                                           "[About Traveling]");
10              startActivity(intent);
11              break;
12          case R.id.visitHomepage:
13              intent.setAction(Intent.ACTION_VIEW);
14              intent.setData(Uri.parse("http://junwu.nptu.edu.tw "));
15              startActivity(intent);
16              break;
17          case R.id.callMe:
18              intent.setAction(Intent.ACTION_CALL);
19              intent.setData(Uri.parse("tel:087663800"));
20              startActivity(intent);
21              break;
22      }
23  }
```

其中在程式碼第 5-11 行部份，我們針對 emailMe 被點按時，透過定義 Intent 以啟動系統內的電子郵件軟體，並透過「setData()」與

「putExtra()」來將郵件信箱及郵件主旨加以定義；在第 12-16 行，當 visitHomeapge 被點按時，則透過定義 Intent 以啟動系統內的瀏覽器軟體，並透過「setData()」來將網頁所在之網址加以定義；最後在第 17-21 行，當 callMe 被點按時，則透過定義 Intent 以啟動系統內的電話軟體，並透過「setData()」來將所欲撥打的電話號碼加以定義。

☞ **STEP 07** 由於 Android 採用權限（permission）來保護系統資源與功能，在預設情況下，一般的應用程式是無法存取聯絡人清單、撥打電話等動作。我們必須在 AndroidManifest.xml 檔案中，加入下面的程式碼，以告知系統此 APP 應用程式將會使用到撥打電話與連上網際網路等特權動作。

```
<uses-permission android:name="android.permission.CALL_PHONE"/>
<uses-permission android:name="android.permission.INTERNET"/>
```

至此，完成本次新增之功能，請執行並加以測試。圖 6-14 是最後新增的「About（關於本軟體）」的功能執行畫面。

(a) AboutActivity 畫面

(b) 按下「Email Me」後的畫面

圖 7-6

加入 AboutActivity 的 Traveling2 專案執行結果。

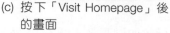

(c) 按下「Visit Homepage」後　　　(d) 按下「Call Me」後的畫面
　　的畫面

7-3 | Exercise

Exercise 7.1

本章所示範的「Traveling2 專案」仍有些字串沒有提供多國語言的支援，請幫忙修改完成。

Exercise 7.2

在本章中所設計的「Traveling2 專案」，僅示範了如何在 MainActivity 與 ParisActivity 間傳遞資訊，以讓 ParisActivity 可以顯示照片說明與選擇性的額外字串以及其字體大小；並且可以將使用者是否喜歡該照片的資訊，傳回給 MainActivity。請進行所有必要的修改，以便讓其它的 Activity（包含 ZurichActivity、BeijingActivity 與 HKActivity）也能具有同樣的功能。

Exercise 7.3

在本章中所設計的「Traveling2 專案」，其主畫面中「各國照片被按讚的次數」並未被儲存起來。每次重新啟動時，其值皆為 0。請修改你的程式，讓這個數值可以被保存起來，使此 APP 應用程式可以在每次啟動時顯示正確地數值。

Exercise 7.4

在本章中所設計的「Traveling2 專案」，使用者的選項與其輸入的字串都使用了「SharedPreferences」加以儲存，所以不但在切換 Activity 時，相關資訊都被適當地保存起來，甚至重新啟動時仍能顯示上一次操作的資訊。請修改你的程式，透過 intent 將資訊加以傳遞即可，不需要每次啟動時仍記得上一次的結果。

Exercise 7.5

修改「Travelling 專案」，在選單中增加「Paris」、「Zurich」與「Asia Cities」等選項，讓相關的功能也可以改由選單來執行。

08

ListView

ListView 是設計 Android APP 時常見的一個重要的元件,通常用於呈現多筆資料,並允許使用者點選特定一筆或多筆的資料(也就是支援單選及複選),以便進行後續的處理,請參考圖 8-1。本章將以一個範例專案示範 ListView 的各種應用。

(a)

(b)

(c)

（d）　　　　　　　（e）　　　　　　　（f）

圖 8-1　各式 ListView 應用範例

（以上畫面取自於 Goolge Play 商店及屏東大學 APP）。

請先依照以下的步驟建立一個名為「ListViewDemo」的專案，並設計主畫面的內容：

☞ STEP 01　請先建立一個名為「ListViewDemo」的專案，並使用「Empty Activity」建立「MainActivity.java」與「layout_main.xml」檔案。

☞ STEP 02　請參考圖 8-2，設計一個可捲動畫面的「ScrollView」，並在其中以「LinearLayout（vertical）」放置了八個按鈕，其 id 分別是「btnLV1」～「btnLV8」，完整的「layout_main.xml」可參考程式碼 8-1。

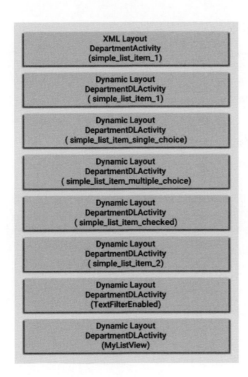

圖 8-2

各式 ListView 應用
範例。

程式碼 8-1　layout_main.xml（ListViewDemo 專案）

```
1    <?xml version="1.0" encoding="utf-8"?>
2    <RelativeLayout xmlns:android="http://schemas.android.com/apk/res/android"
3        xmlns:tools="http://schemas.android.com/tools"
4        android:id="@+id/layout_main"
5        android:layout_width="match_parent"
6        android:layout_height="match_parent"
7        android:paddingBottom="@dimen/activity_vertical_margin"
8        android:paddingLeft="@dimen/activity_horizontal_margin"
9        android:paddingRight="@dimen/activity_horizontal_margin"
10       android:paddingTop="@dimen/activity_vertical_margin"
11       tools:context="com.example.junwu.listviewdemo.MainActivity">
12
13       <ScrollView
14           android:layout_width="match_parent"
15           android:layout_height="match_parent"
16           android:layout_centerVertical="true"
17           android:layout_centerHorizontal="true">
```

```
18
19        <LinearLayout
20            android:layout_width="match_parent"
21            android:layout_height="wrap_content"
22            android:orientation="vertical">
23
24            <Button
25                android:id="@+id/btnLV1"
26                android:text="XML Layout\nDepartmentActivity\n
27                        (simple_list_item_1)"
28                android:textAllCaps="false"
29                android:layout_width="match_parent"
30                android:layout_height="wrap_content" />
31
32            <Button
33                android:id="@+id/btnLV2"
34                android:text="Dynamic Layout\nDepartmentDLActivity\n
35                        (simple_list_item_1)"
36                android:textAllCaps="false"
37                android:layout_width="match_parent"
38                android:layout_height="wrap_content" />
39
40            <Button
41                android:id="@+id/btnLV3"
42                android:text="Dynamic Layout\nDepartmentDLActivity\n
43                        (simple_list_item_single_choice)"
44                android:textAllCaps="false"
45                android:layout_width="match_parent"
46                android:layout_height="wrap_content" />
47
48            <Button
49                android:id="@+id/btnLV4"
50                android:text="Dynamic Layout\nDepartmentDLActivity\n
51                        (simple_list_item_multiple_choice)"
52                android:textAllCaps="false"
53                android:layout_width="match_parent"
54                android:layout_height="wrap_content" />
55
56            <Button
57                android:id="@+id/btnLV5"
58                android:text="Dynamic Layout\nDepartmentDLActivity\n
59                        (simple_list_item_checked)"
```

```
60                android:textAllCaps="false"
61                android:layout_width="match_parent"
62                android:layout_height="wrap_content" />
63
64          <Button
65                android:id="@+id/btnLV6"
66                android:text="Dynamic Layout\nDepartmentDLActivity\n
67                      (simple_list_item_2)"
68                android:textAllCaps="false"
69                android:layout_width="match_parent"
70                android:layout_height="wrap_content" />
71
72          <Button
73                android:id="@+id/btnLV7"
74                android:text="Dynamic Layout\nDepartmentDLActivity\n
75                      (TextFilterEnabled)"
76                android:textAllCaps="false"
77                android:layout_width="match_parent"
78                android:layout_height="wrap_content" />
79
80          <Button
81                android:id="@+id/btnLV8"
82                android:text="Dynamic Layout\nDepartmentDLActivity\n
83                      (MyListView)"
84                android:textAllCaps="false"
85                android:layout_width="match_parent"
86                android:layout_height="wrap_content" />
87          </LinearLayout>
88      </ScrollView>
89 </RelativeLayout>
```

我們將在後續的小節中，使用這八個按鈕示範 ListView 的各式不同
應用，其中包含了靜態與動態的使用者介面設計以及配合 Intent 的
應用，讓使用者可以瀏覽屏東大學各系所的網站。

● 8-1 | 以靜態介面方式建立項目清單

現在，讓我們先來完成第一個按鈕「btnLV1」的功能：「顯示一個屏東大學系所的清單供使用者選取，並由另一個 Activity（名稱為 DepartmentActivity）負責將其選取系所的網站加以顯示」。這個按鈕的顯示文字為「XML Layout \n DepartmentActivity \n (simple_list_item_1)」[1]，表示此按鈕將以靜態的 XML 檔案方式呈現 ListView 的使用者介面，並以「DepartmentActivity」做為執行此按鈕功能的 Activity，在 ListView 的項目呈現方面，則以「simple_list_item_1」格式呈現[2]。

☞ **STEP 01** 請新增一個「Empty Activity」，其名稱為「Department Activity.java」與其使用者介面「layout_deparment.xml」檔案，並且記得在「AndroidManifest.xml」中，加入以下的程式碼，讓我們的 ActionBar 上面可以呈現「Department List」字串：

```
<activity
    android:name=".DepartmentActivity"
    android:label="@string/title_activity_department">
</activity>
```

☞ **STEP 02** 由於在前一個步驟中，我們在「AndroidManifest.xml」裡為「DepartmentActivity」加入了一個 label 的屬性，其值必須定義的「Android | app > res > values > strings.xml」裡，所以請在「strings.xml」中加入下面的定義：

```
<string name="title_activity_department">Department List</string>
```

註1　其中的「\n」表示換行字元。
註2　關於此格式及其它可用格式，將於後續再加以說明。

STEP 03 接下來，讓我們在「MainActivity.java」中定義「onClick
ListView1()」來負責按鈕被點擊後的處理。請參考下列的程式碼在
「MainActivity.java」中新增「onClickListView1()」method：

```
public void onClickListView1 (View view) {
    Intent it = new Intent(this, DepartmentActivity.class);
    startActivity(it);
}
```

STEP 04 在程式碼 8-1 當中，第 24-30 行就是第一個按鈕的定義；讓
我們為此按鈕定義點擊後處理動作為「onClickListView1()」，請參考
下面的程式碼（為便利起見，我們將此按鈕在 layout_main.xml 中的
定義完整列出，其中以粗體標示的部份即為此步驟所新增的定義）：

```
<Button
    android:id="@+id/btnLV1"
    android:text="XML Layout\nDepartmentActivity\n(simple_list_item_1)"
    android:textAllCaps="false"
    android:layout_width="match_parent"
    android:layout_height="wrap_content"
    android:onClick="onClickListView1" />
```

STEP 05 當 然，「DepartmentActivity」的 使 用 者 介 面「layout_
department.xml」也需要進行設計，請參考程式碼 8-2 的內容完成相
關的設計（注意，我們在此將 layout_department.xml 預設的 Relative
Layout 改為 LinearLayout）：

程式碼 8-2　layout_department.xml（ListViewDemo 專案）

```
1    <?xml version="1.0" encoding="utf-8"?>
2    <LinearLayout xmlns:android="http://schemas.android.com/apk/res/android"
3        android:orientation="vertical" android:layout_width="match_parent"
4        android:layout_height="match_parent"
5        xmlns:tools="http://schemas.android.com/tools"
```

```
 6          tools:context=".DepartmentActivity">
 7
 8          <ListView
 9              android:id="@+id/deptlist"
10              android:layout_width="match_parent"
11              android:layout_height="0dp"
12              android:layout_weight="1"
13              android:layout_gravity="center_horizontal" />
14
15          <TextView
16              android:id="@+id/empty"
17              android:layout_width="match_parent"
18              android:layout_height="30dp"
19              android:text="Empty" />
20      </LinearLayout>
```

此介面之設計，是以一個 LinearLayout 放置一個 ListView 元件及一個 TextView 元件，其 id 分別為「deptlist」與「empty」。

☞ **STEP 06**　為了讓我們能顯示屏東大學各系所的項目清單及其對應的網站，我們先在「Android | app > res > values > strings.xml」中，加入以下的字串陣列，請參考程式碼 8-3：

程式碼 8-3　定義在 strings.xml 中，包含有系所名稱及其對應網址的字串陣列（ListViewDemo 專案）

```
 1      <string-array name="deptlist">
 2          <item>Department of Computer Science and Information
 3                  Engineering</item>
 4          <item>Department of Computer and Communication</item>
 5          <item>Department of Computer Science</item>
 6          <item>Department of Commerce Automation and Management</item>
 7          <item>Department of Leisure Management</item>
 8          <item>Department of Real Estate Management</item>
 9          <item>Department of Business Administration</item>
10          <item>Department of International Trade</item>
11          <item>Department of Information Management</item>
12          <item>Department of Finance</item>
13          <item>Department of Accounting</item>
14          <item>Department of Educational Administration</item>
```

```
15      <item>Department of Educational Psychology and Counseling</item>
16      <item>Department of Education</item>
17      <item>Department of Early Childhood Education</item>
18      <item>Department of Special Education</item>
19      <item>Department of Visual Arts</item>
20      <item>Department of Music</item>
21      <item>Department of Cultural and Creative Industries</item>
22      <item>Department of Social Development</item>
23      <item>Department of Chinese Language and Literature</item>
24      <item>Department of Applied Janpanese</item>
25      <item>Department of Applied English</item>
26      <item>Department of English</item>
27      <item>Department of Science Communication</item>
28      <item>Department of Applied Chemistry</item>
29      <item>Department of Applied Mathematics</item>
30      <item>Department of Applied Physics</item>
31      <item>Department of Physical Education</item>
32  </string-array>
33  <string-array name="deptURLlist">
34      <item>http://www.csie.nptu.edu.tw</item>
35      <item>http://www.com.nptu.edu.tw</item>
36      <item>http://www.cs.nptu.edu.tw</item>
37      <item>http://www.cam.nptu.edu.tw</item>
38      <item>http://www.leisure.nptu.edu.tw</item>
39      <item>http://www.rem.nptu.edu.tw</item>
40      <item>http://www.mba.nptu.edu.tw</item>
41      <item>http://www.trade.nptu.edu.tw</item>
42      <item>http://www.mis.nptu.edu.tw</item>
43      <item>http://www.finance.nptu.edu.tw</item>
44      <item>http://www.accd.nptu.edu.tw</item>
45      <item>http://www.giea.nptu.edu.tw</item>
46      <item>http://www.epc.nptu.edu.tw</item>
47      <item>http://www.edu.nptu.edu.tw</item>
48      <item>http://www.ec.nptu.edu.tw</item>
49      <item>http://www.special.nptu.edu.tw</item>
50      <item>http://www.vart.nptu.edu.tw</item>
51      <item>http://www.music.nptu.edu.tw</item>
52      <item>http://www.cci.nptu.edu.tw</item>
53      <item>http://www.social.nptu.edu.tw</item>
54      <item>http://www.cll.ntpu.edu.tw</item>
55      <item>http://www.daj.nptu.edu.tw</item>
56      <item>http://www.dae.nptu.edu.tw</item>
```

```
57    <item>http://www.english.nptu.edu.tw</item>
58    <item>http://www.dsc.nptu.edu.tw</item>
59    <item>http://www.ac.nptu.edu.tw</item>
60    <item>http://www.math.nptu.edu.tw</item>
61    <item>http://www.physics.nptu.edu.tw</item>
62    <item>http://www.phy.nptu.edu.tw</item>
63  </string-array>
```

☞ **STEP 07**　請在「DepartmentActivity.java」中，加入以下的程式碼：

程式碼 8-4　為 DepartmentActivity.java 新增相關程式碼（ListViewDemo 專案）

```
1   String[] deptURL;
2   String[] deptName;
3
4   @Override
5   protected void onCreate(Bundle savedInstanceState)
6   {
7       super.onCreate(savedInstanceState);
8       setContentView(R.layout.layout_department);
9
10      ListView lv = (ListView)findViewById(R.id.deptlist);
11
12      lv.setEmptyView(findViewById(R.id.empty));
13
14      deptName = getResources().getStringArray(R.array.deptlist);
15      deptURL = getResources().getStringArray(R.array.deptURLlist);
16      ArrayAdapter<String> adapter = new ArrayAdapter<String>(this,
17          android.R.layout.simple_list_item_1, deptName);
18      lv.setAdapter(adapter);
19
20      lv.setOnItemClickListener(new AdapterView.OnItemClickListener() {
21          @Override
22          public void onItemClick(AdapterView<?> parent, View view,
23              int position, long id) {
24              Intent it = new Intent(DepartmentActivity.this,
25                  DetailedDeptActivity.class);
26              it.putExtra("deptName", deptName[position]);
27              it.putExtra("deptURL", deptURL[position]);
28              startActivity(it);
29          }
30      });
31  }
```

其中第 1 及第 2 行所宣告的兩個字串陣列 deptName 及 deptURL，分別為系所名稱及其對應之網址。第 5 行至第 31 行，則為此 DepartmentActivity 的 onCreate() method，其中的第 8 行將「layout_department.xml」設定為此 Activity 的使用者介面。在介面中名為「deptlist」的 ListView 元件，在第 8 行中以「findViewById()」取回並指定給「lv」物件，並在第 12 行以「setEmptyView() method」設定此項目清單若內容為空白時的顯示畫面。接著，在第 14 與 15 行，取回定義在「strings.xml」中的系所名稱及其對應網址的字串陣列，並將其值放入「deptName」與「deptURL」中。由於我們要顯示在 ListView 的資料項目之原始型式為字串陣列，所以我們選用「ArrayAdapter 類別」來幫我們將字串陣列轉換為 ListView 的項目資料，如第 16 行所示，並以「setAdapter() method」將其設定為我們的 ListView 的資料來源。如此，就可以讓 ListView 正確地呈現各系所的名稱。要注意的是，我們是指定以「android.R.layout.simple_list_item_1」做為資料程式呈現的格式。

接著，我們為 ListView 加入事件處理，以便處理當使用者點擊某一資料項目時，所欲採取的動作，如第 20 至 30 行。其中「position」參數則為使用者所點擊的項目編號[3]。我們透過 Intent 定義欲切換執行的 Activity 為「DetailedDeptActivity」（此 Activity 目前尚未建立），並且將對應使用者所點擊的項目之系所名稱及網址加以傳遞。

☞ **STEP 08**　請為「ListViewDemo」專案新增一個「DetailedDeptActivity.java」及其使用者介面「layout_deatiled_dept.xml」檔案（使用「Empty Activity」建立）。

註 3　從 0 開始。

STEP 09　接著請將「layout_deatiled_dept.xml」的內容設計如下：

```xml
<?xml version="1.0" encoding="utf-8"?>
<LinearLayout xmlns:android="http://schemas.android.com/apk/res/android"
    android:orientation="vertical" android:layout_width="match_parent"
    android:layout_height="match_parent"
    xmlns:tools="http://schemas.android.com/tools"
    tools:context=".DetailedDeptActivity">

    <WebView
        android:id="@+id/deptWebView"
        android:layout_width="match_parent"
        android:layout_height="match_parent" />
</LinearLayout>
```

我們將使用其中的「WebView」元件，來顯示系所的網頁。

STEP 10　在「DetailedDeptActivity.java」中，加入以下的程式碼：

```java
WebView wv;
    @Override
    protected void onCreate(Bundle savedInstanceState)
    {
        super.onCreate(savedInstanceState);
        setContentView(R.layout.layout_detailed_dept);

        wv = (WebView) findViewById(R.id.deptWebView);
        wv.setWebViewClient(new WebViewClient());
        WebSettings webSettings = wv.getSettings();
        webSettings.setSupportZoom(true);
        webSettings.setBuiltInZoomControls(true);
        webSettings.setDisplayZoomControls(true);

        String deptName = getIntent().getStringExtra("deptName");
        String deptURL = getIntent().getStringExtra("deptURL");
        getSupportActionBar().setTitle(deptName);
        wv.loadUrl(deptURL);
    }
```

請注意，我們使用 Intent 的 getStringExtra 的 method 將所傳入的系所名稱及其網址加以取得，並透過 WebView 的「loadUrl()」method 將其網址載入。此外，我們也透過「WebSettings 類別」的幫助，設定了允許網頁瀏覽時的縮放功能。

☞**STEP 11** 同樣在「AndoridManifest.xml」，但在「application 標籤」外，加入以下的設定，以允許應用程式存取網站：

```
<uses-permission android:name="android.permission.INTERNET" />
```

☞**STEP 12** 最後，為了讓使用者在瀏覽網頁時，在有點選其它連結的情況下，讓返回按鍵能正確地處理網頁的返回，請在「DetailedDeptActivity.java」中，加入以下的程式碼：

```java
@Override
public boolean onKeyDown(int keyCode, KeyEvent event)
{
    if((keyCode == KeyEvent.KEYCODE_BACK) && (wv.canGoBack()))
    {
        wv.goBack();
        return true;
    }
    return super.onKeyDown(keyCode, event);
}
```

至此，第一個按鈕的部份已經全部完成，當使用者按下主畫面的第一個按鈕後，其執行程式如圖 8-3 所示。

圖 8-3

ListViewDemo 專案
執行畫面（第一
個按鈕）。

(a) 系所清單　　　　　　　　(b) 網頁瀏覽

8-2│以動態介面方式建立項目清單

前一小節所完成的是主畫面中的第一個按鈕的相關設計，其功能主
要是使用了靜態介面的方式來建立 ListView 中的項目清單。現在本
節將開始進行第二個按鈕的部份，此按鈕的顯示文字為「Dynamic
Layout \n DepartmentDLActivity \n (simple_list_item_1)」，表示此
按鈕將以動態的方式呈現我們所需要的 ListView 使用者介面，並以
「DepartmentDLActivity」做為執行此按鈕功能的 Activity；至於在
ListView 的項目呈現方面，則仍然是以「simple_list_item_1」格式
呈現。

簡單來說，第二個按鈕（也就是「btnLV2」）所欲執行的功能，與上
一小節的第一個按鈕一樣，不過我們將改以動態介面的方式來進行
設計。請依照下列步驟來完成相關的程式設計：

STEP 01 首先請在專案中，新增一個名為「DepartmentDLActivity.java」的程式，但是不需要為其準備對應的 XML 介面設計檔案，也就是不需要「layout_departmentdl.xml」檔案（因為在此小節中，我們將改以動態的方式建立使用者介面）。請新增一個「Empty Activity」，並將其命名為「DepartmentDLActivity」，並取消勾選下方的「Generate Layout File」選項（也就是不需要產生對應的 XML 介面設計檔案）。請記得在「AndroidManifest.xml」中的 DepartmentDLActivity 定義裡，加入以下的程式碼，讓我們的 ActionBar 上面可以呈現「Department List」字串（此處使用的是過去已經定義過的 title_activity_department 字串）：

```
<activity
    android:name=".DepartmentDLActivity"
    android:label="@string/title_activity_department">
</activity>
```

STEP 02 在「MainActivity.java」的「onCreate()」method 中，增加以下的程式碼：

程式碼 8-5　為 btnLV2 增加事件處理（ListViewDemo 專案）

```
1  findViewById(R.id.btnLV2).setOnClickListener(new View.OnClickListener() {
2      @Override
3      public void onClick(View v) {
4          Intent it = new Intent(MainActivity.this, DepartmentDLActivity.
5  class);
6          it.putExtra("style", 0);
7          startActivity(it);
8      }
9  });
```

上述的程式碼是負責讓第二個按鈕被按下時，以 intent 表達要切換執行「DepartmentDLActivity」，且傳送一個參數「style=0」給它。

STEP 03　在「DepartmentDLActivity.java」中的 onCreate() method，
加入下列的程式碼：

程式碼 8-6　在 DepartmentDLActivity.java 中，以動態方式建構使用者介面（ListViewDemo
專案）

```
1   public class DepartmentDLActivity extends AppCompatActivity {
2       String[] deptURL;
3       String[] deptName;
4       LinearLayout ll;
5       ListView lv;
6
7       @Override
8       protected void onCreate(@Nullable Bundle savedInstanceState) {
9           super.onCreate(savedInstanceState);
10
11          ll = new LinearLayout(this);
12          ll.setOrientation(LinearLayout.VERTICAL);
13
14          lv = new ListView(this);
15
16          Intent it = getIntent();
17          int sty = it.getIntExtra("style", 0);
18
19          int[] style = {
20                      android.R.layout.simple_list_item_1,
21                      android.R.layout.simple_list_item_single_choice,
22                      android.R.
23                          layout.simple_list_item_multiple_choice,
24                      android.R.layout.simple_list_item_checked,
25                      android.R.layout.simple_list_item_2
26                  };
27
28          deptName = getResources().getStringArray(R.array.deptlist);
29          deptURL = getResources().getStringArray(R.array.deptURLlist);
30
31          ArrayAdapter<String> adapter = new ArrayAdapter<String>(this,
32                                          style[sty], deptName);
33          lv.setAdapter(adapter);
34
35          ll.addView(lv, new LayoutParams
36                  (LayoutParams.MATCH_PARENT, 0, 1));
```

```
37
38          setContentView(ll);
39
40          lv.setOnItemClickListener(
41                       new AdapterView.OnItemClickListener() {
42              @Override
43              public void onItemClick(AdapterView<?> parent, View view,
44                  int position, long id) {
45                      Intent it = new Intent(DepartmentDLActivity.this,
46                                      DetailedDeptActivity.class);
47                  it.putExtra("deptName", deptName[position]);
48                  it.putExtra("deptURL", deptURL[position]);
49                  startActivity(it);
50              }
51          });
52      }
53  }
```

在上面的這段程式碼中，我們不再和以往一樣，以 XML 檔案來定義使用者介面，而是改成自行以程式碼來設計使用者介面[4]。換句話說，在 Activity 的 onCreate() method 中，我們不再使用「setContentView(R.layout.layout_xxx)」來將 XML 的使用者介面設計載入，而是改以「setContentView(ViewGroup vg)」的方式，直接將特定的 ViewGroup vg 指定為此 Activity 的使用者介面[5]。現在，讓我們開始說明程式碼 8-6 的內容。

首先，我們在第 2 行及第 3 行宣告了兩個 Class Scope 的物件變數，包含：「deptName」與「deptURL」這兩個字串陣列，和之前一樣，它們將用於儲存系所名稱與網址，其值於第 28 行與第 29 行中取得，並在第 31 行中透過 ArrayAdapter 將 deptName 轉為 ListView 所需的資料型式；其中要注意的是，第二個參數的數值是透過一個名為 style 的陣列來取得的，我們以在第 16-17 行透過 Intent 所取回

註4　這就叫做「hard coding」！
註5　你必將所有欲呈現的元件都加入到 vg 中。

的「style」參數值（其值為 0），做為其索引值，請參考在第 19-26 行的 style 陣列，在此所取得的是「style[0]」，也就是「android.R.layout.simple_list_item_1」。

另外，我們還宣告了「lv」與「ll」這兩個物件（第 4-5 行宣告），分別為 ListView 與 LinearLayout 類別的物件，我們將用以建立使用者介面。在「DepartmentDLActivity.java」的 onCreate() method 中，我們先建立 ll 與 lv 物件的實體，如第 11-14 行，其中 ll 設定為垂直的 ListView，並在第 35 行以「ll.addView()」method 將 lv 加入其中，並在第 38 行以「setContentView(ll)」將其設定為使用者介面。其中第 35 行的程式碼：

```
ll.addView(lv, new LayoutParams
            (LayoutParams.MATCH_PARENT, 0, 1));
```

是將 lv 加入到 ll 中，並以 LayoutParams() 設定其元件屬性，其中三個參數分別為其 width、height 與 weight，我們分別設定為「match_parent」[6]、0 與 1。要特別注意的是，此處我們所使用的 LayoutParams 是來自於 LinearLayout 套件中，所以請務必確認您所撰寫的「DepartmentDLActivity.java」程式開頭處，是否有以下的程式碼：

```
import android.widget.LinearLayout.LayoutParams;
```

如此才能正確地載入並使用「android.widget.LinearLayout.LayoutParams」類別，請務必加以確認。

註6　使用 LayoutParams 的定義

注 意

雖然為了節省篇幅，而且 Android Studio 可以幫忙將程式中使用到的類別加以載入，因此本書絕大多數的程式碼都沒有列出 import 的部份。但在本章的「ListViewDemo 專案」中，部份程式碼使用到了「LayoutParams」類別，由於該類別在不同的套件中都有出現，且不同套件中的 LayoutParams 類別的建構函式或其它相關 method 之參數個數與型態不完全相同。因此本章會在使用到此類別時，特別提醒您載入正確的類別。

第 40-51 行則是為 ListView 增加事件處理的方法，與前一小節一樣，我們以「DetailedDeptActivity.java」來負責顯示各系所的網頁。至此，第二個按鈕的功能設計已全部完成，其執行結果與前一小節一致，只不過改採用動態方式產生使用者介面，而非以往所使用的靜態 XML 檔案。

8-3 | 以動態介面方式建立單選項目清單

在第三個按鈕的部份，這個按鈕的顯示文字為「Dynamic Layout\n DepartmentDLActivity \n (simple_list_item_single_choice)」， 表示此按鈕將以動態的方式呈現我們所需要的 ListView 使用者介面，並以「DepartmentDLActivity」做為執行此按鈕功能的 Activity；至於在 ListView 的項目呈現方面，則改以「simple_list_item_single_choice」格式，以呈現可單選的項目清單。請依照下列步驟來完成相關的程式設計：

☞**STEP 01** 在「MainActivity.java」的「onCreate()」method 中，增加以下的程式碼：

程式碼 8-7 為 btnLV3 增加事件處理（ListViewDemo 專案）

```
1   findViewById(R.id.btnLV3).setOnClickListener(
2       new View.OnClickListener() {
3           @Override
```

```
4           public void onClick(View v) {
5               Intent it = new Intent(MainActivity.this,
6                   DepartmentDLActivity.class);
7               it.putExtra("style", 1);
8               startActivity(it);
9           }
10      });
```

上述的程式碼，與前一小節相同，但在參數部份則改成傳送「style=1」。

STEP 02　修改「DepartmentDLActivity.java」中的 onCreate() method，修改並增加部份程式碼如下：

程式碼 8-8　修改並增加 DepartmentDLActivity.java 中的 onCreate() method（ListViewDemo 專案）

```
1   String[] deptURL;
2   String[] deptName;
3   LinearLayout ll;
4   ListView lv;
5   Button btn;
6
7   @Override
8   protected void onCreate(@Nullable Bundle savedInstanceState) {
9       super.onCreate(savedInstanceState);
10
11      ll = new LinearLayout(this);
12      ll.setOrientation(LinearLayout.VERTICAL);
13
14      lv = new ListView(this);
15
16      Intent it = getIntent();
17      int sty = it.getIntExtra("style", 0);
18
19      int[] style = {
20                  android.R.layout.simple_list_item_1,
21                  android.R.layout.simple_list_item_single_choice,
22                  android.R.layout.simple_list_item_multiple_choice,
23                  android.R.layout.simple_list_item_checked,
24                  android.R.layout.simple_list_item_2
25              };
26
27      deptName = getResources().getStringArray(R.array.deptlist);
28      deptURL = getResources().getStringArray(R.array.deptURLlist);
```

```
29
30          ArrayAdapter<String> adapter = new ArrayAdapter<String>(this,
31              style[sty], deptName);
32          lv.setAdapter(adapter);
33
34          ll.addView(lv, new LinearLayout.LayoutParams
35                  (ViewGroup.LayoutParams.MATCH_PARENT, 0, 1));
36
37          setContentView(ll);
38
39          switch (sty)
40          {
41              case 0:
42                  lv.setOnItemClickListener(new AdapterView
43                      .OnItemClickListener() {
44                      @Override
45                      public void onItemClick(AdapterView<?> parent,
46                          View view, int position, long id) {
47                          Intent it = new Intent(DepartmentDLActivity
48                              .this, DetailedDeptActivity.class);
49                          it.putExtra("deptName", deptName[position]);
50                          it.putExtra("deptURL", deptURL[position]);
51                          startActivity(it);
52                      }
53                  });
54                  break;
55
56              case 1:
57                  lv.setChoiceMode(ListView.CHOICE_MODE_SINGLE);
58                  btn = new Button(this);
59                  btn.setText("Show me the website");
60                  ll.addView(btn, new LinearLayout.LayoutParams
61                      (ViewGroup.LayoutParams.MATCH_PARENT,
62                      ViewGroup.LayoutParams.WRAP_CONTENT));
63                  btn.setOnClickListener(new View.OnClickListener() {
64                      @Override
65                      public void onClick(View v) {
66                          int position = lv.getCheckedItemPosition();
67                          Intent it = new Intent(DepartmentDLActivity
68                              .this, DetailedDeptActivity.class);
69                          it.putExtra("deptName", deptName[position]);
70                          it.putExtra("deptURL", deptURL[position]);
71                          startActivity(it);
```

```
72                    }
73              });
74              break;
75          }
76      }
```

在上面的這段程式碼中，絕大部份和上一小節的程式碼 8-6 一樣，不過在第 39-75 行，我們以一個「switch-case 敘述」依據 intent 所帶入的 style 參數值，進行不同的處理；其中第 41-54 行是負責第二個按鈕（style=0 時）的部份，第 56-74 行則是第三個按鈕（style=1 時）的部份。我們在第 57 行設定 lv 為單選的項目清單，並在 58-59 行產生一個按鈕的元件，並於 60 行將其加入到 ll 中，最後在第 63-73 行為該按鈕增加事件處理，當使用者點擊該按鈕時，我們使用「DetailedDeptActivity.java」負責顯示使用者所選取的系統之網頁。

至此，第三個按鈕的功能設計已全部完成，其執行結果如圖 8-4 所示。

圖 8-4

ListViewDemo 專案執行畫面（第三個按鈕）。

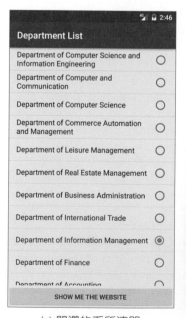

(a) 單選的系所清單　　　(b) 按下「Show Me the Website」
　　　　　　　　　　　　　按鈕後的網頁瀏覽

8-4 | 以動態介面方式建立複選項目清單

在第四個按鈕的部份,這個按鈕的顯示文字為「Dynamic Layout \ n DepartmentDLActivity \n (simple_list_item_multiiple_choice)」,表示此按鈕將以動態的方式呈現我們所需要的 ListView 使用者介面,並以「DepartmentDLActivity」做為執行此按鈕功能的 Activity;至於在 ListView 的項目呈現方面,則改以「simple_list_item_multiple_choice」格式,以呈現可複選的項目清單。為了展示可複選的項目清單,我們將為此增加兩個按鈕「View Details」與「Delete From the List」,分別用以顯示系所的網頁[7]以及將所選取的項目(可以複選)從清單中移除。請依照下列步驟來完成相關的程式設計:

☞ **STEP 01** 修改「MainActivity.java」的程式碼,以支援第四個按鈕的事件處理。首先將「MainActivity」類別的宣告改為:

```
public class MainActivity extends AppCompatActivity implements
    View.OnClickListener{
```

上述的程式碼讓「MainActivity.java」實作了「OnClickListener」這個介面。

☞ **STEP 02** 在「MainActivity.java」的「onCreate()」method 中,增加以下的程式碼:

```
findViewById(R.id.btnLV4).setOnClickListener(this);
```

就可以將 MainActivity 其自身負責 btnLV4 的事件處理。

註7　僅允許顯示一個系所,超過時將顯示訊息以提醒使用者。

STEP 03　請在「MainActivity.java」中，加入以下的程式碼：

程式碼 8-9　讓 MainActivity.java 實作 onClcik() method（ListViewDemo 專案）

```
1    @Override
2    public void onClick(View v) {
3        switch (v.getId())
4        {
5            case R.id.btnLV4: {
6                Intent it = new Intent(MainActivity.this,
7                    DepartmentDLActivity.class);
8                it.putExtra("style", 2);
9                startActivity(it);
10               break;
11           }
12       }
13   }
```

由於 btnLV5-btnLV8 也要使用這個方法的處理事件，所以在程式碼 8-8 中，我們以「switch-case 敘述」來區分不同按鈕的事件處理（當然，此時僅有 btnLV4 的部份）。要注意的是，此時所傳遞的 style 參數值為 2。

STEP 04　接下來，要修改「DepartmentDLActivity.java」的程式碼，使其能支援除了 style 參數為 0 與 1 之外的其它可能，也就是 2 的情況。雖然此處除了新增 style=2 的情況（也就是在 onCreate() method 中的 switch-case 敘述的 sty=2 的情況）之外，其餘的變動並不大，但我們仍然將全部的程式碼列出（如程式碼 8-10），並使用粗體標示將變動的程式碼加以標示，以方便您編輯此程式。

程式碼 8-10　修改後的 DepartmentDLActivity.java（ListViewDemo 專案）

```
1    public class DepartmentDLActivity extends AppCompatActivity {
2
3        String[] deptURL;
4        String[] deptName;
5        LinearLayout ll;
```

```
6        ListView lv;
7        Button btn;
8        ArrayList<String> alst;
9        ArrayList<String> alsturl;
10
11       @Override
12       protected void onCreate(@Nullable Bundle savedInstanceState) {
13           super.onCreate(savedInstanceState);
14
15           ll = new LinearLayout(this);
16           ll.setOrientation(LinearLayout.VERTICAL);
17
18           lv = new ListView(this);
19
20           Intent it = getIntent();
21           int sty = it.getIntExtra("style", 0);
22
23           int[] style = {
24                   android.R.layout.simple_list_item_1,
25                   android.R.layout.simple_list_item_single_choice,
26                   android.R.layout.simple_list_item_multiple_choice,
27                   android.R.layout.simple_list_item_checked,
28                   android.R.layout.simple_list_item_2
29           };
30
31           deptName = getResources().getStringArray(R.array.deptlist);
32           deptURL = getResources().getStringArray(R.array.deptURLlist);
33
34           alst = new ArrayList<String>();
35           alst.addAll(Arrays.asList(deptName));
36           alsturl = new ArrayList<String>();
37           alsturl.addAll(Arrays.asList(deptURL));
38
39           ArrayAdapter<String> adapter =
40                   new ArrayAdapter<String>(this, style[sty], alst);
41           lv.setAdapter(adapter);
42
43           ll.addView(lv, new LayoutParams(
44                   LayoutParams.MATCH_PARENT, 0, 1));
45
46           setContentView(ll);
47
```

```
48          switch (sty)
49          {
50              case 0:
51                  lv.setOnItemClickListener(new AdapterView
52                          .OnItemClickListener() {
53                      @Override
54                      public void onItemClick(AdapterView<?> parent,
55                                  View view, int position, long id) {
56                          Intent it = new Intent(DepartmentDLActivity
57                                  .this, DetailedDeptActivity.class);
58                          it.putExtra("deptName", deptName[position]);
59                          it.putExtra("deptURL", deptURL[position]);
60                          startActivity(it);
61                      }
62                  });
63                  break;
64              case 1:
65                  lv.setChoiceMode(ListView.
66                                      CHOICE_MODE_SINGLE);
67                  btn = new Button(this);
68                  btn.setText("Show me the website");
69                  ll.addView(btn,
70                          new LayoutParams(
71                              LayoutParams.MATCH_PARENT,
72                              LayoutParams.WRAP_CONTENT));
73                  btn.setOnClickListener(new View.OnClickListener() {
74                      @Override
75                      public void onClick(View v) {
76                          int position = lv.getCheckedItemPosition();
77                          Intent it = new Intent(DepartmentDLActivity
78                                  .this, DetailedDeptActivity.class);
79                          it.putExtra("deptName", deptName[position]);
80                          it.putExtra("deptURL", deptURL[position]);
81                          startActivity(it);
82                      }
83                  });
84                  break;
85              case 2:
86                  lv.setChoiceMode(
87                          ListView.CHOICE_MODE_MULTIPLE);
88                  Button btnDel = new Button(this);
89                  btnDel.setText("delete from the list");
90                  Button btnView = new Button(this);
```

```
91              btnView.setText("view details");
92
93              LinearLayout ll2 = new LinearLayout(this);
94              ll2.setOrientation(LinearLayout.HORIZONTAL);
95
96              ll2.addView(btnView, new LayoutParams(0,
97                      LayoutParams.WRAP_CONTENT, 1));
98              ll2.addView(btnDel, new LayoutParams(0,
99                      LayoutParams.WRAP_CONTENT, 1));
100
101             ll.addView(ll2, new LayoutParams(
102                     LayoutParams.MATCH_PARENT,
103                     LayoutParams.WRAP_CONTENT));
104
105             btnDel.setOnClickListener(
106                             new View.OnClickListener() {
107                 @Override
108                 public void onClick(View v) {
109                     ArrayAdapter<String> adt =
110                             (ArrayAdapter<String>)
111                             lv.getAdapter();
112                     SparseBooleanArray checked =
113                             lv.getCheckedItemPositions();
114
115                     ArrayList<String> str2remove =
116                             new ArrayList<String>();
117                     for(int i = 0; i < checked.size(); i++)
118                     {
119                         int p = checked.keyAt(i);
120                         if(checked.valueAt(i))
121                         {
122                             String str = alst.get(p);
123                             str2remove.add(alst.get(p));
124                             lv.setItemChecked(p, false);
125                         }
126                     }
127
128                     for(String s: str2remove)
129                     {
130                         alsturl.remove(alst.indexOf(s));
131                         adt.remove(s);
132                     }
133                     adt.notifyDataSetChanged();
```

```
134                        }
135                });
136
137            btnView.setOnClickListener(
138                        new View.OnClickListener() {
139                @Override
140                public void onClick(View v) {
141                    SparseBooleanArray checked =
142                            lv.getCheckedItemPositions();
143                    int checkedCount = 0;
144                    int position = 0;
145                    for(int i = 0; i < checked.size(); i++)
146                    {
147                        if(checked.valueAt(i))
148                        {
149                            checkedCount++;
150                            position = checked.keyAt(i);
151                        }
152                    }
153                    if(checkedCount == 1)
154                    {
155                        Intent it =
156                         new Intent(DepartmentDLActivity.this,
157                                DetailedDeptActivity.class);
158                        it.putExtra("deptName",
159                                alst.get(position));
160                        it.putExtra("deptURL",
161                                alsturl.get(position));
162                        startActivity(it);
163                    }
164                    else
165                    {
166                        Toast.makeText(
167                                DepartmentDLActivity.this,
168                                "Please select exactly one item",
169                        Toast.LENGTH_SHORT).show();
170                    }
171                }
172            });
173            break;
174        }
175    }
176 }
```

要特別注意的是，在程式碼 8-10 當中所使用的 LayoutParams 是來自於 LinearLayout 套件中，所以請務必確認您所撰寫的「Department DLActivity.java」程式開頭處，是否有以下的程式碼：

```
import android.widget.LinearLayout.LayoutParams;
```

如此才能正確地載入並使用「android.widget.LinearLayout.Layout Params」類別，請務必加以確認。

在程式碼 8-10 中，我們改成使用 ArrayList 類別 [8] 來儲存系所名稱及網址，其物件名稱分別為「alst」與「alstrul」，宣告於第 8-9 行；並在第 34-37 行透過 deptName 與 deptURL 兩個字串陣列，來建構其內容。後續更在第 39-40 行，改以「alst」做為資料來源加以轉換。

接著我們在第 85-173 行，加入「style=2」時的對應處理，其中第 86-87 行將 lv 設定為允許複選 [9]，第 88-91 行產生了兩個按鈕的物件，分別是 btnDel 與 btnView，並且在第 93-103 行，增加一個放置這兩個按鈕的 LinearLayout，且將其加入到 ll 中。第 105-135 行，則為 btnDel 增加其事件處理，我們先利用一個迴圈將清單項目中被選取的項目加以標記，再利用另一個迴圈將所選取的項目移除，同時也移除其對應的系所網址，最後在第 133 行以「adt.notifyDataSetChange()」來更新 lv 項目清單的內容。

第 137-173 行則是 btnView 的事件處理，當使用者點擊該按鈕時，我們先檢查使用者是否選取了一個項目，並使用「DetailedDept Activity.java」來顯示使用者所選取的系統之網頁；若是選取的項目超過一個時，則以簡單的訊息通知使用者必須選取一個項目才能檢

註 8　使用 ArrayList 的主要原因是稍後可以使用較容易地將陣列部份內容移除。

註 9　雖然其樣式設定為 andorid.R.layout.simple_list_multiple_choice，但其也可以支援單選，所以要加以設定。

視其網頁。此通知訊息是以 Toast 類別來通知使用者，請參考第 166-169 行 [10]。

至此，第四個按鈕的功能設計已全部完成，其執行結果如圖 8-5 所示。

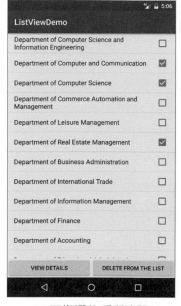

(a) 可複選的系所清單

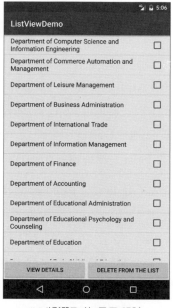

(b) 將選取的項目移除

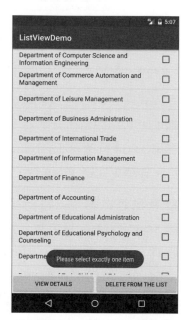

(c) 檢視系所網頁的錯誤訊息

圖 8-5 ListViewDemo 專案執行畫面（第四個按鈕）。

8-5 │ 以動態介面方式建立可勾選的項目清單

在第五個按鈕的部份，這個按鈕的顯示文字為「Dynamic Layout \ n DepartmentDLActivity \n (simple_list_item_checked)」，表示此按鈕將以動態的方式呈現我們所需要的 ListView 使用者介面，並以

註 10　我們使用 Toast 類別的 makeText() 與 show() 來完成此訊息通知

「DepartmentDLActivity」做為執行此按鈕功能的 Activity；至於在 ListView 的項目呈現方面，則改以「simple_list_item_checked」格式，以呈現可勾選的項目清單。在此例中，我們僅允許單一勾選，並增加一個「Show Me the Website」的按鈕，用以顯示系所的網頁。請依照下列步驟來完成相關的程式設計：

☞ **STEP 01** 在此按鈕的事件處理方面，請在「MainActivity.java」的「onCreate()」method 中，增加以下的程式碼：

```
findViewById(R.id.btnLV5).setOnClickListener(this);
```

☞ **STEP 02** 修改在「MainActivity.java」中的「onClick()」method，加入 btnLV5 的事件處理如下（其注意其中的第 13-19 行，也就是以粗體標示的地方）：

程式碼 **8-11**　修改 MainActivity.java 的 onClcik() method（ListViewDemo 專案）

```
1    @Override
2    public void onClick(View v) {
3        switch (v.getId())
4        {
5            case R.id.btnLV4: {
6                Intent it = new Intent(MainActivity.this,
7                    DepartmentDLActivity.class);
8                it.putExtra("style", 2);
9                startActivity(it);
10               break;
11           }
12
13           case R.id.btnLV5:{
14               Intent it = new Intent(MainActivity.this,
15                   DepartmentDLActivity.class);
16               it.putExtra("style", 3);
17               startActivity(it);
18               break;
19           }
20       }
21   }
```

要注意的是，在 btnLV5 被點擊的情況下，我們所傳遞的 style 值為 3。

針對「DepartmentDLActivity.java」，修改 onCreate() method，在其針對 style 值的「switch-case 敘述」中，增加以下的程式碼：

程式碼 8-12　修改 DepartmentDLActivity.java 中的 onCreate() method（ListViewDemo 專案）

```
 1   case 3:
 2       lv.setChoiceMode(ListView.CHOICE_MODE_SINGLE);
 3       btn = new Button(this);
 4       btn.setText("Show me the website");
 5       ll.addView(btn, new LayoutParams
 6           (LayoutParams.MATCH_PARENT,
 7           LayoutParams.WRAP_CONTENT));
 8       btn.setOnClickListener(new View.OnClickListener() {
 9           @Override
10           public void onClick(View v) {
11               int position = lv.getCheckedItemPosition();
12               Intent it = new Intent(DepartmentDLActivity.this,
13                   DetailedDeptActivity.class);
14               it.putExtra("deptName", deptName[position]);
15               it.putExtra("deptURL", deptURL[position]);
16               startActivity(it);
17           }
18       });
19   break;
```

至此，第五個按鈕的功能設計已全部完成，其執行結果如圖 8-6 所示。我們並不特別為程式碼 8-12 提供說明，因為您應該已經有能力自行瞭解這些類似的程式碼了。

圖 8-6

ListViewDemo 專案
執行畫面（第五
個按鈕）。

8-6 以動態介面方式建立兩列的項目清單

兩列的項目清單，就是指每一個項目可以有兩列的資訊。在第
六個按鈕的部份，這個按鈕的顯示文字為「Dynamic Layout \n
DepartmentDLActivity \n (simple_list_item_2)」，表示此按鈕將以動態
的方式呈現我們所需要的 ListView 使用者介面，並以「Department
DLActivity」做為執行此按鈕功能的 Activity；至於在 ListView 的項
目呈現方面，則改以「simple_list_item_2」格式，以呈現兩列的項
目清單，一列是系所名稱，另一列則顯示其網址。為了做到此點，
在程式設計上，將有和前幾個按鈕有所不同，主要是做為 ListView
的資料轉換的 Adapter 不同，請依下列步驟來完成相關的程式設計：

☞ **STEP 01** 在此按鈕的事件處理方面，請在「MainActivity.java」的
「onCreate()」method 中，增加以下的程式碼：

```
findViewById(R.id.btnLV6).setOnClickListener(this);
```

☞ **STEP 02** 修改在「MainActivity.java」中的「onClick()」method，加
入 btnLV6 的事件處理如下（請注意其中的第 21-27 行）：

程式碼 8-13 修改 MainActivity.java 中的 onClcik() method（ListViewDemo 專案）

```
1   @Override
2   public void onClick(View v) {
3       switch (v.getId())
4       {
5           case R.id.btnLV4: {
6               Intent it = new Intent(MainActivity.this,
7                   DepartmentDLActivity.class);
8               it.putExtra("style", 2);
9               startActivity(it);
10              break;
11          }
12
13          case R.id.btnLV5:{
14              Intent it = new Intent(MainActivity.this,
15                  DepartmentDLActivity.class);
16              it.putExtra("style", 3);
17              startActivity(it);
18              break;
19          }
20
21          case R.id.btnLV6:{
22              Intent it = new Intent(MainActivity.this,
23                  DepartmentDLActivity.class);
24              it.putExtra("style", 4);
25              startActivity(it);
26              break;
27          }
28      }
29  }
```

要注意的是，在 btnLV6 被點擊的情況下，我們所傳遞的 style 值
為 4。

STEP 03 請參考程式碼 8-14 完成對「DepartmentDLActivity.java」的
修改：

程式碼 **8-14**　修改 DepartmentDLActivity.java 中的 onCreate() method（ListViewDemo 專案）

```
1    String[] deptURL;
2    String[] deptName;
3    LinearLayout ll;
4    ListView lv;
5    Button btn;
6    ArrayList<String> alst;
7    ArrayList<String> alsturl;
8
9    @Override
10   protected void onCreate(@Nullable Bundle savedInstanceState) {
11       super.onCreate(savedInstanceState);
12
13       ll = new LinearLayout(this);
14       ll.setOrientation(LinearLayout.VERTICAL);
15
16       lv = new ListView(this);
17
18       Intent it = getIntent();
19       int sty = it.getIntExtra("style", 0);
20
21       int[] style = {
22                   android.R.layout.simple_list_item_1,
23                   android.R.layout.simple_list_item_single_choice,
24                   android.R.layout.simple_list_item_multiple_choice,
25                   android.R.layout.simple_list_item_checked,
26                   android.R.layout.simple_list_item_2
27               };
28
29       deptName = getResources().getStringArray(R.array.deptlist);
30       deptURL = getResources().getStringArray(R.array.deptURLlist);
31
32       alst = new ArrayList<String>();
33       alst.addAll(Arrays.asList(deptName));
34       alsturl = new ArrayList<String>();
```

```
35      alsturl.addAll(Arrays.asList(deptURL));
36
37      if(sty == 4)
38      {
39          ArrayList<HashMap<String, String>> items =
40              new ArrayList<HashMap<String, String>>();
41          for(int i = 0; i < deptName.length; i++)
42          {
43              HashMap<String, String> item =
44                  new HashMap<String, String>();
45              item.put("deptname", deptName[i]);
46              item.put("url", deptURL[i]);
47              items.add(item);
48          }
49
50          SimpleAdapter sadt = new SimpleAdapter(this, items, style[4],
51              new String[]{"deptname", "url"}, new int[]
52              {android.R.id.text1, android.R.id.text2});
53          lv.setAdapter(sadt);
54      }
55      else
56      {
57          ArrayAdapter<String> adapter =
58              new ArrayAdapter<String>(this, style[sty], alst);
59          lv.setAdapter(adapter);
60      }
61
62      ll.addView(lv, new LayoutParams(
63          LayoutParams.MATCH_PARENT, 0, 1));
64
65      setContentView(ll);
66
67      switch (sty)
68      {
69          case 0:
70              lv.setOnItemClickListener(new AdapterView
71                  .OnItemClickListener() {
72                  @Override
73                  public void onItemClick(AdapterView<?> parent,
74                      View view, int position, long id) {
75                      Intent it = new Intent(DepartmentDLActivity.this,
76                          DetailedDeptActivity.class);
```

```
77                    it.putExtra("deptName", deptName[position]);
78                    it.putExtra("deptURL", deptURL[position]);
79                    startActivity(it);
80                }
81            });
82            break;
83
84        case 1:
85            lv.setChoiceMode(ListView.CHOICE_MODE_SINGLE);
86            btn = new Button(this);
87            btn.setText("Show me the website");
88            ll.addView(btn, new LayoutParams(
89                LayoutParams.MATCH_PARENT,
90                LayoutParams.WRAP_CONTENT));
91            btn.setOnClickListener(new View.OnClickListener() {
92                @Override
93                public void onClick(View v) {
94                    int position = lv.getCheckedItemPosition();
95                    Intent it = new Intent(DepartmentDLActivity.this,
96                        DetailedDeptActivity.class);
97                    it.putExtra("deptName", deptName[position]);
98                    it.putExtra("deptURL", deptURL[position]);
99                    startActivity(it);
100                }
101            });
102            break;
103
104        case 2:
105            lv.setChoiceMode(ListView
106                .CHOICE_MODE_MULTIPLE);
107            Button btnDel = new Button(this);
108            btnDel.setText("delete from the list");
109            Button btnView = new Button(this);
110            btnView.setText("view details");
111
112            LinearLayout ll2 = new LinearLayout(this);
113            ll2.setOrientation(LinearLayout.HORIZONTAL);
114
115            ll2.addView(btnView, new LayoutParams(0,
116                LayoutParams.WRAP_CONTENT, 1));
117            ll2.addView(btnDel, new LinearLayout.LayoutParams(0,
118                LayoutParams.WRAP_CONTENT, 1));
```

```
119
110                ll.addView(ll2, new LayoutParams(
111                    LayoutParams.MATCH_PARENT,
112                    LayoutParams.WRAP_CONTENT));
113
114            btnDel.setOnClickListener(new View.OnClickListener() {
115                @Override
116                public void onClick(View v) {
117                    ArrayAdapter<String> adt =
118                        (ArrayAdapter<String>) lv.getAdapter();
119                    SparseBooleanArray checked =
120                        lv.getCheckedItemPositions();
121
122                    ArrayList<String> str2remove =
123                        new ArrayList<String>();
124                    for(int i = 0; i < checked.size(); i++)
125                    {
126                        int p = checked.keyAt(i);
127                        if(checked.valueAt(i))
128                        {
129                            String str = alst.get(p);
130                            str2remove.add(alst.get(p));
131                            lv.setItemChecked(p, false);
132                        }
133                    }
134
135                    for(String s: str2remove)
136                    {
137                        alsturl.remove(alst.indexOf(s));
138                        adt.remove(s);
139                    }
140                    adt.notifyDataSetChanged();
141                }
142            });
143
144            btnView.setOnClickListener(new View.OnClickListener() {
145                @Override
146                public void onClick(View v) {
147                    SparseBooleanArray checked =
148                        lv.getCheckedItemPositions();
149                    int checkedCount = 0;
150                    int position = 0;
151                    for(int i = 0; i < checked.size(); i++)
```

```
152                         {
153                             if(checked.valueAt(i))
154                             {
155                                 checkedCount++;
156                                 position = checked.keyAt(i);
157                             }
158                         }
159                         if(checkedCount == 1)
160                         {
161                             Intent it = new Intent(DepartmentDLActivity
162                                 .this, DetailedDeptActivity.class);
163                             it.putExtra("deptName", alst.get(position));
164                             it.putExtra("deptURL", alsturl.get(position));
165                             startActivity(it);
166                         }
167                         else
168                         {
169                             Toast.makeText(DepartmentDLActivity.this,
170                             "Please select exactly one item",
171                             Toast.LENGTH_SHORT).show();
172                         }
173                     }
174             });
175         break;
176
177     case 3:
178         lv.setChoiceMode(ListView.CHOICE_MODE_SINGLE);
179         btn = new Button(this);
180         btn.setText("Show me the website");
181         ll.addView(btn, new ViewGroup.LayoutParams(
182             ViewGroup.LayoutParams.MATCH_PARENT,
183             ViewGroup.LayoutParams.WRAP_CONTENT));
184         btn.setOnClickListener(new View.OnClickListener() {
185             @Override
186             public void onClick(View v) {
187                 int position = lv.getCheckedItemPosition();
188                 Intent it = new Intent(DepartmentDLActivity.this,
189                     DetailedDeptActivity.class);
190                 it.putExtra("deptName", deptName[position]);
191                 it.putExtra("deptURL", deptURL[position]);
192                 startActivity(it);
193             }
```

```
194              });
195              break;
196
197         case 4:
198              lv.setOnItemClickListener(new AdapterView
199                  .OnItemClickListener() {
200                  @Override
201                  public void onItemClick(AdapterView<?> parent,
202                      View view, int position, long id) {
203                      Intent it = new Intent(DepartmentDLActivity.this,
204                          DetailedDeptActivity.class);
205                      it.putExtra("deptName", deptName[position]);
206                      it.putExtra("deptURL", deptURL[position]);
207                      startActivity(it);
208                  }
209              });
210              break;
211         }
212  }
```

這個程式與之前的版本大同小異，但在第 37-54 行針對 sty=4 的情況（也就是要使用兩列的項目清單時），提供了不同的 Adapter 加以處理；至於第 55-60 行則是原本的單列項目清單的處理方法。為了要能處理多個項目，且每個項目有兩筆資料，我們在第 39-40 行宣告並產生一個 ArrayList 類別的物件名為 items，用以儲存多個 HashMap 的物件，其中每個 HashMap 的物件，則是用以儲存兩個 String 物件。具體來說，每個系所的名稱及其對應的網址將會產生成一個 HashMap 的物件，並放入 items 當中，在第 50-52 行中，則據以產生一個 Adapter，其中我們將兩列的資訊定義為「deptname」與「url」，並分別指定為兩列項目樣式中的「android.R.id.text1」與「android.R.id.text2」。最後，在第 53 行將此 Adapter 設定做為 lv 的資料來源。

另外，在第 197-210 行則設計了項目清單 lv 的事件處理，因為您應該已經能瞭解這些程式碼的功用，所以在此並不加以解釋。至此，第 6 個按鈕的設計已經完成，請參考圖 8-7 的執行結果。

圖 8-7

ListViewDemo 專案
執 行 畫 面（第 六
個按鈕）。

8-7 以動態介面方式建立可過濾的項目清單

可過濾的項目清單，就是指可以特定字串來篩選，讓清單中只留
下符合的項目。在第七個按鈕的部份，這個按鈕的顯示文字為
「Dynamic Layout \n DepartmentDLActivity \n (TextFilterEnabled)」，
表示此按鈕將以動態的方式呈現我們所需要的 ListView 使用者
介面，並以「DepartmentDLActivity」做為執行此按鈕功能的
Activity；同時，此項目清單的過濾功能也被設定啟用。我們將在使
用者介面上方，新增一個文字輸入元件（也就是 EditText 元件），並
以所輸入的字串內容做為 lv 項目清單進行篩選的條件。請依下列步
驟來完成相關的程式設計：

STEP 01 在此按鈕的事件處理方面，請在「MainActivity.java」的
「onCreate()」method 中，增加以下的程式碼：

```
findViewById(R.id.btnLV7).setOnClickListener(this);
```

STEP 02 修改在「MainActivity.java」中的「onClcik()」method，加
入 btnLV7 的事件處理。我們僅列出新增的部份，請自行加入到
onClick() method 中適當之處：

程式碼 8-15 　讓 MainActivity.java 實作 onClcik() method（ListViewDemo 專案）

```
1    case R.id.btnLV7:{
2        Intent it = new Intent(MainActivity.this, DepartmentDLActivity.class);
3        it.putExtra("style", 0);
4        it.putExtra("textFilter", true);
5        startActivity(it);
6        break;
7    }
```

要注意的是，在 btnLV7 被點擊的情況下，我們所傳遞的 style 值為
0，且也傳遞了另一個參數「textFilter」其值為「true」。

STEP 03 請參考程式碼 8-16，完成對「DepartmentDLActivity.java」
的「onCreate()」method 之修改（我們仍然將有修改之處以粗體表
示）：

程式碼 8-16 　修改 DepartmentDLActivity.java 中的 onCreate() method（ListViewDemo 專案）

```
1    String[] deptURL;
2    String[] deptName;
3    LinearLayout ll;
4    ListView lv;
5    Button btn;
6    ArrayList<String> alst;
7    ArrayList<String> alsturl;
8    EditText edt;
9
```

```
10    @Override
11    protected void onCreate(@Nullable Bundle savedInstanceState) {
12        super.onCreate(savedInstanceState);
13
14        ll = new LinearLayout(this);
15        ll.setOrientation(LinearLayout.VERTICAL);
16
17        lv = new ListView(this);
18
19        Intent it = getIntent();
20        int sty = it.getIntExtra("style", 0);
21
22        boolean tf = it.getBooleanExtra("textFilter", false);
23
24        if(tf)
25        {
26            edt = new EditText(this);
27            edt.setSingleLine();
28            edt.setImeOptions(EditorInfo.IME_ACTION_DONE);
29            ll.addView(edt, new LayoutParams
30                (LayoutParams.MATCH_PARENT,
31                LayoutParams.WRAP_CONTENT));
32            lv.setTextFilterEnabled(true);
33
34            edt.addTextChangedListener(new TextWatcher() {
35                @Override
36                public void beforeTextChanged(CharSequence s, int start,
37                    int count, int after) {
38
39                }
40
41                @Override
42                public void onTextChanged(CharSequence s, int start,
43                    int before, int count) {
44                    lv.setFilterText(s.toString());
45                }
46
47                @Override
48                public void afterTextChanged(Editable s) {
49
50                }
51            });
52        }
```

```
53
54      int[] style = {
55                      android.R.layout.simple_list_item_1,
56                      android.R.layout.simple_list_item_single_choice,
57                      android.R.layout.simple_list_item_multiple_choice,
58                      android.R.layout.simple_list_item_checked,
59                      android.R.layout.simple_list_item_2
60                  };
61
62      deptName = getResources().getStringArray(R.array.deptlist);
63      deptURL = getResources().getStringArray(R.array.deptURLlist);
64
65      alst = new ArrayList<String>();
66      alst.addAll(Arrays.asList(deptName));
67      alsturl = new ArrayList<String>();
68      alsturl.addAll(Arrays.asList(deptURL));
69
70      if(sty == 4)
71      {
72          ArrayList<HashMap<String, String>> items =
73              new ArrayList<HashMap<String, String>>();
74          for(int i = 0; i < deptName.length; i++)
75          {
76              HashMap<String, String> item =
77                  new HashMap<String, String>();
78              item.put("deptname", deptName[i]);
79              item.put("url", deptURL[i]);
80              items.add(item);
81          }
82
83          SimpleAdapter sadt = new SimpleAdapter(this, items, style[4],
84              new String[]{"deptname", "url"}, new int[]{android.R.id.text1,
85              android.R.id.text2});
86              lv.setAdapter(sadt);
87      }
88      else
89      {
90          ArrayAdapter<String> adapter = new ArrayAdapter<String>
91              (this, style[sty], alst);
92          lv.setAdapter(adapter);
93      }
94
95      ll.addView(lv, new LayoutParams
96          (LayoutParams.MATCH_PARENT, 0, 1));
```

```
97
98      setContentView(ll);
99
100     switch (sty)
101     {
102          略
103     }
104  }
```

與之前的程式比較，這個程式新增了其中的第 8 行以及第 22-52 行的部份，至於從第 100 行開始的「switch-case 敘述」則和過去的程式碼一致，在此不予贅述。第 22 行取回了 intent 所傳遞的「textFilter」參數，當其值為 true 的情況下，第 24-52 行進行了對應的處理。其中在第 26-31 行，新增了一個讓使用者輸入過濾條件的「EditText」元件，並將它加入到 ll 中。第 34-51 行則針對該「EditText」進行了事件的處理，其中第 44 行就是在 EditText 文字內容發生變化後，設定 lv 的過濾條件。

至此，第 7 個按鈕的設計已經完成，請參考圖 8-8 的執行結果。

(a) 可過濾的系所清單

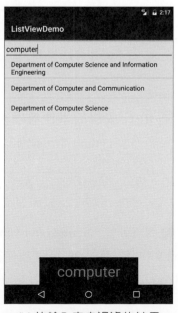
(b) 依輸入字串過濾的結果

圖 8-8

ListViewDemo 專案執行畫面（第七個按鈕）。

• 8-8 │ 以動態介面方式建立自訂項目清單

除了預設的幾種項目清單外，我們也可以自行定義項目清單的顯示方式。第八個按鈕就是展示了我們自訂的項目清單，其按鈕的顯示文字為「Dynamic Layout \n MyListViewActivity \n (layout_mylist_item)」，表示此按鈕將以動態的方式呈現我們所需要的 ListView 使用者介面，並以「MyListViewActivity」做為執行此按鈕功能的 Activity；同時，此項目清單的樣式則定義為「layout_mylist_item」。請依下列步驟來完成相關的程式設計：

☞ **STEP 01** 首先請在專案中，新增一個名為「MyListViewActivity.java」的程式，但是不需要為其準備對應的 XML 介面設計檔案。請新增一個「Empty Activity」，並將其命名為「MyListViewActivitiy」，並取消勾選下方的「Generate Layout File」選項。請別忘了在「AndroidManifest.xml」中的 MyListViewActivity 定義裡，加入以下的程式碼，讓我們的 ActionBar 上面可以呈現「Department List」字串（此處使用的是過去已經定義過的 title_activity_department 字串）：

```
<activity
    android:name=".MyListViewActivity"
    android:label="@string/title_activity_department">
</activity>
```

☞ **STEP 02** 在此按鈕的事件處理方面，請在「MainActivity.java」的「onCreate()」method 中，增加以下的程式碼：

```
findViewById(R.id.btnLV8).setOnClickListener(this);
```

☞ **STEP 03** 修改在「MainActivity.java」中的「onClcik()」method，加入 btnLV8 的事件處理。我們僅列出新增的部份，請自行加入到 onClick() method 中適當之處：

程式碼 8-17　讓 MainActivity.java 實作 onClcik() method（ListViewDemo 專案）

```
1  case R.id.btnLV8:{
2      Intent it = new Intent(MainActivity.this,
3          MyListViewActivity.class);
4      startActivity(it);
5      break;
6  }
```

要注意的是，在 btnLV8 被點擊的情況下，我們所切換的不再是
「DepartmentDLActivity」，而是我們步驟 1 所新增的「MyListView
Activity」。

☞ **STEP 04**　請以滑鼠在「Android｜app＞java＞com.example.junwu.
listviewdemo」[11] 上點選右鍵，並在彈出式的選單中選取「New＞Java
Class」，然後在「Create New Class」視窗中，輸入類別的名稱為
「MyListItem」，如圖 8-9 所示。並請依據程式碼 8-18 的內容，完成
MyListItem.java 的程式內容。

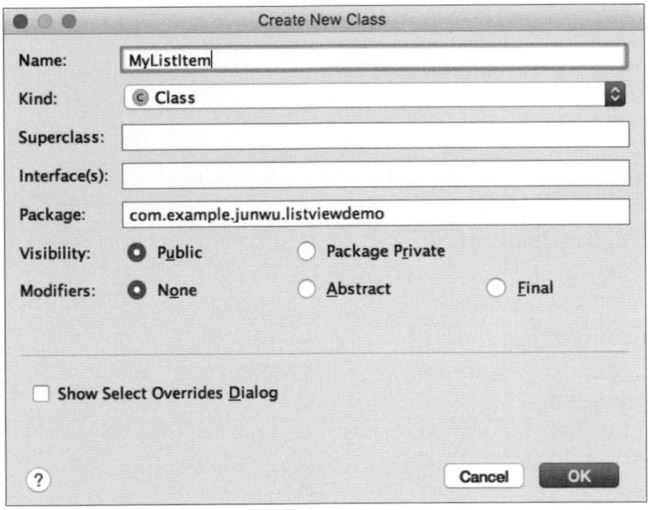

圖 8-9

新增 Java Class 的
設定視窗。

___

註 11　此處的 com.example.junwu 可能因您建立專案時，所輸入的公司資訊
　　　 不同而有所差異。

程式碼 8-18　MyListItem.java（ListViewDemo 專案）

```
1    public class MyListItem
2    {
3        private int img;
4        private String Dept;
5        private String DeptURL;
6
7        public void setImg(int img)
8        {
9            this.img = img;
10       }
11
12       public  int getImg()
13       {
14           return this.img;
15       }
16
17       public void setDept(String dept)
18       {
19           this.Dept = dept;
20       }
21
22       public String getDept()
23       {
24           return this.Dept;
25       }
26
27       public void setDeptURL(String deptURL)
28       {
29           this.DeptURL = deptURL;
30       }
31
32       public String getDeptURL()
33       {
34           return  this.DeptURL;
35       }
36   }
```

STEP 05　請以滑鼠在「Android | app > res > layout」上點選右鍵，並在彈出式的選單中選取「New > Layout resource file」，然後在「New Resource File」 視 窗 中，輸 入「File name」 為「layout_mylist_ item」，並選取「Root element」為「LinearLayout」，如圖 8-10 所示。並請依據程式碼 8-19 的內容，完成「layout_mylist_item.xml」的內容設計。

圖 8-10

新增 Layout 資源檔案的視窗。

程式碼 8-19 layout_mylist_item.xml（ListViewDemo 專案）

```
1   <LinearLayout xmlns:android="http://schemas.android.com/apk/res/android"
2       android:orientation="horizontal" android:layout_width="match_parent"
3       android:layout_height="match_parent"
4       android:paddingTop="16dp"
5       android:paddingBottom="16dp">
6
7       <ImageView
8           android:layout_width="50dp"
9           android:layout_height="50dp"
10          android:id="@+id/imageView"
11          android:src="@android:drawable/btn_star_big_on"
12          android:layout_marginLeft="16dp"
13          android:layout_marginRight="16dp"/>
14
15      <LinearLayout
16          android:orientation="vertical"
17          android:layout_width="match_parent"
18          android:layout_height="match_parent">
```

```
19
20          <TextView
21              android:layout_width="wrap_content"
22              android:layout_height="wrap_content"
23              android:textAppearance="?android:attr/textAppearanceLarge"
24              android:text="Large Text"
25              android:id="@+id/textView1"/>
26
27          <TextView
28              android:layout_width="wrap_content"
29              android:layout_height="wrap_content"
30              android:textAppearance="?android:attr/textAppearanceSmall"
31              android:text="Small Text"
32              android:id="@+id/textView2"/>
33      </LinearLayout>
34  </LinearLayout>
```

STEP 06　請參考步驟 4 的做法，為「ListViewDemo 專案」新增一個
「MyListAdapter.java」檔案，並依據程式碼 8-20 完成其內容的
設計：

程式碼 8-20　MyListAdapter（ListViewDemo 專案）

```
1   public class MyListAdapter extends BaseAdapter
2   {
3       private Activity activity;
4       private ArrayList<MyListItem> itemList;
5
6       MyListAdapter(Activity activity, ArrayList<MyListItem> itemList)
7       {
8           this.activity = activity;
9           this.itemList = itemList;
10      }
11
12      @Override
13      public int getCount() {
14          return itemList.size();
15      }
16
17      @Override
```

```
18        public Object getItem(int position) {
19            return itemList.get(position);
20        }
21
22        @Override
23        public long getItemId(int position) {
24            return position;
25        }
26
27        @Override
28        public View getView(int position, View convertView,
29            ViewGroup parent) {
30            convertView = activity.getLayoutInflater()
31                .inflate(R.layout.layout_mylist_item, null);
32            ImageView img = (ImageView) convertView
33                .findViewById(R.id.imageView);
34            TextView tv1 = (TextView) convertView
35                .findViewById(R.id.textView1);
36            TextView tv2 = (TextView) convertView
37                .findViewById(R.id.textView2);
38            img.setImageResource(itemList.get(position).getImg());
39
40            String title = itemList.get(position).getDept();
41            title = title.substring(14, title.length()<35 ? title.length():35);
42
43            tv1.setText(title);
44            tv2.setText(itemList.get(position).getDeptURL());
45
46            return convertView;
47        }
48    }
```

STEP 07 現在請在「MyListViewActivity.java」中增加以下程式碼：

程式碼 8-20　MyListViewActivity.java（ListViewDemo 專案）

```
1    public class MyListViewActivity extends AppCompatActivity {
2        String[] deptURL;
3        String[] deptName;
4        LinearLayout ll;
5        ListView lv;
```

```
 6        ArrayList<String> alst;
 7        ArrayList<String> alsturl;
 8        ArrayList<MyListItem> itemList = new ArrayList<MyListItem>();
 9        MyListAdapter madt;
10
11        @Override
12        protected void onCreate(@Nullable Bundle savedInstanceState) {
13            super.onCreate(savedInstanceState);
14
15            ll = new LinearLayout(this);
16            ll.setOrientation(LinearLayout.VERTICAL);
17
18            lv = new ListView(this);
19
20            deptName = getResources().getStringArray(R.array.deptlist);
21            deptURL = getResources().getStringArray(R.array.deptURLlist);
22
23            for(int i = 0; i < deptName.length; i++)
24            {
25                MyListItem item = new MyListItem();
26                item.setDept(deptName[i]);
27                item.setDeptURL(deptURL[i]);
28                item.setImg(android.R.drawable.btn_star_big_on);
29                itemList.add(item);
30            }
31
32            madt = new MyListAdapter(this, itemList);
33            lv.setAdapter(madt);
34            lv.setOnItemClickListener(new AdapterView
35                .OnItemClickListener() {
36                @Override
37                public void onItemClick(AdapterView<?> parent, View view,
38                    int position, long id) {
39                    Intent it = new Intent(MyListViewActivity.this,
40                        DetailedDeptActivity.class);
41                    it.putExtra("deptName", deptName[position]);
42                    it.putExtra("deptURL", deptURL[position]);
43                    startActivity(it);
44                }
45            });
46
47            ll.addView(lv, new LayoutParams
48                (LayoutParams.MATCH_PARENT, 0, 1));
49            setContentView(ll);
50        }
51    }
```

要特別注意的是，此處我們所使用的 LayoutParams 是來自於
LinearLayout 套件中，所以請檢查在 MyListViewActivity.java 程式的
開頭處，是否有以下的程式碼：

```
import android.widget.LinearLayout.LayoutParams;
```

如此才能正確地載入並使用「android.widget.LinearLayout.Layout
Params」類別，請務必加以確認。

圖 8-9 為第八個按鈕的執行結果。

圖 8-9

ListViewDemo 專案
執行畫面（第八
個按鈕）。

至此，本章的「ListViewDemo 專案」已建立完成，其所示範的八個
按鈕及其應用已經大致涵蓋了 ListView 的各種可能的應用情境。希
望讀者可以好好研讀本章的內容，相信對於未來您設計 APP 應用程
式時，一定非常有幫助。

• 8-9 │ Exercise

Exercise 8.1

本章建立了一個用以展示 ListView 各種應用與程式設計情境的「ListViewDemo 專案」。請以此專案為基礎，保留絕大部份的設計，但請修改 MainActivit.java 與 layout_main.xml 檔案，把主畫面（8 個按鈕）的使用者介面，改為使用 ListView（其中有 8 個對應的項目）來重新設計使用者介面。當使用者在新的使用者介面中，點擊在 ListView 中的某個項目時，就會如同原本一樣開啟對應的 Activity。

Exercise 8.2

請使用動態介面方式，參考下圖建立一個可勾選的 ListView 用以顯示 1、2、3、…、99 和 100 共計 100 個整數，此外請在畫面上方使用一個 TextView 顯示「找出可以被 7 與 13 整除的數字」，並且在畫面下方放置一個顯示為「Submit」的按鈕。當使用者在該 ListView 中完成選擇並按下 Submit 後，請使用另一個 Activity 顯示結果（若該數字可被 7 與 13 整除則顯示正確，否則顯示不正確）。

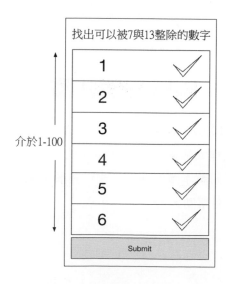

Exercise 8.3

請使用動態介面方式，參考下圖建立一個可以複選的 ListView 用以顯示 1、2、3、…、99 和 100 共計 100 個整數，此外請在畫面上方使用一個 TextView 顯示「找出所有介於 1 至 100 的質數」，並且在畫面下方放置一個顯示為「Submit」的按鈕。使用者必須在 ListView 中選擇所有介於 1 至 100 間的質數（只能被 1 以及本身所整除的數字），然後按下 Submit 後，由另一個 Activity 顯示結果（正確或不正確）。

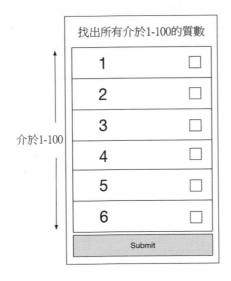

Exercise 8.4

設計一個簡單的 APP 應用程式，其專案名稱請命名為「Contacts」。此應用程式利用 ListView 顯示 10 筆以上的好友姓名（請自行準備相關資料），並在使用者點選特定好友之後，以另一個畫面顯示該名好友的詳細資料，其中也包含電話號碼並提供使用者撥號的功能。

09

Fragment

為了讓使用者介面的設計能有更多的彈性，Android 自 3.0（API
level 11）起導入了 Fragment[1]。Fragment 可以視為是模組化的
使用者介面，我們可以讓一個 Activity 視情況使用不同的 Fragment
（如圖 9-1 所示，一個 Activity 可以切換使用不同的 Fragment），也
可以讓一個 Fragment 提供給不同的 Activity 使用（如圖 9-2 所示，
一個 Fragment 可以供不同的 Activity 使用）。若再進一步配合適切的
Layout 方式，還可以讓 Fragment 可以視裝置的螢幕大小以及縱向或
橫向的螢幕方向，自動調整其大小及配置方式。

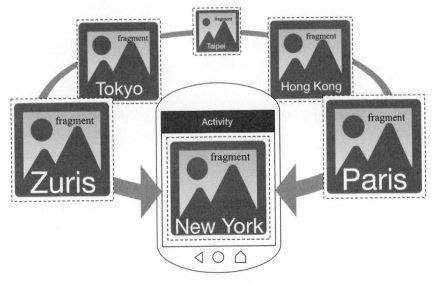

圖 9-1

一個 Activity 可以
切換使用不同的
Fragment。

註 1　Fragment 可譯做「片段」，但中譯對於其意義的理解沒有直接的幫
　　　助，因此本書將直接使用 Fragment，而不使用中譯。

圖 9-2

一個 Fragment
可以供不同的
Activity 使用。

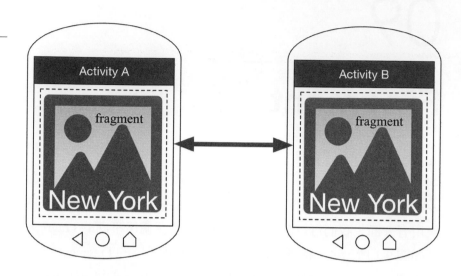

一個 Fragment 就像是一個模組（使用者介面的模組），一旦設計完
成就可以反覆地被不同的 Activity 使用。例如我們可以設計一個可
以顯示當前日期，並允許國曆與農曆切換的一個 Fragment，稱之為
TodayFragment，如圖 9-3 所示

圖 9-3

TodayFragment
執行的畫面。

(a) TodayFragment 顯示國曆日期　　　　(b)TodayFragment 顯示農曆日期

它可以透過在畫面右上角的選擇元件，選擇切換國曆或農曆的顯
示。此一事先設計好的 Fragment 不但可以供給多個 Activity 使用，
同時還可以視每個 Activity 的需要單獨、或是和其它 Fragment 共
同使用，例如圖 9-4 所示，其中我們可以看到這個已設計完成的
TodayFragment 可以單獨地被使用，也可以和其它 Fragment 搭配使
用，甚至可以在一個 Activity 中使用兩個以上的 Fragment，而且不
論縱向或橫向，它都能正確地顯示其樣貌。

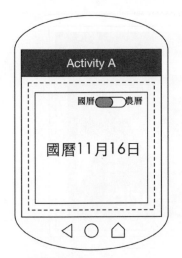

(a) 單獨使用 TodayFragment

(b) 搭配其它 Fragment 之一

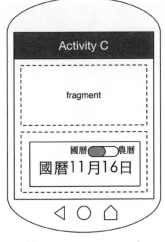

(c) 搭配不同 Fragment 之二

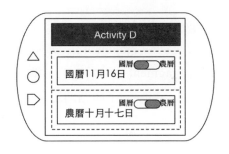

(d) 使用兩個 TodayFragment

圖 9-4

TodayFragment
搭配不同的 Activity
使用示意圖。

有時一個 Activity 會同時包含多個 Fragment，此時不同 Fragment 間
也是可以互動的；以圖 9-5 為例，在畫面左方的 Fragment 負責顯示
多個功能按鈕，並依據使用者的選擇，將對應的 Fragment 顯示在畫
面的右方。本節後續將就 Fragment 的生命週期，並且也實際示範
Fragment 的設計與應用。

在 Activity 中使用
兩 個 Fragment，
且它們之間可以
進行互動。

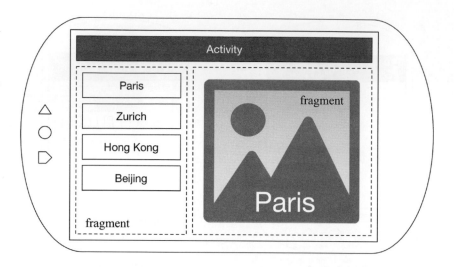

9-1 | Fragment 生命週期

Fragment 和 Activity 一樣擁有自己的生命週期，請參考由 Google 官
方所提供的 Fragment 生命週期圖（如圖 9-6）以及 Activity 生命週
期對 Fragment 生命週期的影響圖，您會發現其實 Fragment 的生命週
期與 Activity 的生命週期是有許多相似之處的。

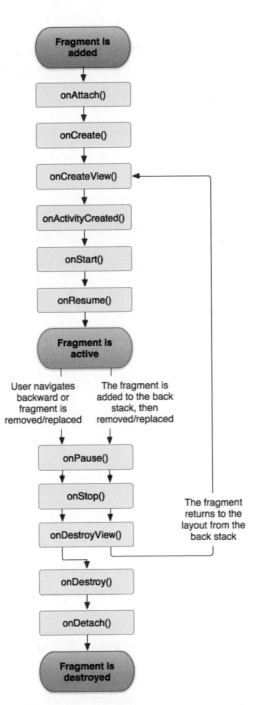

圖 9-6

Fragment 的生命
週期。

[圖片來源：https://developer.android.com/images/fragment_
lifecycle.png?hl=zh-tw]

我們曾在本書第四章的 4-1 節介紹過 Activity 會在其不同的生命週期階段，由 Andorid 作業系統來呼叫相關的 method 以進行對應的處理。同樣的情況也發生在 Fragment 上，以下我們彙整了與 Fragment 生命週期相關的 Callback method：

1. **onAttach()**：當 Fragment 被新增到 Activity 後，系統便會呼叫此 method，此時會將此 Fragment 所加入的 Activity 做為參數傳遞給它使用。

2. **onCreate()**：與 Activity 的 onCreate() 相似，當系統要建立 Fragment 時會呼叫此 method。

3. **onCreateView ()**：系統呼叫此 method，並透過 LayoutInflater 回傳使用者介面。

4. **onActivityCreated()**：當 Activity 的 onCreated() 成功執行後，系統便會呼叫此 method。

5. **onStart ()**：與 Activity 的 onStart() 相似，在 Fragment 建立後，且在變成可視階段前，系統會呼叫此 method。

6. **onResume ()**：當 Fragment 要進入可視階段以及和使用者進行互動前，會由系統呼叫此 method。

7. **onPause ()**：第一次離開 Fragment 時系統會呼叫此 method，該 Fragment 不會被移除，但使用者可能不會返回該 Fragment，因此開發者通常需要在此階段存取在應用程式中要保留的任何資訊。

8. **onStop ()**：與 Activity 的 onStop 相似，當 Fragment 被終止執行或者被其他活動遮蔽時，系統便會呼叫此 method。

9. **onDestroyView ()**：當使用者移除 Fragment 相關介面時，系統便會呼叫此 method。

10. **onDestroy()**：在 Fragment 終止前，系統會呼叫此 method，進行相關資源釋放。

11. **onDetach()**：當使用者將 Fragment 從 Activity 中移除後，系統便會呼叫此 method。

由於 Fragment 必須嵌入在 Activity 中使用，所以 Activity 的生命週期也會直接影響到其所包含的 Fragment 的生命週期（例如：當 Activity 暫停時，在所屬的 Fragment 也會一併暫停；當 Activity 被移除時，其所屬的 Fragment 也會一併被移除），請參考圖 9-7 以進一步瞭解 Activity 的生命週期對 Fragment 的生命週期的影響。

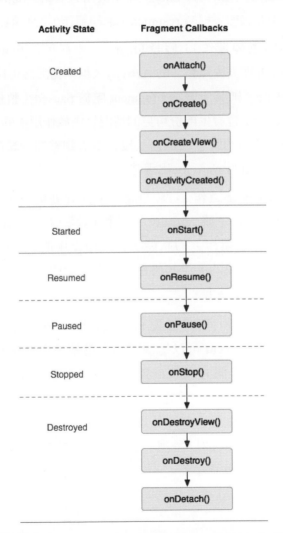

圖 9-7

Activity 生命週期對 Fragment 生命週期造成的影響。

[圖片來源：https://developer.android.com/images/activity_
fragment_lifecycle.png?hl=zh-tw]

綜合 Fragment 的生命週期與其和 Activity 的關係，每個 Fragment 都具有以下的三種狀態：

1. **resumed（繼續運作）**：當包含有 Fragment 的 Activity 目前是可見的（visible，意即在畫面上看得到的、執行中的 Activity，亦稱為取得焦點的 Activity）時，其所包含的 Fragment 也將處於執行中的狀態，稱為 resumed（繼續運作）的狀態。

2. **paused（暫停運作）**：假設 Fragment 所存在 Activity 不是目前作用中（亦即失去焦點）的 Activity，但卻仍部份可見（partially visible）時，則其所屬的 Fragment 處於 paused（暫停運作）的狀態。之所以會發生部份可見的情況是由於作用中的 Activity 可能處於半透明的狀態或是它並沒有覆蓋到整個螢幕的緣故（例如一個對話窗的 Activity 出現時）。

3. **stopped（停止運作）**：當 Fragment 所存在的 Activity 已停止或是 Fragment 從該 Activity 中被移除時，Fragment 將會處於 stopped（停止運作）的狀態。一個停止中的 Fragment 對使用者來說是不可見的，但其仍然存在於系統中，直到其所存在的 Activity 被刪除為止。

雖然在本章開始時，我們曾說 Fragment 是一種使用者介面的模組，但事實上 Fragment 可以扮演的角色遠超過只是做為使用者介面的模組[2]，因為一個 Fragment 還可以包含有程式碼，可算是一個「輕量級」的 Activity，且它必須要嵌入在 Activity 中才得以執行。本章後續將以在第六章介紹過的「Traveling 專案」為例，將其改以 Fragment 的方式加以呈現。請先依下列步驟準備好一個名為「FragmentDemo」的專案：

註 2　事實上，一個 Fragment 還可以完全不包含使用者介面，僅包含程式碼的部份。

☞請新增一個擁有「Empty Activity」的專案，其專案名為「Fragment Demo」，並包含有一個「MainActivity」以及「layout_main」檔案。我們將在本章後續內容中使用這個專案來進行演示。

9-2 │ 建立 Fragment

在開始進行整個專案的設計前，先讓我們試著建立一個 Fragment。讓我們把一些在「Traveling 專案」中的 Activity 改成使用 Fragment 進行設計，以「Traveling 專案」的 ParisActivity 為例，請依下列步驟將其開發為 ParisFragment!

☞**STEP 01** 請在「FragmentDemo 專案」的「Project 視窗」中，以滑鼠右鍵點選「Android | app」，並在彈出式的選單中選擇執行「New > Fragment > Fragment (Blank)」已為專案新增一個空白的 Fragment，請參考圖 9-8。

圖 9-8

為 Fragment Demo 專案新增一個 Fragment。

☞ **STEP 02** 在 新 增 此 Fragment 時，會 跳 出 一 個「New Android Component」的視窗，如圖 9-9 所示。請將其中的「Fragment Name」輸 入 為「ParisFragment」，並 把「Fragment Layout Name」輸 入 為「layout_fragment_paris」。在此設定中，還有一些選項，包含「include fragment factory methods?」與「include interface callback?」，這兩項都請不要勾選。完成後請按下「Finish」。

圖 9-9

設定新增的
Fragment。

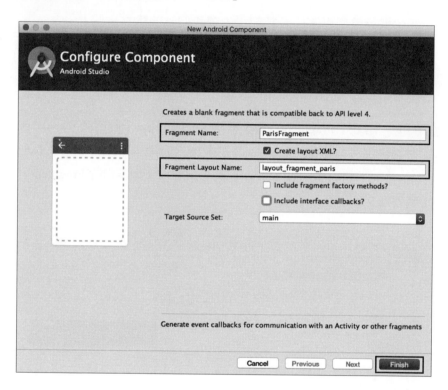

☞ **STEP 03** 現在已經完成此「ParisFragment」的新增，請參考程式碼 9-1 完成其程式碼的設計：

程式碼 **9-1**　ParisFragment.java（FragmentDemo 專案）

```
1   public class ParisFragment extends Fragment
2   {
3       @Override
4       public void onCreate(Bundle savedInstanceState) {
```

```
 5              super.onCreate(savedInstanceState);
 6      }
 7
 8      @Nullable
 9      @Override
10      public View onCreateView(LayoutInflater inflater, ViewGroup container,
11              Bundle savedInstanceState) {
12              return inflater.inflate(
13                          R.layout.layout_fragment_paris, container, false);
14      }
15  }
```

此程式和以往所使用的 Activity 不同，它是繼承自 Fragment 類別，
而不是以往所繼承的 AppCompatActivity，如第 1 行所示。並在第
10-14 行的「onCreateView()」method 中，透過 LayoutInflater 類別
來設定使用「layout_fragment_paris」來填充使用者介面（意即依
layout_fragment_paris.xml 的內容來完成使用者介面的配置）。

資 訊 補 給 站

在 Android SDK 的發展歷程中，原先是沒有提供 Fragment 類別，直到 Android 3（API
level 11）才開始支援 Fragment 類別。該類別為「android.app.Fragment」，是歸屬於
「android.app」套件。為了讓使用舊版 Android OS 的裝置也能得到 Android 3 以後才支
援的 Fragment，在 Android Support Library 中提供了另一個「android.support.v4.app.
Fragment」類別，它可以相容於舊版的裝置，不論是使用者的 Android 裝置是使用哪個版
本的 OS，都可以透過「android.support.v4.app.Fragment」類別得到 Fragment 的功能。

因此，除非您特別堅持您所開發的 APP 應用程式只想支援新版的 Android 裝置，那麼您
應該儘量使用「android.support.v4.app.Fragment」這個類別，儘量別使用不相容於舊版
裝置的「android.app.Fragment」類別。在預設的情況下，使用 Android Studio 新增的
Fragment 都是使用「android.support.v4.app.Fragment」（您可以在其類別的程式碼中
看到「import android.support.v4.app.Fragment」），同時本書所有範例都是以「android.
support.v4.app.Fragment」進行講解。

除了 Fragment 之外，有一些相關的類別也有同樣的情形，以下列舉本章所使用到的相關類別供您參考：

- android.support.v4.app.Fragment
- android.support.v4.app.FragmentManager
- android.support.v4.app.FragmentTranscation

☞**STEP 04**　接下來請開啟「layout_fragment_paris.xml」檔案，並依程式碼 9-2 完成其內容的設計：

程式碼 9-2　layout_fragment_paris.xml（FragmentDemo 專案）

```
1    <?xml version="1.0" encoding="utf-8"?>
2    <FrameLayout xmlns:android="http://schemas.android.com/apk/res/android"
3        xmlns:tools="http://schemas.android.com/tools"
4        android:layout_width="match_parent"
5        android:layout_height="match_parent"
6
7        <ImageView
8            android:layout_width="match_parent"
9            android:layout_height="match_parent"
10           android:layout_gravity="center"
11           android:src="@drawable/paris"
12           android:scaleType="centerCrop" />
13   </FrameLayout>
```

聰明的讀者看到程式碼 9-2 應該已經發現它的內容與第六章「Traveling 專案」的「layout_paris.xml」的內容其實是一模一樣的。沒錯，它們真的是一模一樣！因為雖然第六章是使用 Activity，而本章的「FragmentDemo 專案」是使用 Fragment，但是它們所顯示的畫面是相同的。

☞**STEP 05** 不過在前一步驟中所使用的 ImageView 元件所對應的圖形
檔尚未新增到此專案中，請使用檔案總管將本書隨附光碟中的
「photos」資料夾打開選取在其中的「paris.jpg」，然後以滑鼠右鍵選
擇「複製」功能[3]。再以滑鼠右鍵點選「Android | app > res >
drawable」，並在彈出式選單中，選取「Paste（貼上）」。這樣就完成
了圖形檔的新增動作。

☞**STEP 06** 現在請依照建立「ParisFragment.java」及「layout_fragment_
paris.xml」的方式，將其他景點的相關檔案建立起來（包含了
Zurich、Sacre、HongKong 與 Beijing），在每個程式與 Layout 中您
必須自行完成所須的修改。

至此，我們已建立好每個景點所對應的 Fragment，接著讓我們來建
立一個顯示選單的 Fragment 供使用者選擇景點。

☞**STEP 07** 請新增一個「layout_fragment_menu.xml」的 Layout，其內
容如下：

程式碼 9-3　layout_fragment_menu.xml（FragmentDemo 專案）

```
1   <?xml version="1.0" encoding="utf-8"?>
2   <LinearLayout xmlns:android="http://schemas.android.com/apk/res/android"
3       android:orientation="vertical" android:layout_width="match_parent"
4       android:layout_height="match_parent">
5
6       <ListView
7           android:id="@+id/listView"
8           android:layout_width="match_parent"
9           android:layout_height="match_parent"></ListView>
10  </LinearLayout>
```

註 3　Mac 系統為「拷貝」

☞**STEP 08** 接著請新增一個「MenuFragment.java」的 Java Class，其
程式碼如下：

程式碼 9-4　MenuFragment.java（FragmentDemo 專案）

```
1   public class MenuFragment extends Fragment
2   {
3       ListView listView;
4       String[] list = {"Paris", "Zurich", "HongKong", "Beijing"};
5       ArrayAdapter<String> listAdapter;
6
7       @Override
8       public void onCreate(Bundle savedInstanceState) {
9           super.onCreate(savedInstanceState);
10      }
11
12      @Nullable
13      @Override
14      public View onCreateView(LayoutInflater inflater, ViewGroup container,
15          Bundle savedInstanceState) {
16          View view = inflater.inflate(R.layout.layout_fragment_menu,
17                              container, false);
18
19          listView = (ListView)view.findViewById(R.id.listView);
20          listAdapter = new ArrayAdapter<String>(this.getActivity(),
21              android.R.layout.simple_list_item_1, list);
22          listView.setAdapter(listAdapter);
23
24          return view;
25      }
26  }
```

在程式碼 9-4 中，我們一樣讓 MenuFragment 繼承 Fragment，並
透過「onCreateView()」method 中的 LayoutInflater 類別來設定其
Fragment 對應畫面為「layout_fragment_menu」。

至此，我們已經將「FragmentDemo 專案」所需的 Fragement 都建立
完成，但是您還無法執行此專案；因為正如本章前面所提到的，每
個 Fragment 都必須嵌入在一個 Activity 中才能加以執行。請參考下
一小節的做法，完成所需的 Activity 設計。

9-3 | 將 Fragment 嵌入至 Activity

現在讓我們把前一小節所設計的 Fragment 嵌入到相關的 Activity 中，請依下列步驟進行：

STEP 01 請參考程式碼 9-5 完成「layout_main.xml」的介面設計：

程式碼 9-5   layout_main.xml（FragmentDemo 專案）

```
1  <?xml version="1.0" encoding="utf-8"?>
2  <LinearLayout xmlns:android="http://schemas.android.com/apk/res/android"
3      xmlns:tools="http://schemas.android.com/tools"
4      android:id="@+id/layout_main"
5      android:layout_width="match_parent"
6      android:layout_height="match_parent"
7      tools:context="com.example.junwu.fragmentdemo.MainActivity">
8
9      <FrameLayout
10         android:id="@+id/frameA"
11         android:layout_width="0dp"
12         android:layout_height="match_parent"
13         android:layout_weight="1"></FrameLayout>
14
15     <FrameLayout
16         android:id="@+id/frameB"
17         android:layout_width="0dp"
18         android:layout_height="match_parent"
19         android:layout_weight="1"
20         android:background=
21             "@android:color/darker_gray"></FrameLayout>
22  </LinearLayout>
```

程式碼 9-5 的設計，讓我們可以透過「layout_main」將兩個 Fragment 以及其對應的 Layout 呈現在兩個 FrameLayout 之中[4]。而我

註4   由於本章所使用的是在程式中載入相關的 Fragment，所以使用 FrameLayout 加以設計，並在程式執行時，將所需的 Fragment 載入；但若是您想要固定使用特定的 Fragment 也可以在此處直接指定。

們先將「frameB」的背景顏色設定為「darker_gray」，這樣我們就可
以輕易觀察出兩個 Framgent 的位置，其介面如圖 9-10 所示。

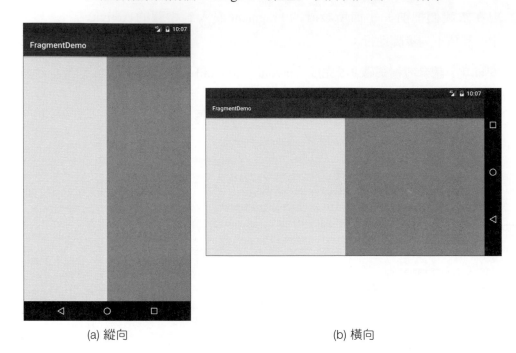

(a) 縱向　　　　　　　　　　　　　　　(b) 橫向

圖 9-10　layout_main.xml 的設計結果。

在 Activity 中使用 Fragment 的好處就是能夠在同一個 Activity 中
新增、替換、移除不同的 Fragment，這些操作可以透過 Fragment
Manager 類別的 FragmentTransaction 類別來完成。我們可以透過
Activity 的「getSupportFragmentManager()」[5] method 來 取 得 它 的
FragmentManager。然 後 再 透 過 FragmentManager 類別的「begin
Transaction()」取 得 其 FragmentTransaction 類別的物件，就可
以對 Fragment 進行相關操作，最後當操作完成後還必須呼叫

註 5　除了 getSupportFragmentManager() 外，還有一個 getFrgamentManager() 可
　　　以使用，不過兩者回傳的類別型態不同；getSupportFragmentManager()
　　　回傳的是 android.support.v4.app.Fragment，但 getFragmentManagement()
　　　回傳的是 android.app.Fragment 類別。

「commit()」method 才能讓操作生效。而當開發者要在 Fragment 中
取得 Activity 的執行個體時，則可以呼叫 Fragment 中的 getActivity()
來對 Activity 進行所需動作。

☞ **STEP 02** 請參考程式碼 9-6，在「MainActivity.java」中的「onCreate()」
完成相關 Fragment 的嵌入設定 ─ 分別把「layout_main」中的「frame
A」與「frameB」設定為「MenuFragment」與「ParisFragment」：

程式碼 9-6 修改 MainActivity.java 的「onCreate()」method（FragmentDemo 專案）

```
1   @Override
2   protected void onCreate(Bundle savedInstanceState) {
3       super.onCreate(savedInstanceState);
4       setContentView(R.layout.layout_main);
5
6       FragmentManager fm = getSupportFragmentManager();
7       FragmentTransaction ft = fm.beginTransaction();
8       MenuFragment mf = new MenuFragment();
9       ft.replace(R.id.frameA, mf);
10
11      ParisFragment pf = new ParisFragment();
12      ft.replace(R.id.frameB, pf);
13      ft.commit();
14  }
```

在程式碼 9-6 中，我們透過第 6-9 行以及第 11-13 行來將 Menu
Fragment 與 ParisFragment 載入，其中第 9 行透過 FragmentTransaction
將我們 MenuFragment 載入「frameA」，並且在第 12 行將「frameB」
載入了「ParisFragment」，最後在第 13 行將此兩項操作進行
「commit()」，以讓此兩項設定生效，其執行結果如圖 9-11 所示。

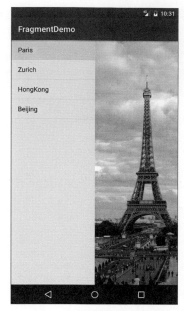

(a) 縱向　　　　　　　　　　　　　　　(b) 橫向

圖 9-11 將 **MenuFragment** 與 **ParisFragment** 嵌入到 **Main Activity** 中。

現在我們已經知道如何使用 Activity 中的 FragmentManager 來切換不同的 Fragment，接著我們就繼續把放入「frame A」的「MenuFragment」中所有選項的功能完成吧。

☞ STEP 03 請參考程式碼 9-8，將「MenuFragment.java」的「onCreate View()」method 的程式碼完成。

程式碼 9-8　MenuFragment.java（FragmentDemo 專案）

```
1   public View onCreateView(LayoutInflater inflater, ViewGroup container,
2                       Bundle savedInstanceState) {
3       View view = inflater.inflate(
4                       R.layout.layout_fragment_menu, container, false);
5
6       listView = (ListView)view.findViewById(R.id.listView);
7       listAdapter = new ArrayAdapter<String>(this.getActivity(),
8               android.R.layout.simple_list_item_1, list);
9       listView.setAdapter(listAdapter);
```

```
10          listView.setOnItemClickListener(
11                          new AdapterView.OnItemClickListener() {
12              @Override
13              public void onItemClick(AdapterView<?> parent,
14                              View view, int position, long id) {
15                  switch (position)
16                  {
17                      case 0:
18                          ParisFragment paris = new ParisFragment();
19                          getFragmentManager().beginTransaction()
20                                  .replace(R.id.frameB, paris).commit();
21                          break;
22                      case 1:
23                          ZurichFragment zurich = new ZurichFragment();
24                          getFragmentManager().beginTransaction()
25                                  .replace(R.id.frameB, zurich).commit();
26                          break;
27                      case 2:
28                          HKFragment hk = new HKFragment();
29                          getFragmentManager().beginTransaction()
30                                  .replace(R.id.frameB, hk).commit();
31                          break;
32                      case 3:
33                          BeijingFragment beijing = new BeijingFragment();
34                          getFragmentManager().beginTransaction()
35                                  .replace(R.id.frameB, beijing).commit();
36                          break;
37                  }
38              }
39          });
40      return view;
41  }
```

和在「MainActivity.java」一樣，我們透過 FragmentTransaction 將
事件對應的 Fragment 嵌入至「frameB」，只是我們直接呼叫了函
式，而不再使用「new」來產生新的物件，不過最後還是一樣要呼叫
「commit()」來讓其設定生效。

至此，「FragmentDemo 專案」已全部完成，請編譯並執行此專案，
看看 Fragment 為您的程式帶來了什麼樣的不同？圖 9-12 是此專案完
整的執行畫面，請把它和您所自行做的練習進行比對。

(a) 啟動後以及點選 Paris 後的畫面

(b) 點選 Zurich 後的畫面

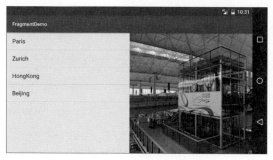

(c) 點選 Hong Kong 後的畫面

(d) 點選 Beijing 後的畫面

圖 9-12　FragmentDemo 專案的執行結果（僅列出橫向之畫面）。

9-4 │ Exercise

Exercise 9.1

請將第三章「Calculator 專案」按鍵設計成兩個 Fragment，供使用者切換。例如可區分為簡單版與進階版，將只有數字鍵與基本的加、減、乘、除等運算符號所組成的鍵盤設計為一個「簡單版」的 Fragment，另外設計一個包含有三角函數、指數、對數等的一個「進階版的 Fragment。您還必須提供切換的方式，供使用者切換（例如縱向時呈現簡單版，轉為橫向時切換為進階版）。

Exercise 9.2

請設計兩個有嵌入 Fragment 的 Activity，如下圖所示。其中可以
透過點擊「Change」來切換「ActivityA」及「ActivityB」。由於
Fragment A 已有一個「Change」按鈕可供辨識，所以不需要再特別
設計其使用者介面；但是您應在提供 Fragment B 的使用者介面設
計，以幫助我們辨識（例如在其中加入一個顯示「Fragment B」的
TextView）。

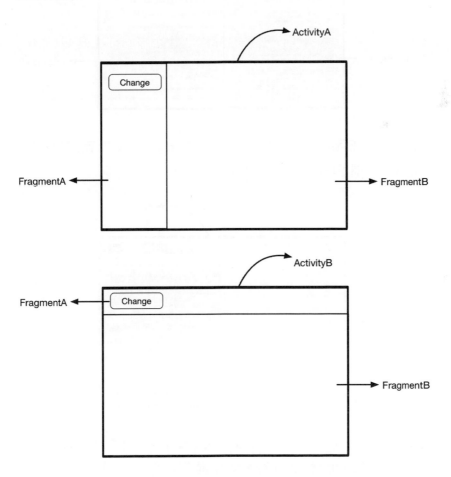

Exercise 9.3

請試著將第八章的「ListViewDemo 專案」修改成如下圖呈現方式：

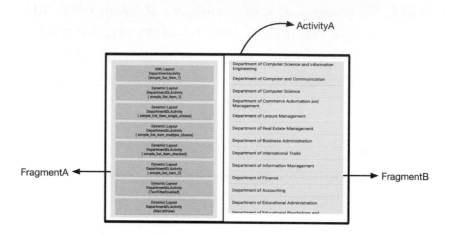

當使用者點選系所選單的項目後，則讓 FragmentA 顯示系所選單、FragmentB 顯示使用者所選擇的系所網頁。

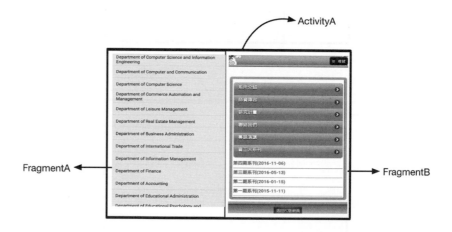

當使用者點選返回時，則讓 fragmentA 顯示為原本的 ListView 樣式選單、FragmentB 顯示回原本的系所選單。

10

HTTP 網路應用

Android 的 APP 應用程式最讓人激賞的一點就是它可以整合網路上的各種服務與資源，而這一點也成為了現今 APP 應用程式的主流應用之一。Android SDK 已經提供了一些類別，可以幫助我們實現在 APP 中存取網際網路的資源。本章將在 10-1 節先就 HTTP 協定的基礎做一簡介，然後再針對如何存取 Web 網站上的資源進行演示，其中在 10-2 節將介紹「HttpURLConnection」這個類別的簡易應用，並在 10-3 介紹如何使用 AsyncTask 類別來執行非同步任務。然後在 10-4 節將示範如何設計可以從遠端的 web server 上取回網頁的方法，並在最後 10-5 節示範一個整合應用的例子 — 從 Web 網站上取回網頁並使用 ListView 將結果呈現在 APP 應用程式中。相信透過本章的介紹與範例的講解，各位聰明的讀者將可以自行在您的 APP 應用程式之中使用來自網路的各種服務與資源。

10-1 | HTTP 通訊協定

World wide web（全球資訊網，簡稱為 WWW 或是 web）在架構上可概分為伺服（server）與客戶（client）兩端，其中在伺服端及客戶端上執行的軟體又分別被稱為 web server（伺服器）與 web browser（瀏覽器）。Client 端的 web broswer 可以幫助使用者對伺服端的 web server 下達命令要求，至於在 Server 端的 web server 則可以對傳遞過來的使用者命令做出適當回應；此處的回應通常是把在 Server

端上的網頁與其相關的檔案傳回給 Client 端，再由 web broswer 負責將所取得的網頁呈現出來。

至於在 web browser 與 web server 兩端之間的命令傳遞以及回應，是依據 Hypertext Transfer Protocol（超本文傳輸協定，縮寫為 HTTP）來進行的，只要是遵循 HTTP 通訊協定所開發的 web browser 與 web server 都可以互相溝通。請參考圖 10-1，client 端的 web browser 可以透過網際網路連接上在遠端的 web server；一旦連結建立起來後，您就可以想像在 web browser 與 web server 間，存在著一個虛擬的管道可以讓雙方進行雙向的傳遞資料。當然，在此虛擬管道中所進行的資訊傳遞必須符合 HTTP 通訊協定的規定。

圖 10-1

Web 架構示意圖。

現在讓我們更深入的來看看，HTTP 通訊協定運作的過程。請參考圖 10-2，web client 端與 web server 的互動是從 client 端開始的。首先 client 端會嘗試看看 web server 主機是否可成功地連結，此階段稱為 client connection。當在連結成功後，client 端就會接著送出「request（要求）」，此階段被稱為 client requesting。當 web server 收到此要求後，它就會將回應的資料準備好並傳遞給 client 端，此階段稱為 server response。最後，當 web serer 將所有要傳送的資料傳送完畢後，此一連結便會被切斷，至此完成了一個典型的 HTTP 連結、要求與回應程序。

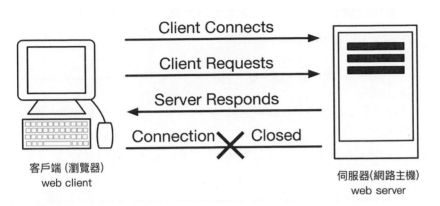

圖 10-2

HTTP Paradigm。

客戶端 (瀏覽器)
web client

伺服器(網路主機)
web server

這些 HTTP 的程序都被設計良好的 web broswer 隱藏了起來，所以平常使用者是不會注意到這些運作過程的。現在，讓我們來使用 telnet[1] 來演示一遍 HTTP 的連結、要求與回應程序。以下的步驟將以交通部臺灣鐵路管理局的官網為例，進行相關的操作示範（您也可以自行連結到其它網站進行操作）：

STEP 01 請在您的系統上開啟一個終端機（terminal）[2]，並請輸入下列命令：

```
telnet www.railway.gov.tw 80
```

此命令是使用 telnet 來連結「www.railway.gov.tw」這台主機（交通部臺灣鐵路管理局網站）的 80 號 port，也就是 web server 所預設使用的 port 號。如果順利連結成功的話，您應該會看到以下的輸出：

```
Trying 210.241.82.138...
Connected to www.railway.gov.tw.
Escape character is '^]'.
```

註 1　telnet 是常見的網路連結方式之一，普遍用於遠端工作站的連接與操作。

註 2　如果在 Windows 系統，則請開啟「命令提示字元」程式。

這表示您已經順利連結到了交通部臺灣鐵道管理局的網站,也就是已經完成了「connection」的階段。

資 訊 補 給 站

如果您使用的是 Windows 系統,由於其預設並未提供 telnet 指令,您必須依照下列步驟在 Windows 系統裡啟動 telnet 指令的支援。

1. 在桌面左下角的開始按鈕處點擊滑鼠右鍵,並在彈出式選單中選擇「程式和功能」,您應該可以看到如圖 10-3 的畫面。

圖 10-3　程式和功能的設定畫面。

2. 請在「程式和功能」視窗的左側，選擇「開啟或關閉 Windows 功能」，您應該可以看到如圖 10-4 的畫面。

圖 10-4　開啟或關閉 Windows 功能設定畫面。

3. 請選擇勾選其中的「Telnet 用戶端」，然後按下「確定」後就可以完成 telnet 功能的啟用。

☞ **STEP 02**　請接著輸入以下的 HTTP 命令[3]：

註 3　如果您是在 Windows 系統的「命令提示字元」中使用 telnet，那麼您需要以「盲打」的方式才能完成 HTTP 要求的輸入；因為當您在 telnet 中輸入 HTTP 要求時，您將不會看到您所輸入的字元，不過只要您所輸入的命令是正確的，它仍然可以正常執行。同樣的問題在 Unix/Linux/Mac 系統內並不存在，您可以「看到」您所輸入的 HTTP 要求。

```
GET /tw/index.html HTTP/1.0
```

或是

```
GET /tw/index.html HTTP/1.1
Host:localhost
Connection:close
```

不論您使用上述哪一個方式，我們都是要送出一個要求以取回在 www.railway.gov.tw 網站上的「/tw/index.html」檔案 [4]。當您輸入完成後還要記得再按下兩次「Enter」，才能完成此 HTTP 的要求，並送出給 web server 端。

其實這兩個方式的差別在於使用的是 HTTP 1.0 或是 1.1 的通訊協定。當您使用 HTTP 1.1 時，還必須給定「Host」與「Connection」這兩個選項，其中 Host 我們設定為「localhost」，表示要將資料取回至本地端；至於 Connection 的部份我們設定為「close」，表示取回資料後要關閉連線。

如果一切順利的話，您應該可以看到以下的輸出結果：

```
HTTP/1.1 200 OK
Content-Type: text/html
Last-Modified: Wed, 09 Nov 2016 18:11:00 GMT
Accept-Ranges: bytes
ETag: "6f876da0b43ad21:0"
X-Powered-By: ASP.NET
Date: Wed, 09 Nov 2016 18:11:55 GMT
Connection: close
Content-Length: 136751
Set-Cookie: TS787df6=c93abc5111b1ac32669a4041730e8972b31a8825ff0d6d535823631f;
```

註4　您也可以使用瀏覽器來連結「http://www.railway.gov.tw/tw/index.html」，看看會得到什麼結果。

```
Path=/
Set-Cookie: f5_cspm=1234;
Set-Cookie: TS01fcb82e=01fe3ebf688ee4f82834b11842f861da2d6aeb16a5685e146d33fe
4b2cdf6e7726f132b5c5d0c4aad7e2e6954ededb9c7972a3210ae1c00fdf6080eab2b4394bd9
be014e35; Path=/
Set-Cookie: f5avrbbbbbbbbbbbbbbbbb=PHEFHECMFMDLGIHPKIMEBGHJIGNCOEDBEIOGGLFLGDBD
CLCMLLACIGGABDGADNDICGPPMCINGJAIKIBKKGDBLBPACJNHPEIGNPNGJKPALPHGGLBMDCOIAHNCF
EABDNLM; HttpOnly
Set-Cookie: f5_cspm=1234;


<!DOCTYPE html PUBLIC "-//W3C//DTD XHTML 1.0 Transitional//EN" "http://www.
w3.org/TR/xhtml1/DTD/xhtml1-transitional.dtd">
<HTML>
        <HEAD>
                <title> 交通部臺灣鐵路管理局 </title>
                <meta http-equiv="Content-Type" content="text/html;
charset=utf-8">
                <LINK href="css/index_submenu.css" type="text/css"
rel="stylesheet">
...
（為節省篇幅以下省略）
```

在上述的輸出中，一開始 web server 會先依照 HTTP 通訊協定的規定傳回關於回傳內容的描述，包含了 web server 所使用的 HTTP 版本（此例為 1.1 版）、內容格式（此例為文字格式的 HTML 內容）、該內容的最後修改日期以及 cookie 等相關資訊，然後就會開始將您所要求的「www.railway.gov.tw/tw/index.html」檔案內容傳回。待傳送結束後，此次在 web client 端與 web server 端間的連結也就結束（待下次 client 端再進行 connection（連線）時才會再次連結）。本章後續將使用 HTTP 通訊協定，至特定網站上取回其 HTML 檔案內容，並進行相關的資料處理。

10-2　使用 HttpURLConnection 取得網站資源

在 Android SDK 中，有兩個類別可以幫助我們與 web server 進行 HTTP 通訊，分別是「HttpClient」與「HttpURLConnection」。然而，自 API level 22 後就取消了對於「HttpClient」的支援，因此本書將僅針對「HttpURLConnection」加以介紹。

「HttpURLConnection」其實是屬於 JDK 類別庫的成員之一，並不是 Android SDK 所專屬的類別。您可以參考 JDK 的文件，以瞭解 HttpURLConnection 類別的進一步資訊[5]，但您應該會立刻發現一件事：HttpURLConnection 是一個 abstract class！換句話說，我們不能夠直接產生 HttpURLConnection 類別的物件（也就是不能 new 出屬於 HttpURLConnection 類別的物件實體），例如下列的程式是不正確的：

```
HttpURLConnection connection = new HttpURLConnection();
```

因為一個 abstract class 是不能產生物件實體的，所以上面這一行程式碼連編譯都不會通過！如果您真的需要產生 HttpURLConnection 類別的實體，您必須將其中的幾個 abstract method 全部加以實作，包含了「disconnect()」、「usingProxy()」與「connect()」三個 method，同時您所提供的實作必須要能幫助我們順利地使用 HTTP 通訊協定來連結到 web server 並存取其上的相關資源。但是您真的知道該如何進行嗎？就算知道，這樣使用起來不是非常地麻煩嗎？如此不方便的 HttpURLConnection 類別，您還會想要使用嗎？

註 5　請參考 https://developer.android.com/reference/java/net/HttpURLConnection .html。

其實一點都不用擔心，這一切 JDK 都已經幫我們規劃好了！雖然我們是要使用 HttpURLConnection 類別的物件來進行對於遠端的 web server 之連結與存取操作，但不是需要自己去產生其物件實體；在 JDK 當中，有其它類別的物件負責產生 HttpURLConnection 類別的物件，其使用方式不但簡單而且還非常合理。假設我們想要透過 HttpURLConnection 類別的物件，來存取位於屏東大學網站上的最新消息（網址為 http://www.nptu.edu.tw/files/502-1000-1000-1.php?Lang=zh-tw），那麼可以使用下列方式進行：

1. 先使用 java.net.URL 類別的物件來表達我們想要連結的網址，例如：

```
URL url =
    new URL ("http://www.nptu.edu.tw/files/502-1000-1000-1.php?Lang=zh-tw");
```

2. 接下來，您可以透過剛才前一步驟中的 url 物件（URL 類別的物件）來取得一個 HttpURLConnection 類別的物件！請參考以下的程式碼：

```
HttpURLConnection  connection = (HttpURLConnection) url.openConnection ();
```

在上述的做法中，我們先使用 URL 類別的物件來設定所要連結的網址，然後再透過其「openConnection()」method 就可以取得一個 HttpURLConnection 類別的物件了。原來是這樣啊！不需要自己產生物件，而是透過 URL 類別的物件來取得 HttpURLConnection 類別的物件啊！後續我們將繼續說明 HttpURLConnection() 的使用方式與相關細節。

一旦我們取得了 HttpURLConnection 類別的物件，就等於在 APP 應用程式與遠端的 web server 間建立了一個管道 (也就是一個 connection、一個連結)；並且這是一個 HTTP 的管道，意即該管道是以 HTTP 通訊協定所建立的，我們可以在此管道中使用 HTTP 通訊協定來和遠端的 web server 溝通（就好比我們在 10-1 小節所做的示範一樣）。現在，讓我們利用前面剛剛取得的 HttpURLConnection 類別的物件「connection」來進行一些示範：

```
connection.setRequestMethod("GET");
connection.setReadTimeout(15000);
connection.connect();
```

此處我們透過此管道（也就是名為 connection 的 HttpURLConnection 類別的物件），去設定所要下達的命令為 GET [6]，也就是使用「setRequestMethod("GET")」；並且以「setReadTimeout(15000)」設定其回應的時限為 15 秒（其單位為 tick，1000 個 ticks 約等於 1 秒鐘），以避免因網路問題或其它狀況，使得我們無止境地持續等待所要求的資源（經此設定後，若是超過我們所設定的時間還無法取得所需的資源時，就會結束等待）。最後，我們使用「connect()」去進行連結，然後我們就可以透過其「getInputStream()」method 取得一個 input stream，其後就可以使用一般 Java 語言使用 input stream 的方式，來取得來自遠端 web server 的資源。請參考下面的程式碼：

```
BufferedReader reader =
     new BufferedReader(new InputStreamReader(connection.getInputStream()));

StringBuilder stringBuilder = new StringBuilder();

String line = null;
while ((line = reader.readLine()) != null) {
    stringBuilder.append(line + "\n");
}

String webpage = stringBuilder.tostring();
```

註 6　如同我們在 10-1 小節所示範的一樣，不過 HTTP 通訊協定除 GET 外，還支援 POST、HEAD、PUT、PATCH、DELETE 等指令。有興趣的讀者可以參閱 https://www.w3.org/Protocols/rfc2616/rfc2616-sec9.html。

在上述的程式碼中，我們以「connection.getInputStream()」取回 input stream 建立一個 InputStreamReader，並且再據以建立一個 BufferedReader。接著就透過此 BufferedReader 的「readLine()」method 逐一地將其所對應的 web server 上的網頁一行一行地讀入，並放入到一個 StringBuilder 的物件中。最後我們宣告了一個名為「webpage」的字串物件，並將 StringBuilder 的物件轉換為字串後放入 webpage 中。至此，webpage 字串的內容就是在遠端 web server 上的網頁內容。

雖然我們已經瞭解如何使用 HttpURLConnection 類別來取得在遠端 web server 上的網頁，但是您還不能直接在 APP 應用程式中使用這個類別，因為自 Andorid 4.0 後，其規定我們不可以在 APP 應用程式的主執行緒（Main Thread）中進行網路的存取（當然也包含 HttpURLConnection 的使用）。我們將在下一個小節中說明該如何在主執行緒以外，採用多執行緒的方式來與主執行緒同時執行存取網路的工作。

● 10-3 │ 使用 AsyncTask 執行網路任務

通常一個程式的執行只有一個主要的動線，我們將其稱之為主執行緒（Main Thread），如果想要讓您的程式可以同時執行多個任務，就需要使用多個執行緒的方式來完成，我們將其稱之為多執行緒程式設計（Multithreaded programming）。例如您可以有一個執行緒負責下載檔案，另一個執行緒則用以顯示下載的進度。當然比起單一執行緒，多執行緒的程式設計自然複雜許多，對於許多初學者來說不是一件容易掌握的程式設計技能。

承襲自 Java 語言的 Android SDK 中當然也有關於多執行緒的類別（例如 java.lang.Thread 等）可供我們使用，但更棒的是 Android SDK 中還提供了一些非常容易使用的類別可以幫助我們進行多執行緒的程式設計。本節要介紹的 AsyncTask 類別[7]就是其中之一，可用以進行非同步的任務[8]。自 API level 3 起開始支援的 AsyncTask 類別，幾乎可以在目前市面上所有的 Android 裝置上執行。尤其是從 Android 4 開始，APP 應用程式不允許在主執行緒中進行網路相關的存取工作，以多執行緒方式來進行網路存取是必要的做法。在此情況下，使用 AsyncTask 類別來進行網路存取的任務，相對來說將會簡單許多。

AsyncTask 類別有四個重要的 method，分別說明如下：

1. **onPreExecute()**：負責進行在非同步任務開始前要執行的工作，您可以將其視為是開始前的準備工作。

2. **doInBackground()**：此 method 就是我們想要執行的非同步任務，您應該把想要與主執行緒同時執行的工作放在此 method 中。

3. **onProgressUpdate()**：用以顯示非同步任務執行的進度。

4. **onPostExecute()**：當非同步任務執行完成後，所要進行的收尾工作。

若要使用 AsyncTask 類別來執行要與主執行緒同時執行的非同步任務，您必須先取得一個 AsyncTask 類別的物件實體，但是 AsyncTask 是一個抽象類別，所以您不能直接產生它的物件實體，您必須先建立一個它的子類別（又稱為衍生類別）然後才能用以產生物件實體。此外，AsyncTask 還被設計為一個泛型（generic）類別，我們可以透過建立其子類別時，給定三項型態以決定要在與主執行緒同時執行的非同步任務的傳入參數、執行時回傳的資料，以及結束時要傳回的資料之型態，分別說明如下：

註7　詳細資訊可參考 Android Developers 網站（https://developer.android.com/reference/android/os/ AsyncTask.html）以取得進一步資訊。

註8　非同步（asynchronize）意指不同的任務可以同時地執行。

1. **Params**：要傳遞給「doInBackground()」的參數之型態。

2. **Progress**：定義非同步任務在執行過程中所傳回的資料之型態。這是透過定義傳遞給「doProgressUpdate ()」method 的參數之型態而達成的。

3. **Result**：非同步任務完成後所傳回的資料之型態。這是透過定義傳遞給「doPostExecute ()」method 的參數之型態而達成的。

現在，我們在程式碼 10-1 提供一個 AsyncTask 子類別的例子，其中使用了 10-2 小節所介紹的 HttpURLConnection 類別，來示範如何以多執行緒的方式來存取一個在遠端 web server 上的網頁（為簡化起見，此處我們僅實作其中的 doInBackground() 與 doPostExecute() 這兩個 method）。

程式碼 10-1　AccessInternet 類別定義（繼承自 AsyncTask 類別的子類別）

```
1   class AccessInternet extends AsyncTask<URL, Void, String> {
2       @Override
3       protected String doInBackground(URL ... urls) {
4           BufferedReader reader = null;
5           StringBuilder stringBuilder;
6
7           try {
8               HttpURLConnection connection =
9                       (HttpURLConnection) urls[0].openConnection();
10              connection.setRequestMethod("GET");
11              connection.setReadTimeout(15 * 1000);
12              connection.connect();
13              reader = new BufferedReader(new InputStreamReader(
14                                  connection.getInputStream()));
15              stringBuilder = new StringBuilder();
16              String line = null;
17              while ((line = reader.readLine()) != null) {
18                  stringBuilder.append(line + "\n");
19              }
20              return stringBuilder.toString();
21          } catch (Exception e) {
22              return e.toString();
23          } finally {
```

```
24              if (reader != null) {
25                  try {
26                      reader.close();
27                  } catch (IOException ioe) {
28                      return ioe.toString();
29                  }
30              }
31          }
32      }
33
34      @Override
35      protected void onPostExecute(String result) {
36          System.out.println (result);
37      }
38  }
```

如同第 1 行所顯示的，基本上程式碼 10-1 所實作的是一個繼承自 AsyncTask 類別的子類別（因為 AsyncTask 是一個抽象類別，所以我們必須先繼承自它才能用來執行與主執行緒同時執行的非同步任務），其名稱為 AccessInternet。我們在定義此類別時，透過泛型的方式傳入了三個型態的定義，分別是 URL、Void 與 String；其中的 URL 與 Stirng 分別代表了要傳遞給 doInBackground() 與 doPostExecute() 的參數型態，至於 Void 則定義為要傳遞給 doProgressUpdate() 的參數之型態（不過此例中並沒有使用 doProgressUpdate()，所以將其定義為 Void，表示沒有參數[9]）。接下來，我們分別在第 3-32 行與第 34-37 行定義了 doInBackground() 與 doPostExecute() 的實作。

在 doInBackground() 的實作方面，第 3 行「protected String doInBackground(URL ... urls)」中的「URL ... urls」就是該 method 的傳入參數定義，表示我們將傳入一個或多個 URL 類別的物件給

註9　由於此處是要表示其參數的型態，所以不可以使用代表沒有值的「void」，而是必須使用代表沒有物件型態的「Void」。

doInBackground() 使用，您可以使用 urls[i] 來表示其所傳入的第 i 個
URL 類別的物件 [10]。由於在我們打算將所要存取的網頁之網址，以
URL 類別的物件來傳遞給 AccessInternet 類別的物件來進行存取，
例如我們要存取屏東大學網站上的最新消息網頁，可以使用下列的
程式碼完成：

```
URL url =
    new URL ("http://www.nptu.edu.tw/files/502-1000-1000-1.php?Lang=zh-tw");

AccessInternet ai = new AccessInternet ();
ai.execute(url);
```

此處先宣告了這個我們要存取的網頁為一個 URL 類別的物件，
並在產生物件時將屏東大學最新消息的網址傳給它的建構函式。
然後再以我們所定義的 AccessInternet 類別來產生一個物件實體
ai，並透過它的 execute() method 來啟動這個存取網頁的非同步任
務。請注意我們是在呼叫這個 execute() method 時，將網址的物
件 url 傳入給 AccessInternet 類別的物件 ai，且 ai 物件會在呼叫其
doInBackground() 以啟動非同步任務時，將此處所得到的 url 參數傳
遞給它使用。

由於 ai 物件在呼叫 doInBackground() 時，僅傳入了一個 url 物件，
但是依據 AsyncTask 類別的規範，我們在程式碼第 3 行必須將
doInBackground() 宣 告 為「String doInBackground(URL ... urls)」， 也
就是讓它可以接收多個 URL 類別 [11] 的物件 [12]；所以 AccessInternet 類

註 10　此處的 i 表示陣列中的索引值，其值是從 0 開始。

註 11　由於 AsyncTask 類別採用泛型的方式定義相關的參數型態，如果您
　　　　不想要傳入多個 URL 類別的物件，而是想要傳遞多個其它類別的物
　　　　件，那麼只要透過泛型方式定義即可。

註 12　由於 AsyncTask 類別採用泛型的方式定義相關的參數型態，如果您
　　　　不想要傳入多個 URL 類別的物件，而是想要傳遞多個其它類別的物
　　　　件，那麼只要透過泛型方式定義即可。

別的 doInBackground() 是透過 urls[0] 來取得我們所傳入網址,這也正是程式碼 10-1 中的第 9 行所使用的方法:透過 urls[0] 的 openConnection() method 來取得 HttpURLConnection 的物件實體,其後的第 10-12 行就是如我們在 10-2 小節中所說明過的,採用 GET 方式與 15 秒的逾時設定,並進行連結。第 13-19 行的程式碼,也如 10-2 小節所說明過的一樣,透過 HttpURLConnection 的物件實體取得連結到遠端 web server 上的網頁的 InputStream,然後透過 BufferedReader 類別來將網頁的內容逐行取回,再以 StringBuilder 類別的物件將這些內容保存起來。最後,當網頁內容全部接收回來後,第 20 行就將其內容傳回。AccessInternet 類別的 ai 物件,在執行完 doInBackground() 後,就會呼叫 doPostExecute() 並將此字串傳遞給它。

後續的第 21-31 行,則是負責進行與前面的 try 對應的 catch 與 finally 的處置;其中的 finally 部份(也就是第 24-30 行的部份),主要是將 BufferedReader 類別的物件加以關閉。至於在第 34-37 行的部份,則是 doPostExecute() 的實作,其得到由 doInBackground() 所取回的字串(也就是網頁內容)後,就將其內容加以輸出。

至此我們完成了 AccessInternet 類別的 doInBackground() 與 doPostExecute() method 的實作。在下一節中,我們將進一步示範如何將這個 AccessIntrnet 類別應用在 Android APP 應用程式的設計中(當然,我們還會稍微地修改此類別的內容)。

● 10-4 │ 取回 Web Server 上的網頁內容

請先依照以下的步驟建立一個名為「HTTPDemo」的專案,並設計主畫面的內容:

☞ **STEP 01** 請先建立一個名為「HTTPDemo」的專案,並使用「Empty Activity」建立「MainActivity.java」與「layout_main.xml」檔案。

☞ **STEP 02**　請參考圖 10-5，設計一個簡單的使用者介面，其中包含兩個按鈕，其功能分別於本章 10-4 與 10-5 小節進行示範。此兩個按鈕的 id 分別是「btnHttpURLConnection」與「btnHeadlines」，完整的「layout_main.xml」可參考程式碼 10-2。

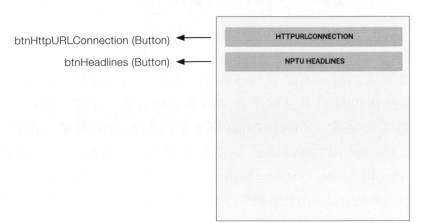

圖 **10-5**

HTTPDemo 專案的主要使用者介面設計。

程式碼 **10-2**　layout_main.xml（HTTPDemo 專案）

```
1    <?xml version="1.0" encoding="utf-8"?>
2    <LinearLayout xmlns:android="http://schemas.android.com/apk/res/android"
3        xmlns:tools="http://schemas.android.com/tools"
4        android:id="@+id/layout_main"
5        android:layout_width="match_parent"
6        android:layout_height="match_parent"
7        android:paddingBottom="@dimen/activity_vertical_margin"
8        android:paddingLeft="@dimen/activity_horizontal_margin"
9        android:paddingRight="@dimen/activity_horizontal_margin"
10       android:paddingTop="@dimen/activity_vertical_margin"
11       android:orientation="vertical"
12       tools:context="com.example.junwu.httpdemo.MainActivity">
13
14       <Button
15           android:layout_width="match_parent"
16           android:layout_height="wrap_content"
17           android:text="HttpURLConnection"
18           android:id="@+id/btnHttpURLConnection" />
19
```

```
20      <Button
21          android:layout_width="match_parent"
22          android:layout_height="wrap_content"
23          android:text="NPTU Headlines"
24          android:id="@+id/btnHeadlines"
25          android:layout_gravity="center_horizontal" />
26
27  </LinearLayout>
```

後續我們將在本節與 10-5 節中，使用這兩個按鈕示範如何在 APP 應用程式中存取來自 Web 網站的資源。現在，讓我們先在本節完成在「HTTPDemo 專案」的主畫面中的第一個按鈕「btnHttpURLConnection」的功能：「使用另一個 Activity（名稱為 HttpURLConnectionDemoActivity）透過 HTTP 協定取回屏東大學官方網站的最新消息的網頁內容，並將其 HTML 格式的網頁加以顯示」。請依照下列步驟進行：

STEP 03 請新增一個「Empty Activity」，其名稱為「HttpURLConnection Demo Activity.java」與其使用者介面「layout_httpurlconnection_demo .xml」檔案。

STEP 04 接下來，讓我們在「MainActivity.java」中的「onCreate()」method 中加入以下的程式碼，以定義當使用者按下「btnHttpURL Connection」按鈕時，所要切換的 Activity，也就是「HttpURLConnectionDemoActivity」：

```
findViewById(R.id.btnHttpURLConnection).setOnClickListener(
                                new View.OnClickListener() {
    @Override
    public void onClick(View v) {
        Intent it =
        new Intent(MainActivity.this, HttpURLConnectionDemoActivity.class);
        startActivity(it);
    }
});
```

☞**STEP 05**　接著請設計「HttpURLConnectionDemoActivity」的使用者介面「layout_httpurlconnection_demo.xml」的內容，請參考程式碼10-3完成相關的設計（注意，我們在此將 layout_department.xml 預設的 RelativeLayout 改為 LinearLayout）：

程式碼 10-3　layout_httpurlconnection_demo.xml（HTTPDemo 專案）

```
 1  <?xml version="1.0" encoding="utf-8"?>
 2  <LinearLayout xmlns:android="http://schemas.android.com/apk/res/android"
 3      xmlns:tools="http://schemas.android.com/tools"
 4      android:layout_width="match_parent"
 5      android:layout_height="match_parent"
 6      android:paddingLeft="@dimen/activity_horizontal_margin"
 7      android:paddingRight="@dimen/activity_horizontal_margin"
 8      android:paddingTop="@dimen/activity_vertical_margin"
 9      android:paddingBottom="@dimen/activity_vertical_margin"
10      android:orientation="vertical"
11      tools:context=
12         "com.example.junwu.httpdemo.HttpURLConnectionDemoActivity">
13
14      <ScrollView
15          android:layout_width="match_parent"
16          android:layout_height="match_parent">
17          <TextView
18              android:layout_width="match_parent"
19              android:layout_height="match_parent"
20              android:id="@+id/display"
21              android:layout_below="@+id/btnConnect"
22              android:layout_centerHorizontal="true" />
23      </ScrollView>
24  </LinearLayout>
```

此介面使用 LinearLayout 放置一個 ScrollView 元件，並在其中放置了一個名為「display」的 TextView 用以放置我們將來取回來的網頁內容。

接下來，讓我們開始設計「HttpURLConnectionDemoActivitiy.java」的程式內容。此程式將使用「HttpURLConnection」類別，來負責與遠端的 web server 溝通並取回相關的資源內容。至於所取回的資源內容，在本節中將暫不加以處理，僅將其顯示在「display」元件中。當然，此處就是要使用我們在 10-3 小節所設計的 AccessInternet 類別來實現這些功能。

🖝 **STEP 06** 請參考程式碼 10-4，完成「HttpURLConnectionDemoActivitiy .java」的程式設計：

程式碼 10-4 HttpURLConnectionDemoActivity.java（HTTPDemo 專案）

```
1   public class HttpURLConnectionDemoActivity extends AppCompatActivity {
2
3   TextView displayResult;
4
5       @Override
6       protected void onCreate(Bundle savedInstanceState) {
7           super.onCreate(savedInstanceState);
8           setContentView(R.layout.layout_httpurlconnection_demo);
9           displayResult=(TextView)findViewById(R.id.display);
10
11          try {
12              URL url =
13                      new URL("http://www.nptu.edu.tw/files/"
14                              "502-1000-1000-1.php?Lang=zh-tw");
15              new AccessInternet().execute(url);
16          } catch (Exception e) {
17              displayResult.setText(e.toString());
18          }
19      }
20  }
```

此處的第 3 行宣告了一個 TextView 類別的物件，名為 displayResult，它是一個 class variable（意即類別內各個不同 method 都可以使用它），在 HttpURLConnectionDemoActivity 類別的 onCreate() method 中（在第 9 行），這個 displayResult 將會透過 findViewById(R.id. display) 來指向在「layout_httpurlconnection_demo.xml」中所定義的 display 元件。因此，我們接下來只要透過 displayResult，就可以將要呈現的內容顯示出來，例如第 17 行就是使用「displayResult. setText(e.toString())」來將發生異常例外時的訊息加以輸出。

在 HttpURLConnectionDemoActivity 類別的 onCreate() 中的第 12-15 行，我們還宣告並定義了一個 URL 類別的物件用以指向屏東大學網站上的最新消息的網頁，然後再產生一個 AccessInternet 類別的物件實體，再透過它的「execute()」method，並將該 URL 類別的物件傳遞給它。這些程式碼必須以 try-catch 的方式，確保在執行時不會因為發生異常的錯誤而導致程式不正常的執行結果。

上述的程式碼還缺少一個非常重要的環節，那就是我們還沒有定義 AccessInternet 類別。雖然我們已經在 10-3 節提供過此類別的定義，但是為了要能在「HTTPDemo 專案」中正確地執行，我們還是進行一些修改，請依下列步驟繼續：

STEP 07 請參考程式碼 10-5，將 AccessInternet 類別新增至「HttpURL ConnectionDemoActivity.java」中，做為其 private（私有）的類別：

程式碼 10-5 為 HttpURLConnectionDemoActivity 類別新增 AccessInternet 類別（HTTPDemo 專案）

```
1   public class HttpURLConnectionDemoActivity extends AppCompatActivity {
2
3       TextView displayResult;
4
5       @Override
6       protected void onCreate(Bundle savedInstanceState) {
7           super.onCreate(savedInstanceState);
8           setContentView(R.layout.layout_httpurlconnection_demo);
9           displayResult=(TextView)findViewById(R.id.display);
10
11          try {
12              URL url =
13                      new URL("http://www.nptu.edu.tw/files/" +
14                              "502-1000-1000-1.php?Lang=zh-tw");
15              new AccessInternet().execute(url);
16          } catch (Exception e) {
17              displayResult.setText(e.toString());
18          }
19      }
20
```

```
21      private class AccessInternet extends AsyncTask<URL, Void, String> {
22          @Override
23          protected String doInBackground(URL ... urls) {
24              BufferedReader reader = null;
25              StringBuilder stringBuilder;
26
27              try {
28                  HttpURLConnection connection =
29                          (HttpURLConnection) urls[0].openConnection();
30
31                  connection.setRequestMethod("GET");
32                  connection.setReadTimeout(15 * 1000);
33                  connection.connect();
34
35                  reader = new BufferedReader(
36                              new InputStreamReader(
37                                  connection.getInputStream()));
38                  stringBuilder = new StringBuilder();
39
40                  String line = null;
41                  while ((line = reader.readLine()) != null) {
42                      stringBuilder.append(line + "\n");
43                  }
44                  return stringBuilder.toString();
45              } catch (Exception e) {
46                  return e.toString();
47              } finally {
48                  if (reader != null) {
49                      try {
50                          reader.close();
51                      } catch (IOException ioe) {
52                          return ioe.toString();
53                      }
54                  }
55              }
56          }
57
58          @Override
59          protected void onPostExecute(String result) {
60              displayResult.setText(result);
61          }
62      }
63  }
```

此處的程式您可能已經感到非常熟悉了，因為它的內容就是來自於程式碼 10-1 與 10-4。我們在此只是將程式碼 10-1 的 AccessInternet 類別稍做修改，然後再加入到程式碼 10-4 的 HttpURLConnection 類別做為其私有類別。在此所謂的稍加修改，只有將 AccessInternet 類別宣告為 private，以及其 doPostExecute() 的處理方式，請參考程式碼 10-5 的第 21 行與第 60 行，我們也將其以粗體標示以便利您的閱讀。

STEP 08 在「AndoridManifest.xml」，加入以下的權限設定，以允許應用程式存取網站：

```
<uses-permission android:name="android.permission.INTERNET" />
```

至此，「HTTPDemo 專案」的第一個按鈕的功能已經為您說明完成，請將其編譯並加以執行，圖 10-6 即為其執行的結果。

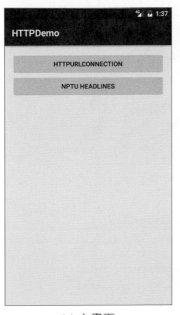

(a) 主畫面

(b) 按下 HttpURLConnection 按鈕後的畫面。

圖 10-6

HTTPDemo 專案的第一個按鈕的執行畫面。

10-5 取回網頁內容並建立 ListView 項目清單

現在本節將開始進行第二個按鈕的部份，此按鈕的顯示文字為「NPTU Headlines」，我們將如同前一小節一樣，將屏東大學網站上的最新消息之網頁內容取回，然後將其建立成一個 ListView 後讓使用者選取想要進一步瞭解的消息內容。請依下列步驟進行：

☞ **STEP 01** 請先修改「MainActivity.java」的程式設計，參考以下的程式碼 10-6 在其「onCreate()」method 中加入相關的程式碼，以處理使用者按下「btnHeadlines」後的 Activity 切換。

程式碼 10-6 修改 MainActivity.java（HTTPDemo 專案）

```
1   public class MainActivity extends AppCompatActivity {
2       @Override
3       protected void onCreate(Bundle savedInstanceState) {
4           super.onCreate(savedInstanceState);
5           setContentView(R.layout.layout_main);
6           findViewById(R.id.btnHttpURLConnection).
7               setOnClickListener(new View.OnClickListener() {
8                   @Override
9                   public void onClick(View v) {
10                      Intent it = new Intent(MainActivity.this,
11                              HttpURLConnectionDemoActivity.class);
12                      startActivity(it);
13                  }
14          });
15
16          findViewById(R.id.btnHeadlines).
17              setOnClickListener(new View.OnClickListener() {
18                  @Override
19                  public void onClick(View v) {
20                      Intent it = new Intent(MainActivity.this,
21                              NPTUHeadlinesActivity.class);
22                      startActivity(it);
23                  }
24          });
25      }
26  }
```

為了便利起見，我們將此步驟所新增的程式碼以粗體標示（也就是第 16-24 行的部份），其中第 20-22 行就是要設定切換到「NPTUHeadlinesActivity」，我們將在下一個步驟中新增此 Activity。

☞ STEP 02　請為「HTTPDemo 專案」新增一個名為「NPTUHeadlines Activity」的「Empty Activity」。此 Activity 並不需要 Layout 檔案，因為我們會在此 Activity 中自行建立相關的使用者介面（也就是以動態方式建立），請記得取消勾選「Generate Layout File」選項。

在前一步驟中所建立的「NPTUHeadlinesActivity」將會透過我們在本章所介紹過的方法，自遠端的 web server 取回 HTML 格式的網頁內容，然後將其內容加以解析（Parsing）後以 ListView 將屏東大學網站上的最新消息以 ListView 方式呈現；當使用者在 ListView 上選取某個最新消息後，再以一個獨立的 Activity 加以顯示其網頁內容。請依下列步驟繼續此專案的功能設計：

程式碼 10-7 提供了「NPTUHeadlinesActivity.java」的大致內容，請先將其輸入到你的程式之中。

程式碼 10-7　NPTUHeadlinesActivity.java（HTTPDemo 專案）

```
1   public class NPTUHeadlinesActivity extends AppCompatActivity {
2       LinearLayout ll;
3       ListView lv;
4       ArrayList<Headline> headlines = null;
5       ArrayList<MyListItem> itemList = new ArrayList<MyListItem>();
6       MyListAdapter madt;
7
8       @Override
9       protected void onCreate(Bundle savedInstanceState) {
10          super.onCreate(savedInstanceState);
11
12          ll = new LinearLayout(this);
13          ll.setOrientation(LinearLayout.VERTICAL);
14          lv = new ListView(this);
15          ll.addView(lv, new LinearLayout.LayoutParams(
16                  LinearLayout.LayoutParams.MATCH_PARENT, 0, 1));
```

```
17            setContentView(ll);
18
19            headlines = new ArrayList<Headline>();
20
21            try {
22                URL url = new URL(
23            "http://www.nptu.edu.tw/files/502-1000-1000-1.php?Lang=zh-tw");
24                new AccessInternet().execute(url);
25            } catch (Exception e) {
26                Log.v("HTTPDemo", e.toString());
27            }
28        }
29
30    private class Headline {
31        String date;
32        String title;
33        String poster;
34        String url;
35
36        Headline(String d, String t, String p, String r) {
37            date = d;
38            title = t;
39            poster = p;
40            url = r;
41        }
42    }
43
44    private class AccessInternet extends AsyncTask<URL, Void, String> {
45        @Override
46        protected String doInBackground(URL... urls) {
47            略
48        }
49
50        @Override
51        protected void onPostExecute(String result) {
52            略
53        }
54    }
55 }
```

☞**STEP 03**　程式碼 10-7 定義了「NPTUHeadlinesActivity」類別，其第 2-3 行所宣告的 LinearLayout 與 ListView 類別的物件（也就是 ll 與 lv），在其「onCreate()」method 的第 12-16 行，分別產生其物件實體，並將 lv 加入到 ll 中，然後在第 17 行把 lv 設定為此 Activity 的使用者介面（透過「setContentView(ll)」完成）。

您可以發現在程式碼 10-7 的第 30-42 行以及第 44-54 行，我們分為「NPTUHeadlinesActivity」設計了「Headline」與「AccessInternet」這兩個其私有的類別。在程式碼的第 4 行所宣告的 ArrayList 類別的物件（稱為「headlines」），就是用來存放將來所取回的最新消息，其中每個最新消息將會是一個「Headline」類別的物件。關於 Headline 類別，可參考第 30-42 行，每個 Headline 類別的物件將具有 data、title、poster 與 url 等四個字串，分別做為每則最新消息的日期、標題、發文者以及網址。

接下來在第 21-27 行的程式碼，就是透過 AccessInternet 類別的物件來取回屏東大學網站上的最新消息，其程式內容與我們在 10-4 節說明過的完全一致，在此不加以說明。不過為了讓所取回的網頁內容能夠變成一個 ListView，我們還是對 AccessInternet 類別的內容做了很大幅度的改變，在此您只需要先知道我們為 AccessInternet 實作了「doInBackground()」與「doPostExecute()」這兩個 method，至於其實作內容暫不討論，留待在本節後續再加以介紹。

為了稍後要使用的 ListView，我們在第 5 行及第 6 行，還為此類別宣告了 ArrayList 與 MyListAdapter，其中 ArrayList 是用以存放 MyListItem 類別的物件。這些類別的設計與使用都已經在本書第 8 章中做了詳細的說明，在此不予贅述，後續將僅提供相關程式碼供您參考。

☞**STEP 04**　現在讓我們將「NPTUHeadlinesActivity」中的 AccessInternet 類別的「doInBackground()」完成，請參考程式碼 10-8 的程式碼，把它加入到在程式碼 10-7 中的第 46-48 行的位置。

程式碼 10-8　AccessInternet 類別的 doInBackground() 實作（HTTPDemo 專案）

```
1   protected String doInBackground(URL... urls) {
2       BufferedReader reader = null;
3       StringBuilder stringBuilder;
4
5       try {
6           HttpURLConnection connection =
7                   (HttpURLConnection) urls[0].openConnection();
8           connection.setRequestMethod("GET");
9           connection.setReadTimeout(15 * 1000);
10          connection.connect();
11
12          reader = new BufferedReader(
13              new InputStreamReader(connection.getInputStream()));
14          stringBuilder = new StringBuilder();
15
16          String line = null;
17          while ((line = reader.readLine()) != null) {
18              stringBuilder.append(line + "\n");
19          }
20          return stringBuilder.toString();
21      } catch (Exception e) {
22          return e.toString();
23      } finally {
24          if (reader != null) {
25              try {
26                  reader.close();
27              } catch (IOException ioe) {
28                  return ioe.toString();
29              }
30          }
31      }
32  }
```

事實上，此處的「doInBackground()」之實作與我們在 10-4 節所介紹的完全一致，再此不加以解釋。如果您還有不清楚的地方，建議先回到 10-4 節仔細閱讀其內容。在繼續說明「doPostExecute()」之前，先讓我們看一下這個 doInBackground() 會取回什麼樣的網頁內容，首先請參考圖 10-7（屏東大學網站上的最新消息網頁）以及其對應的 HTML 格式內容 [13]（列示於程式碼 10-9）：

圖 10-7

屏東大學網站上
的最新消息網頁

（http://www.nptu.edu.tw/files/502-1000-1000-1.php?Lang=zh-tw）。

程式碼 10-9　屏東大學網站上的最新消息網頁的 HTML 內容（精簡版本）

```
1   <!DOCTYPE html PUBLIC "-//W3C//DTD XHTML 1.0 Transitional//EN" "http://www.
2   w3.org/TR/xhtml1/DTD/xhtml1-transitional.dtd">
3   <html xmlns="http://www.w3.org/1999/xhtml" lang="zh-tw">
4   <head>
5       略
6   </head>
7       略
8   <table class="maincontent" cellspacing="0" cellpadding="0" width="100%"
9   border="0" summary="">
10      <tbody><tr>
```

註 13　您可以透過瀏覽器連結「http://www.nptu.edu.tw/files/502-1000-1000-1.
php?Lang=zh-tw」，並透過瀏覽器的工具來檢視其原始檔內容，即可
得到屏東大學最新消息的網頁之 HTML 內容。

```
11      略
12  <table class="baseTB listTB list_TABLE hasBD hasTH" cellspacing="0"
13  cellpadding="0" border="0" width="100%" summary="">
14  <thead>
15      <tr>
16          <th class="thead"    > 日期 </th>
17          <th class="thead"    > 標題 </th>
18          <th class="thead"    > 公告單位 </th>
19      </tr>
20  </thead>
21  <tbody>
22          <tr class="row_01">
23                  <td width="8%" nowrap="nowrap">
24                  2016-11-11
25                  </td>
26                  <td >
27                  <div class="h5"><span class="ptname "><a title="【公告】
28  本校「106 年度培育產學合作計畫」自即日起開始徵件，敬邀各位師長踴躍投件！"
29
30  href="http://www.tcs.nptu.edu.tw/files/13-1063-69024-1.php?Lang=zh-tw">
31                  【公告】本校「106 年度培育產學合作計畫」自即日起開始徵件，敬邀各位師長踴躍
32  投件！
33                  </a></span></div>
34                  </td>
35                  <td width="10%" nowrap="nowrap">
36                  技術合作組
37                  </td>
38          </tr>
39          <tr class="row_02">
40                  <td width="8%" nowrap="nowrap">
41                  2016-11-02
42                  </td>
43                  <td >
44                  <div class="h5"><span class="ptname "><a title="【公告】
45  本學系辦理英文商務職場訓練系列講座，歡迎同學線上報名參加。"
46  href="/ezfiles/109/1109/img/2687/184904830.pdf" target='_blank'>
47                  【公告】本學系辦理英文商務職場訓練系列講座，歡迎
48  同學線上報名參加。
49                  </a></span></div>
50                  </td>
51                  <td width="10%" nowrap="nowrap">
52                  應用英語學系
53                  </td>
```

```
54              </tr>
55              <tr class="row_01">
56                      <td width="8%" nowrap="nowrap">
57                      2016-10-28
58                      </td>
59                      <td >
60                      <div class="h5"><span class="ptname "><a title="【報名考試】
61      105-1 學期國際認證、TQC+ 認證檢測日程及線上填報 -MOS ACA IC3
62      免費補考一次 !!!"  href="http://www.cnc.nptu.edu.tw/files/13-1001-68758-1.
63      php?Lang=zh-tw">
64                      【報名考試】105-1 學期國際認證、TQC+ 認證檢測日程
65      及線上填報 -MOS ACA IC3 免費補考一次 !!!
66                      </a></span></div>
67                      </td>
68                      <td width="10%" nowrap="nowrap">
69                      計網中心
70                      </td>
71              </tr>
72          略
73      </tbody>
74      </table>
75      略
```

　　為節省篇幅，程式碼 10-9 的 HTML 網頁內容被大幅地省略，只留下我們所關心的部份，也就是最新消息的部份。這邊要提醒各位讀者，這種從遠端的 web server 取回網頁上的資料，然後再做進一步處理的應用很廣泛，例如我們可以設計一個全球氣象資訊的 APP 應用程式，為使用者彙整從世界各地的氣象局的網頁所取回的公開氣象資料；又例如可以從網站上取回含有公開的火車時刻表資訊的網頁，經處理後在 APP 應用程式中讓使用者可以查詢不同時刻的火車班次 [14]。

　　以「HTTPDemo 專案」為例，為了將屏東大學網站上的最新消息取回並正確地顯示在 APP 應用程式中，我們必須先瞭解其 HTML 格

註 14　不論是網路上的火車時刻表或是氣象資訊，又或是其它您有興趣的
　　　　資訊，都必須確認有無侵犯他人的著作權。

式的網頁內容的格式與意義。以程式碼 10-9 為例，它使用了一個 HTML 的表格來呈現 20 則的最新消息（超過 20 則的部份，則可以切換到下一頁繼續查詢。不過在「HTTPDemo 專案」中將僅呈現前 20 則消息，超過部份將不加以處理）。在此表格中，每一個 <tr> 標籤內的資訊就是一則最新消息，其又由三個 <td> 標籤所組成，分別用以顯示日期（date）、標題（title）與發文單位（poster）。讓我們將程式碼 10-9 的內容，再次進行精簡，只留下我們所關注的部份，這樣將有助於我們瞭解其內容結構，並且對於未來要進行的網頁資料解析也十分有幫助，請參考再次精簡過的程式碼 10-10：

程式碼 10-10 屏東大學網站上的最新消息網頁的結構

```
1   <table>
2      <thead>
3                         <tr>
4                             <th> 日期 </th>
5                             <th> 標題 </th>
6                             <th> 公告單位 </th>
7                         </tr>
8      </thead>
9      <tbody>
10        <tr>
11                            <td width="8%" nowrap="nowrap"> yyyy-mm-dd </td>
12                            <td>
13   <a title="title_of_the_news"
14      href="http://somewhere.on.the.earch">
15   title_of_the_news
16   </a>
17   </td>
18   <td width="10%" nowrap="nowrap">poster</td>
19         </tr>
20
21         <tr>
22                            <td width="8%" nowrap="nowrap"> yyyy-mm-dd </td>
23                            <td>
24   <a title="title_of_the_headline"
25      href="http://somewhere.on.the.earch">
26   title_of_the_headline
```

```
27    </a>
28    </td>
29    <td width="10%" nowrap="nowrap">poster</td>
30        </tr>
31
32        略
33
34      </tbody>
35    </table>
```

由於「doInBackground()」method（詳如程式碼 10-8）會將網頁內容
以字串型式傳回，並且在呼叫「doPostExecute()」method 時，會將
其做為參數傳遞給它，也就因為如此，關於網頁內容的解析工作就
成為了對字串的操作。請參考程式碼 10-7 的第 51 行：

```
protected void onPostExecute(String result) {
```

「doPostExecute()」method 的傳入參數 result 字串，就是這個取自
於屏東大學網站上的最新消息的網頁內容（正如我們剛才提過的，
現在這個網頁內容成為了一個字串了！）因此在接下來的討論中，
我們要試著對這個 result 字串進行操作，然後把其中的每則最新消息
都解析出來，並產生一個對應的 Headline 類別的物件。不過為了不
要在操作過程中變更到原始所傳入的字串，我們會先宣告另一個字
串並讓它等於 result 的內容：

```
String webcontent = result;
```

我們後續在「doPostExecute()」method 的字串操作，都是針對此
webcontent 字串來進行的。

從程式碼 10-9 來進行觀察，所有的最新消息都被包裹在第 21 行與
第 73 行的 <tbody> 與 </tbody> 標籤內，其中包含有 20 則最新消
息，每一則都是被 <tr> 與 </tr> 標籤所包裹。我們可使用下列程式

碼，來找到在 webcontent 裡首次出現「<tbody>」的地方：

```
int start = webcontent.indexOf("<tbody>");
```

有沒有注意到程式碼 10-9 的第 10 行，那裡就是 <tbody> 標籤第一次出現的地方（因為我們將網頁內容做了很大幅度的刪減，所以第一次出現 <tbody> 標籤的地方並不是真的在第 10 行的地方，此處只是要表達在第 21 行的 <tbody> 前還有另一個 <tbody> 標籤。）由於我們的目標是在第 21 行的第二次所出現的 <tbody>，所以我們繼續使用以下的程式碼：

```
start = webcontent.indexOf("<tbody>", start + 1);
```

從「start +1」的位置開始去尋找下一個出現「<tbody>」的地方，並將值傳回給 start 變數。然後我們再使用下列的程式碼，從 start 所在的位置開始往後找到第一次出現「</tbody>」的地方，並將其放入變數 end 中：

```
int end = webcontent.indexOf("</tbody>", start);
```

現在變數 start 與 end 分別就是在 webcontent 中，第二次出現 <tbody> 以及其對應的 </tbody> 的地方（對照程式碼 10-9 中的第 21 行與第 73 行之處）。由於除了介於這兩個位置間的字串內容以外，其它的內容都不是「HTTPDemo 專案」所需要的，所以我們使用下列的程式碼，把 webcontent 字串內容做一點修改：

```
webcontent = webcontent.substring(start, end);
webcontent.trim();
```

上述兩行將 webcontent 內容做個修剪，只留下從 start 到 end 的地方，並以「trim()」method 來把多餘的空白字元等進行切除。

接下來，讓我們繼續將 webcontent 字串做更進一步的處理，以取得其中所包含的 20 則最新消息。由於每則消息都是使用 <tr> 和 </tr> 來包裹的，所以讓我們使用字串的「split()」method 來將 webcontent 字串加以分割，且把分割所得到的多個字串放到一個名為「posts」的字串陣列中。

```
String[] posts = webcontent.split("</tr>");
```

接下來讓我們使用一個迴圈來處理在 posts 這個字串陣列中的每一個字串（也就是每一則最新消息）：

```
String date, title, poster, url;
for (int i = 0; i < posts.length-1; i++) {
    curPost = posts[i];

    略

    headlines.add(new Headline(date, title, poster, url));
}
```

在前述的程式碼中，我們先宣告了四個字串：date、title、poster 與 url，用來表示一則最新消息的日期、標題、發文單位與網址。我們在迴圈中逐一將每則最新消息進行解析，取得其日期、標題、發文單位與網址等資料後，於迴圈結束前產生對應的 Headline 類別的物件後，把它加入到 headlines 這個 ArrayList 中（headlines 宣告可參考程式碼 10-7 的第 4 行）。

在上述的程式碼中所省略的，就是對每則最新消息（也就是字串 curPost）所進行的解析，請參考以下的 curPost（目前處理中的一則最新消息）字串的內容（這是一個如同程式碼 10-10 的簡化版本）：

```
<tr>
      <td width="8%" nowrap="nowrap"> yyyy-mm-dd </td>
      <td>
       <a title="title_of_the_news" href="http://somewhere.on.the.earch">
           title_of_the_news
       </a>
     </td>
     <td width="10%" nowrap="nowrap">poster</td>
</tr>
```

為了便利後續的處理，我們使用以下的程式碼將 curPost 字串中的特定位置加以標示（主要是利用 String 類別的「indexOf()」與「lastIndexOf()」這兩個 method）：

```
int loc1 = curPost.indexOf("nowrap");
int loc2 = curPost.indexOf("title=");
int loc3 = curPost.indexOf("href");
int loc4 = curPost.indexOf("\">", loc3);
int loc5 = curPost.lastIndexOf("nowrap");
int loc6 = curPost.lastIndexOf("td>");
```

我們將標示的結果呈現如下：

```
<tr>
                        loc1
                         ↓
      <td width="8%" nowrap="nowrap"> yyyy-mm-dd </td>
      <td>
        loc2                        loc3                          loc4
         ↓                           ↓                             ↓
      <a title="title_of_the_news" href="http://somewhere.on.the.earch">
           title_of_the_news
       </a>
    </td>
                         loc5          loc6
                          ↓             ↓
    <td width="10%" nowrap="nowrap">poster</td>
</tr>
```

如果我們要從上述的 curPost 字串中取回日期，那麼就可以把從 loc1
所在的位置再往後加上 16，一直到 loc1 加上 32 的位置間 15 的子字
串取回即可。

```
              loc1              loc1+16           loc1+32
    <td width="8%" nowrap="nowrap"> yyyy-mm-dd </td>
```

因此，下列的程式碼就可以將 curPost 字串的 loc1+16 到 loc1+32 間
的子字串取回，並且將多餘的空白去除。

```
date = curPost.substring(loc1 + 16, loc1 + 32);
date = date.trim();
```

再接著使用同樣的法方來取回標題以及連結網址，它們分別位於
curPost 字串的 loc2+6 到 loc3-3 以及 loc3+6 到 loc4 之間的位置。

```
        loc2    loc2+6        loc3-3 loc3  loc3+6                        loc4
    <a title="title_of_the_news" href="http://somewhere.on.the.earch">
```

我們使用下列的程式碼來將它們取回：

```
title = curPost.substring(loc2 + 6, loc3 - 3);
title = title.trim();
title = title.length() > 35 ? (title.substring(0, 32)).concat("...") : title;

url = curPost.substring(loc3 + 6, loc4);
url = url.trim();
```

其中為了不要讓標題的文字過長，影響到將來顯示在 ListView 時的
外觀，所以當標題字數超過 35 個字時，我們就將其文字內容加以裁
剪，以確保能正確地顯示在 ListView 中。

註 15　在所傳回的網頁資料中包含有許多空白，此處的 loc1+16 到 loc1+32
　　　的位置是包含有這些空白。

至於最後要取回的發文單位，則可以從 curPost 字串的 loc5+8 至 loc6-2 取回：

```
           loc5            loc5+8    loc6
            ↓                 ↓       ↓
<td width="10%" nowrap="nowrap">poster</td>
                                ↑
                              loc6-2
```

其程式碼如下：

```
poster = curPost.substring(loc5 + 8, loc6 - 2);
poster = poster.trim();
```

至此，我們已成功地將一則最新消息的日期、標題、連結網址與發文單位取回。不過我們還有一些細節必須處理，包含：

1. 當網站正在發文或更新時，有可能發生取回的網頁和我們預期不同的問題。當此情形發生時，程式碼「int loc1 = curPost.indexOf("nowrap");」就有可能發生找不到「nowrap」字串而傳回 -1 的結果，因此我們可以利用下列程式碼來處理這種情形：

```
if(loc1<0) {
    date="";
    title=" 網站更新中 ";
    url="";
    poster="";
}
```

2. 第二個則是連結網址具有兩種格式的問題。大多數的最新消息之網址都是一個連結到屏東大學各學術或行政單位的網址，但也有少部份的連結直接附上一個 PDF 檔案供使用者觀看。因此，我們應該要能區分這兩種情況，並進行不同的處理。以下提供這兩種不同情況的連結網址供參考：

```
href="http://www.tcs.nptu.edu.tw/files/13-1063-69024-1.php?Lang=zh-tw">
href="/ezfiles/109/1109/img/2687/184904830.pdf" target='_blank'>
```

其中第一種連結網址就是我們原先所處理，它是一個完整的網
址，未來我們會使用 WebView 來將它的內容加以顯示；至於
第二種連結網址只有從路徑到 PDF 的檔名部份，所以我們必須
想辦法加以處理。由於第二種網址的結尾處也與第一種方式不
同（一個使用雙引號與大於符號，另一個則是單引號與大於符
號），所以 loc4 的值就是下一個出現「">」的地方，而且其值比
loc5 還要大，因此我們可以使用下列的程式碼進行檢查，並且
以不同的方式取回與組合網址：

```
if (loc4 > loc5 ) {
    loc4 = curPost.indexOf("target");
    url = new String("https://drive.google.com/viewerng/viewer?" +
            "embedded=true&url=http://www.nptu.edu.tw");
    url = url.concat(curPost.substring(loc3 + 6, loc4 - 2));
}
```

只要 loc4>loc5，就可以判斷這將會是一個連結到 PDF 檔
案的連結，因此我們要重新設計所要取回的位置，並讓
它與 Google 所提供的以網頁顯示 PDF 的功能，來透過
WebView 顯示已變成網頁的 PDF 檔案內容。由於 Google 提
供了一個服務，只要在「https://drive.google.com/viewerng /
viewer?embedded=true&url=」這個網址的後面加上您所要顯示
的 PDF 檔案所在的網址，它就可以幫我們將 PDF 檔案改為網
頁的方式顯示。因此，我們將 curPost 的 loc3+6 到 loc4-2 間的
字串內容取回，在其前面再加上「http://www.nptu.edu.tw」的
網址，然後透過 Google 所提供的服務，即可在 WebView 元件
中，正確地顯示這個 PDF 檔案的內容。

3. 最後還有一個細節要注意：當使用者在網站上點選了這些最新消息的連結後，屏東大學有兩種顯示的方法（對很多網站來說，這是很常見的現象，例如提供電腦版與手機版兩種顯示的樣式），例如同一則最新消息可以有以下的兩種顯示方式：

```
http://www.ptugsi.nptu.edu.tw/files/13-1159-69429-1.php?Lang=zh-tw
http://www.ptugsi.nptu.edu.tw/files/16-1159-69429.php?Lang=zh-tw
```

其中第一種方式是我們所取得的 URL 網址，第二種方式則是一個比較精簡可以使用在手機上的網頁內容。為了讓使用者更容易在小螢幕上觀看網頁內容，因此我們進一步使用下列的程式，將所取得的第一種網址改為第二種的型式：

```
url = url.replace("files/13", "files/16");
url = url.replace("-1.php", ".php");
```

現在，讓我們接著把「HTTPDemo 專案」完成。請依下列步驟繼續進行：

STEP 05 現在讓我們將「NPTUHeadlinesActivity」中的 AccessInternet 類別的「doPostExecute ()」完成，請參考程式碼 10-11 的程式碼，把它加入到在程式碼 10-7 中的第 51-53 行的位置。

程式碼 10-11 AccessInternet 類別的 doPostExecute () 實作（HTTPDemo 專案）

```
1   protected void onPostExecute(String result) {
2       String date, title, poster, url;
3       String webcontent = result;
4
5       int start = webcontent.indexOf("<tbody>");
6       start = webcontent.indexOf("<tbody>", start+1 );
7       int end = webcontent.indexOf("</tbody>", start);
8
9       webcontent = webcontent.substring(start, end);
10      webcontent.trim();
11
```

```
12        String[] posts = webcontent.split("</tr>");
13        String curPost;
14
15        for (int i = 0; i < posts.length-1; i++) {
16            curPost = posts[i];
17
18            int loc1 = curPost.indexOf("nowrap");
19            int loc2 = curPost.indexOf("title=");
20            int loc3 = curPost.indexOf("href");
21            int loc4 = curPost.indexOf("\">", loc3);
22            int loc5 = curPost.lastIndexOf("nowrap");
23            int loc6 = curPost.lastIndexOf("td>");
24
25            if(loc1<0) {
26                date="";
27                title=" 網站更新中 ";
28                url="";
29                poster="";
30            }
31            else {
32                date = curPost.substring(loc1 + 16, loc1 + 32);
33                date = date.trim();
34
35                title = curPost.substring(loc2 + 6, loc3 - 3);
36                title = title.trim();
37
38                title = title.length() > 35 ?
39                    (title.substring(0, 32)).concat("...") : title;
40
41                if (loc4 > loc5 ) {
42                    loc4 = curPost.indexOf("target");
43                    url = new String(
44                            "https://drive.google.com/viewerng/viewer?"+
45                            "embedded=true&url=http://www.nptu.edu.tw");
46                    url = url.concat(curPost.substring(loc3 + 6, loc4 - 2));
47                } else {
48                    url = curPost.substring(loc3 + 6, loc4);
49                }
50                url = url.trim();
51                url = url.replace("files/13", "files/16");
52                url = url.replace("-1.php", ".php");
53
54                poster = curPost.substring(loc5 + 8, loc6 - 2);
```

```
55              poster = poster.trim();
56          }
57          headlines.add(new Headline(date, title, poster, url));
58      }
59
60      for (int i = 0; i < headlines.size(); i++) {
61          MyListItem item = new MyListItem();
62          Headline hl = headlines.get(i);
63          item.setDate(hl.date);
64          item.setTitle(hl.title);
65          item.setUnit(hl.poster);
66          item.setUrl(hl.url);
67          item.setImg(android.R.drawable.btn_star_big_on);
68          itemList.add(item);
69      }
70
71      madt = new MyListAdapter(NPTUHeadlinesActivity.this, itemList);
72      lv.setAdapter(madt);
73      lv.setOnItemClickListener(new AdapterView.OnItemClickListener() {
74          @Override
75          public void onItemClick(
76              AdapterView<?> parent, View view, int position, long id) {
77                  Intent it = new Intent(NPTUHeadlinesActivity.this,
78                          DetailedHeadlinesActivity.class);
79                  Headline hl = headlines.get(position);
80                  it.putExtra("date", hl.date);
81                  it.putExtra("title", hl.title);
82                  it.putExtra("poster", hl.poster);
83                  it.putExtra("url", hl.url);
84                  startActivity(it);
85              }
86      });
87  }
```

此程式碼之內容大部份都已經在先前加以討論過了，在此不予贅述。不過請您注意其中的第 60-86 行，我們是將剛剛已取得的多個最新消息呈現在 ListView 之上，其所使用的程式方法如同本書第 8 章所述，在此亦不加以贅述。我們僅在後續提供相關的檔案內容給您參考。

STEP 06 請在專案中新增一個 Java 類別，名為「MyListItem」，其內容如程式碼 10-12 所示。

程式碼 10-12　MyListItem 類別（HTTPDemo 專案）

```
1   public class MyListItem {
2       private int img;
3       private String date;
4       private String title;
5       private String unit;
6       private String url;
7
8       public void setImg(int img) {
9           this.img = img;
10      }
11
12      public int getImg() {
13          return img;
14      }
15
16      public String getDate() {
17          return date;
18      }
19
20      public void setDate(String date) {
21          this.date = date;
22      }
23
24      public String getTitle() {
25          return title;
26      }
27
28      public void setTitle(String title) {
29          this.title = title;
30      }
31
32      public String getUnit() {
33          return unit;
34      }
35
36      public void setUnit(String unit) {
```

```
37              this.unit = unit;
38          }
39
40      public String getUrl() {
41          return url;
42      }
43
44      public void setUrl(String url) {
45          this.url = url;
46      }
47  }
```

☞ **STEP 07**　請在專案中新增一個 Layout resource file，名為「layout_mylist_item.xml」，其內容如程式碼 10-13 所示。

程式碼 10-13　layout_mylist_item.xml（HTTPDemo 專案）

```
1   <?xml version="1.0" encoding="utf-8"?>
2   <LinearLayout xmlns:android="http://schemas.android.com/apk/res/android"
3       android:orientation="horizontal" android:layout_width="match_parent"
4       android:layout_height="match_parent"
5       android:paddingTop="16dp"
6       android:paddingBottom="16dp">
7
8       <ImageView
9           android:layout_width="25dp"
10          android:layout_height="25dp"
11          android:id="@+id/imageView"
12          android:src="@android:drawable/btn_star_big_on"
13          android:layout_marginLeft="16dp"
14          android:layout_marginRight="16dp"
15          android:layout_gravity="center" />
16
17      <LinearLayout
18          android:orientation="vertical"
19          android:layout_width="match_parent"
20          android:layout_height="wrap_content"
21          android:layout_weight="1"
22          android:gravity="center_vertical|fill_vertical">
23
24          <TextView
```

```
25          android:layout_width="wrap_content"
26          android:layout_height="wrap_content"
27          android:textAppearance="?android:attr/textAppearanceSmall"
28          android:text="Small Text"
29          android:id="@+id/textView2" />
30
31      <TextView
32          android:layout_width="wrap_content"
33          android:layout_height="wrap_content"
34          android:textAppearance=
35              "@style/Base.TextAppearance.AppCompat.Title"
36          android:text="Large Text"
37          android:id="@+id/textView1" />
38
39      <TextView
40          android:layout_width="wrap_content"
41          android:layout_height="wrap_content"
42          android:textAppearance="?android:attr/textAppearanceSmall"
43          android:text="Small Text"
44          android:id="@+id/textView3" />
45      </LinearLayout>
46
47      <ImageView
48          android:layout_width="50dp"
49          android:layout_height="30dp"
50          android:id="@+id/imageView2"
51          android:src="@drawable/select"
52          android:layout_gravity="center" />
53
54  </LinearLayout>
```

☞ **STEP 08** 請複製本書隨附光碟中「photos」資料夾的「select.png」，再到 Android Studio 中，以滑鼠右鍵點選「Android | app > res > drawable」，並在彈出式選單中，選取「Paste（貼上）」。

☞ **STEP 09** 請在專案中新增一個 Java 類別，名為「MyListAdapter」，其內容如程式碼 10-14 所示。

程式碼 10-14　MyListAdapter 類別（HTTPDemo 專案）

```
1    public class MyListAdapter extends BaseAdapter {
2
3        private Activity activity;
4        private ArrayList<MyListItem> itemList;
5
6        MyListAdapter(Activity activity, ArrayList<MyListItem> itemList)
7        {
8            this.activity = activity;
9            this.itemList = itemList;
10       }
11
12       @Override
13       public Object getItem(int position) {
14           return itemList.get(position);
15       }
16
17       @Override
18       public long getItemId(int position) {
19           return position;
20       }
21
22       @Override
23       public int getCount() {
24           return itemList.size();
25       }
26
27       @Override
28       public View getView(int position, View convertView, ViewGroup parent) {
29           convertView = activity.getLayoutInflater().
30                       inflate(R.layout.layout_mylist_item, null);
31           ImageView img = (ImageView) convertView.
32                       findViewById(R.id.imageView);
33           TextView tv1 = (TextView) convertView.
34                       findViewById(R.id.textView1);
35           TextView tv2 = (TextView) convertView.
36                       findViewById(R.id.textView2);
37           TextView tv3 = (TextView) convertView.
38                       findViewById(R.id.textView3);
39           img.setImageResource(itemList.get(position).getImg());
40
41           String title=itemList.get(position).getTitle();
```

```
42            String date=itemList.get(position).getDate();
43            String unit = itemList.get(position).getUnit();
44            String url = itemList.get(position).getUrl();
45
46            tv1.setText(title);
47            tv2.setText(date);
48            tv3.setText(unit);
49
50            return convertView;
51        }
52    }
53
```

☞**STEP 10** 請在專案中新增一個「Empty Activity」，名為「Detailed
HeadlinesActivity」及「layout_detailed_headlines.xml」。

☞**STEP 11** 設計「layout_detailed_headlines.xml」，其內容如程式碼
10-15。

程式碼 10-15 layout_detailed_headlines.xml（HTTPDcmo 專案）

```
1   <?xml version="1.0" encoding="utf-8"?>
2   <LinearLayout xmlns:android="http://schemas.android.com/apk/res/android"
3       xmlns:tools="http://schemas.android.com/tools"
4       android:layout_width="match_parent"
5       android:layout_height="match_parent"
6       tools:context="com.example.junwu.httpdemo.DetailedHeadlinesActivity"
7       android:orientation="vertical">
8
9       <WebView
10          android:layout_width="match_parent"
11          android:layout_height="match_parent"
12          android:id="@+id/deptWebView"
13          android:layout_centerVertical="true"
14          android:layout_centerHorizontal="true" />
15
16   </LinearLayout>
```

☞**STEP 12** 依據以下的程式碼 10-16，完成 DetailedHeadlinesActivity. java 的設計。

程式碼 **10-16**　DetailedHeadlinesActivity.java（HTTPDemo 專案）

```
1  public class DetailedHeadlinesActivity extends ActionBarActivity {
2      WebView wv;
3      @Override
4      protected void onCreate(Bundle savedInstanceState) {
5          super.onCreate(savedInstanceState);
6          setContentView(R.layout.layout_detailed_headlines);
7
8          wv =(WebView) findViewById(R.id.deptWebView);
9          wv.setWebViewClient(new WebViewClient());
10
11         WebSettings wsettings= wv.getSettings();
12         wsettings.setSupportZoom(true);
13         wsettings.setBuiltInZoomControls(true);
14         wsettings.setDisplayZoomControls(false);
15         wsettings.setJavaScriptEnabled(true);
16         wsettings.setJavaScriptCanOpenWindowsAutomatically(true);
17
18         String date = getIntent().getStringExtra("date");
19         String title = getIntent().getStringExtra("title");
20         String poster = getIntent().getStringExtra("poster");
21         String url = getIntent().getStringExtra("url");
22         getSupportActionBar().setTitle("Headlines");
23         wv.loadUrl(url);
24     }
25
26     @Override
27     public boolean onKeyDown(int keyCode, KeyEvent event) {
28         if((keyCode == KeyEvent.KEYCODE_BACK) &&
29             (wv.canGoBack())){
30             wv.goBack();
31             return true;
32         }
33         return super.onKeyDown(keyCode, event);
34     }
35  }
```

至此已完成「HTTPDemo 專案」的設計，請參考圖 10-8 的執行結果：

(a) 以 ListVeiw 呈現的最新消息

(b) 以 DetailedHeadlinesActivity 呈現的最新消息畫面

(c) 顯示 PDF 檔案

圖 10-8　HTTPDemo 的執行結果。

• 10-6 │ Exercise

Exercise10.1

請以本章所介紹的 HttpURLConncction、AsyncTask 以及我們所設計的 AccessInternet 類別來設計一個簡單的 APP 應用程式。在此 APP 應用程式中，有一個文字輸入欄位，可以讓使用者輸入關鍵字，然後透過另一個 Activity 把該關鍵字交由 Google 搜尋引擎加以搜尋，並把結果呈現在另一個 Activity 中。注意：您可以使用「https://www.google.com.tw/#q=」並在其後串接上使用者要查詢的關鍵字，Google 就會提供我們搜尋的結果。

Exercise10.2

請參考本章的 HTTPDemo 專案,設計一個 APP 應用程式,讓使用者可以 ListView 來瀏覽「博碩文化股份有限公司」的「新書推薦」,並在喜好的書擊上點選,以取得更進一步的訊息。注意,「博碩文化股份有限公司」的「新書推薦」的網址為 http://www.drmaster.com.tw/Publish_Newbook.asp。

11

使用 SQLite 資料庫

為了要讓 APP 應用程式能夠「記住」事情，我們已經在第二章時介紹過以 SharedPreferences 來存取資料；不過 SharedPreferences 的使用通常只適用於一些資料量較少的情況（例如 APP 的環境設定參數），如果拿來存取一些資料量較大的結構化資料（例如通訊錄或行事曆等資訊）就相對比較不適合（因為不容易管理）。此時，您需要的是 Android 系統所內建的另一種資料存取的方式 —「SQLite」。

SQLite 是一個小型的資料庫，它和一般商用的資料庫一樣，都可以使用 SQL 語言進行操作管理。其實，一個 SQLite 的資料庫就只是一個存放在 Android 裝置中的一個檔案，您不需要透過網路、也不需要透過特別的伺服器軟體就可以存取；同時，您也可以把 SQLite 的檔案轉移到其他行動裝置上使用，對於 APP 應用程式而言，是個非常好用的關聯性資料庫（Relational Database）。

接下來，本章將示範使用 Android 所內建的資料庫系統「SQLite」，實作一個可以紀錄聯絡人資料的 APP 應用程式。在開始之前，請依下列步驟完成專案的相關準備工作：

STEP 01 請先建立一個名為「SQLiteDemo」的專案，選擇「Basic Activity」來建立「MainActivity.java」、「layout_main.xml」與「content_main.xml」等檔案。

☞ **STEP 02** 請依程式碼 11-1，編輯並完成「content_main.xml」檔案的內容：

程式碼 11-1 content_main.xml（SQLiteDemo 專案）

```
1    <?xml version="1.0" encoding="utf-8"?>
2    <RelativeLayout xmlns:android="http://schemas.android.com/apk/res/android"
3        xmlns:app="http://schemas.android.com/apk/res-auto"
4        xmlns:tools="http://schemas.android.com/tools"
5        android:id="@+id/content_main"
6        android:layout_width="match_parent"
7        android:layout_height="match_parent"
8        android:paddingBottom="@dimen/activity_vertical_margin"
9        android:paddingLeft="@dimen/activity_horizontal_margin"
10       android:paddingRight="@dimen/activity_horizontal_margin"
11       android:paddingTop="@dimen/activity_vertical_margin"
12       app:layout_behavior="@string/appbar_scrolling_view_behavior"
13       tools:context="com.example.junwu.sqlitedemo.MainActivity"
14       tools:showIn="@layout/layout_main">
15
16       <ListView
17           android:id="@+id/listView"
18           android:layout_width="match_parent"
19           android:layout_height="match_parent"></ListView>
20   </RelativeLayout>
```

在程式碼 11-1 中，我們新增了一個 ListView 用來顯示將來存入資料庫的聯絡人資料。請在本章接下來的小節裡，繼續完成這個專案。

● 11-1 | 認識 SQLiteOpenHelper 類別

Android SDK 中提供了一些與 SQLite 資料庫操作相關的類別，可以幫助我們來完成與資料庫相關的操作及資料存取。這些類別都定義在「android.database.sqlite」套件中，其中有一個名為「SQLiteOpenHelper」的類別，它可以讓我們在 APP 應用程式中開啟已經存在的資料庫，或是當資料庫不存在時，幫我們建立資料庫（以及相關的表格）。通常我們會讓 APP 應用程式在首次執行時，由「SQLiteOpenHelper」負責建立所需的資料庫與表格；後續再次執行時，則可以開啟已建立好的資料庫來存取資料。此外，「SQLiteOpenHelper」還可以幫助我們修改資料庫的表格（新增或修改皆可）。

由於「SQLiteOpenHelper」是一個抽象類別，所以您必須先設計其衍生的子類別才能使用。依據「SQLiteOpenHelper」的設計，您必須在其衍生子類別中實作「onCreate()」與「onUpgrade()」這兩個 method，並且也可以視情況選擇是否要實作「onOpen()」method。為了確保資料庫的資料一致性，「SQLiteOpenHelper」也支援使用「Transcation（交易）」來進行資料庫的操作。

在本章接下來的內容中，我們將建立並使用一個名為「Contacts DB」的資料庫，其中將有一個名為「contacts」的表格，其 schema 定義於表 11-1 所示。這個「contacts」的資料表格，其表格內容包含了一個用來做為 primary key 的「id」，以及用來儲存聯絡人的「name」（姓名）及「phone」（電話號碼）。

表 11-1　ContactsDB 資料庫的 contacts 表格欄位內容

欄位名稱	型態	備註
id	integer	primary key autoincrement
name	text	
phone	text	

為了方便程式之設計，我們首先將宣告幾個相關的字串常值：

```
final static String DB_Name = "ContactsDB";
final static int DB_Version = 1;
final static String CONTACT_TABLE = "contacts";
final static String CONTACT_ID = "id";
final static String CONTACT_NAME = "name";
final static String CONTACT_Phone = "phone";
```

這些字串常值將做為定義表格內容以及存取資料之用，例如一個要用已建立「contacts」表格的 SQL 敘述可以定義為以下的字串：

```
String sql = "create table " + CONTACT_TABLE + "("
        + CONTACT_ID + " integer primary key autoincrement, "
        + CONTACT_NAME + " text, "
        + CONTACT_Phone + " text )";
```

現在，讓我們來試著設計一個 SQLiteOpenHelper 類別的衍生子類別，我們將其命名為「MySQLiteOpenHelper」，請依下列步驟進行：

☞ 請為「SQLiteDemo 專案」新增一個「MySQLiteOpenHelper.java」，其程式碼如下：

程式碼 11-2　DBOpenHelper.java（SQLiteDemo 專案）

```
1   public class MySQLiteOpenHelper extends SQLiteOpenHelper
2   {
3       final static String DB_Name = "ContactsDB";
4       final static int DB_Version = 1;
5       final static String CONTACT_TABLE = "contacts";
6       final static String CONTACT_ID = "id";
7       final static String CONTACT_NAME = "name";
8       final static String CONTACT_Phone = "phone";
9
10      public MySQLiteOpenHelper(Context context)
11      {
12          super(context, DB_Name, null, DB_Version);
13      }
14
15      @Override
16      public void onCreate(SQLiteDatabase db)
17      {
18          String sql = "create table " + CONTACT_TABLE + "("
19                  + CONTACT_ID + " integer primary key autoincrement, "
20                  + CONTACT_NAME + " text, "
21                  + CONTACT_Phone + " text )";
22          db.execSQL(sql);
23      }
24
```

```
25        @Override
26        public void onUpgrade(SQLiteDatabase db, int oldVersion,
27            int newVersion)
28        {
29            db.execSQL("drop table if exists " + CONTACT_TABLE);
30            onCreate(db);
31        }
32    }
```

在程式碼 11-2 中，我們讓「MySQLiteOpenHelper」繼承自 SQLite
OpenHelper 類別，並為其實作一個建構函式以及兩個必須的
method：「onCreate()」與「onUpgrade()」。其中第 10-13 行為其建
構函式，其中的「context」參數必須為一個具備有可見的使用者
介面的 Activity，因為 Android 必須將 SQLiteOpenHelper 的物件與
一個 Activity 建立連結，如果是不可見的 Activity 則有可能會發生
「NullPointerException」，表示其連結不到 Activity。通常此參數會
以使用到 SQLiteOpenHelper 的 Activity 傳入，我們在後續要使用此
MySQLiteOpenHelper 類別的物件會進行示範。至於第 12 行則是呼
叫 SQLiteOpenHelper 類別的建構函式來完成所需的操作，其參數必
須包含資料庫的名稱以及版本。

至於在第 16-23 行，則是其「onCreate()」method，當資料庫第一
次被要求使用（且尚未被建立）時會被加以呼叫，我們就是利用此
處來完成建立表格的動作。其中第 18-21 行就是建立表格所需要的
SQL 敘述字串「sql」，在第 22 行就是以「db.execSQL(sql)」來將該
字串送交執行，至此就可以完成表格的建立。

資 訊 補 給 站

SQLiteOpenHelper 類別的「onCreate()」method，只有在資料庫尚未存在時才會被加以呼叫，一旦資料庫建立完成，此 method 就不會再被呼叫。若您在開發 APP 應用程式時，想要修改資料庫表格內容，並再次建立一個新的資料庫來取代原有的資料庫時，就會發現一直無法成功地進行。這是因為資料庫已經存在了，其「onCreate()」method 根本就不會再次地被執行。為了解決這個問題，您可以至 Android 裝置上尋找 APP 應用程式所在的目錄，並在其中的「database」目錄中，將既有的 SQLite 資料庫檔案刪除，這樣才能夠讓您的程式再次地建立一個新的資料庫。不過要刪除這個檔案，您還必須具有 Android 裝置的 root 權限才行。您可以使用 Android Studio 的「Android Deveice Monitor」(可以從選單中的「Tools | Android > Android Device Monitor」啟動)，來將裝置上的「/data/data/package_name/database」目錄中的資料庫檔案移除；或是乾脆在 Android 裝置上將 APP 應用程式移除，都是可行的做法。

第 26-31 行的「onUpgrade()」method 則是當行動裝置中該資料庫版本與新版資料庫版本不同時 (DB_Version 數值不同) 用來更新資料庫的版本的方法；通常就是將舊版本的資料表刪除後 (如第 29 行)，再將新版本的資料表產生出來 (如第 30 行)，不過這會讓原本資料庫中的資料也跟著被刪除。

● 11-2 | 新增聯絡人資料

在 SQLiteOpenHelper 中有兩種資料庫 WritableDatabase 及 Readable Database，也就是拿來寫入資料的資料庫及讀取資料的資料庫，當我們需要操作資料庫時，就需要透過 SQLiteOpenHelper 取得所需要的資料庫；依使用目的，可使用其「getReadableDatabase()」或是「getWritableDatabase()」method，來取回唯讀或可寫入的資料庫物件。

現在，讓我們為「SQLiteDemo」新增一個新的 Activity 以及其對應的 Layout，供使用者用來新增聯絡人資料，請依下列步驟進行：

☞ **STEP 01** 請為專案新增一個「Empty Activity」，以建立名為「AddA ContactActivity.java」以及「layout_add_a_contact.xml」檔案。

☞ **STEP 02** 請參考程式碼 11-3，完成「layout_add_a_contact.xml」的設計：

程式碼 11-3 layout_add_a_contact.xml（SQLiteDemo 專案）

```
1   <?xml version="1.0" encoding="utf-8"?>
2   <LinearLayout xmlns:android="http://schemas.android.com/apk/res/android"
3       android:orientation="vertical" android:layout_width="match_parent"
4       android:layout_height="match_parent">
5
6       <TextView
7           android:text=" 姓名 :"
8           android:layout_width="match_parent"
9           android:layout_height="wrap_content" />
10
11      <EditText
12          android:layout_width="match_parent"
13          android:layout_height="wrap_content"
14          android:inputType="textPersonName"
15          android:ems="10"
16          android:id="@+id/textName" />
17
18      <TextView
19          android:text=" 電話號碼 :"
20          android:layout_width="match_parent"
21          android:layout_height="wrap_content" />
22
23      <EditText
24          android:layout_width="match_parent"
25          android:layout_height="wrap_content"
26          android:inputType="phone"
27          android:ems="10"
28          android:id="@+id/textPhone" />
29
30      <Button
31          android:text=" 新增聯絡人 "
32          android:layout_width="match_parent"
33          android:layout_height="wrap_content"
34          android:id="@+id/btnAdd"
```

```
35          android:onClick="actionPerformed" />
36
37      <Button
38          android:text=" 取消 "
39          android:layout_width="match_parent"
40          android:layout_height="wrap_content"
41          android:id="@+id/btnCancel"
42          android:onClick="actionPerformed" />
43  </LinearLayout>
```

在程式碼 11-3 中，在第 11-16 行我們建立一個名為「textName」的 EditText 元件，讓使用者輸入聯絡人姓名；在第 23-28 行則建立一個名為「textPhone」的 EditText 元件，讓使用者輸入聯絡人的電話號碼。第 30-42 行則建立兩個 Button，分別名為「btnAdd」及「btnCancel」，來讓使用者進行「新增聯絡人」資料到資料庫以及「取消」的功能，其中的第 35 行與第 42 行為兩個按鈕定義了發生「onClick」事件時的處理函式，稍後必須在「AddAContactActivity.java」中加以實作。

☞ STEP 03 接下來請參考程式碼 11-4，完成「AddAContactActivity.java」的程式碼設計：

程式碼 11-4 AddAContactActivity.java（SQLiteDemo 專案）

```
1   TextView textName, textPhone;
2   @Override
3   protected void onCreate(Bundle savedInstanceState)
4   {
5       super.onCreate(savedInstanceState);
6       setContentView(R.layout.layout_add_a_contact);
7       textName = (TextView)findViewById(R.id.textName);
8       textPhone = (TextView)findViewById(R.id.textPhone);
9   }
10
11  public void actionPerformed(View view)
12  {
13      Intent intent = new Intent();
```

```
14
15      switch(view.getId())
16      {
17          case R.id.btnAdd:
18              saveContact();
19              intent.setClass(this, MainActivity.class);
20              startActivity(intent);
21              break;
22          case R.id.btnCancel:
23              intent.setClass(this, MainActivity.class);
24              startActivity(intent);
25              break;
26      }
27  }
28
29  public void saveContact()
30  {
31      SQLiteDatabase db =
32                  new MySQLiteOpenHelper(this).getWritableDatabase();
33      ContentValues values = new ContentValues();
34      values.put(MySQLiteOpenHelper.CONTACT_NAME,
35          textName.getText().toString());
36      values.put(MySQLiteOpenHelper.CONTACT_Phone,
37          textPhone.getText().toString());
38      db.insert(MySQLiteOpenHelper.CONTACT_TABLE.toString(),
39              null, values);
40      db.close();
41  }
```

在程式碼 11-4 中，第 7-8 行透過「findViewById()」得到在「layout_
add_a_contact.xml」中的「textName」及「textPhone」兩個元件；
第 11-27 行實作了 Button 的點擊事件「actionPerformed()」，其中
第 18 行是用以將使用者所輸入的新聯絡人資料加入到資料庫的
「saveContact()」method 之呼叫（其實作在第 29-41 行），其中
第 31-32 行是要透過「MySQLiteOpenHelper」來取得用來「寫
入」的資料庫，第 33-37 行則是將使用者所新增的聯絡人資料以
ContentValues 類別的物件加以表示；第 38-39 行則是呼叫資料庫的
「insert()」method，來將 ContentValues 類別的物件（也就是欲新增

到資料庫的聯絡人資料）新增到資料庫中；最後在第 40 行，我們將資料庫關閉以釋放記憶體。

在下一小節中，我們將從資料庫裡把聯絡人的資訊取回，並且把這些所取回的聯絡人資料以 ListView 來加以顯示。

● 11-3 │ 顯示聯絡人資料

在前一小節中，我們成功地建立了一個「ContactsDB」資料庫，並將新增的聯絡人資料寫入到資料庫中。正如同在程式碼 11-4 中的第 32 行一樣，我們必須透過「getWritableDatabase()」來取得一個「可以寫入」的 SQLiteDatabase 類別的物件「db」，然後才可以透過這個「db」物件來對資料庫進行寫入資料的動作。現在，本節將示範如何取得「可以讀取」的 SQLiteDatabase 類別的物件 — 透過 SQLiteOpenHelper 的「getReadableDatabase()」method 來完成。

當我們取得「可以讀取」的 SQLiteDatabase 類別的物件後，就可以透過它去「ContactsDB」資料庫中讀取出在「contacts」表格中的聯絡人資料，然後再把這些聯絡人的資料呈現在 ListView 當中。現在請依下列步驟進行：

☞ STEP 01 請參考程式碼 11-5，來修改「MainActivity.java」的「onCreate()」method：

程式碼 11-5　MainActivity.java（SQLiteDemo 專案）

```
1   public class MainActivity extends AppCompatActivity {
2       @Override
3       protected void onCreate(Bundle savedInstanceState)
4       {
5           super.onCreate(savedInstanceState);
6           setContentView(R.layout.layout_main);
7           SQLiteDatabase db =
8               new MySQLiteOpenHelper(this).getReadableDatabase();
```

```
 9
10          String sql="select " +
11                  MySQLiteOpenHelper.CONTACT_ID + ","+
12                  MySQLiteOpenHelper.CONTACT_NAME + "," +
13                  MySQLiteOpenHelper.CONTACT_Phone + " from " +
14                  MySQLiteOpenHelper.CONTACT_TABLE;
15
16          Cursor cursor = db.rawQuery(sql, null);
17
18          final ArrayList<Map<String, String>> list =
19              new ArrayList<Map<String, String>>();
20
21          if(cursor.getCount() != 0)
22          {
23              cursor.moveToLast();
24              for(int i=0; i<cursor.getCount(); i++)
25              {
26                  Map<String, String> map =
27                      new HashMap<String, String>();
28                  map.put(MySQLiteOpenHelper.CONTACT_ID,
29                      cursor.getString(0));
30                  map.put(MySQLiteOpenHelper.CONTACT_NAME,
31                      cursor.getString(1));
32                  map.put(MySQLiteOpenHelper.CONTACT_Phone,
33                      cursor.getString(2));
34                  list.add(map);
35                  cursor.moveToPrevious();
36              }
37          }
38          cursor.close();
39          db.close();
40
41          SimpleAdapter adapter = new SimpleAdapter(this, list,
42              android.R.layout.simple_list_item_2,
43              new String[]{MySQLiteOpenHelper.CONTACT_NAME,
44                  MySQLiteOpenHelper.CONTACT_Phone},
45              new int[]{android.R.id.text1, android.R.id.text2});
46
47          ListView listView = (ListView)findViewById(R.id.listView);
48          listView.setAdapter(adapter);
49      }
50
```

```
51      public void actionPerformed(View view)
52      {
53          Intent intent = new Intent();
54          intent.setClass(this, AddAContactActivity.class);
55          startActivity(intent);
56      }
57  …
```

在程式碼 11-5 中，第 7-8 行是透過 MySQLiteOpenHelper 的「getReadable Database()」method 來取得「可讀取」的 SQLite Database 資料庫物件「db」。有了此可讀取的 SQLiteDatabase 類別的物件，我們就可以透過它來下達 SQL 的查詢命令，自資料庫中取回所需的資料。例如以下的 SQL 命令[1]就是要自資料庫中取回所有聯絡人的資料：

```
select name, phone from contacts
```

我們在程式碼 11-5 中的第 10-14 行，就是使用定義在「MySQLite OpenHelper」類別中的幾個字串常值，來組合出上述的 SQL 命令。接著我們在第 16 行透過 SQLiteDatabase 類別的「rawQuery()」 method 來對資料庫下達這個 SQL 命令，並使用一個 Cursor 類別的物件來接收查詢的結果。此處的「rawQuery()」method 接收兩個參數並傳回一個 Cursor 類別的物件，其函式原型如下：

```
Cursor rawQuery (String sql, String[] selectionArgs)
```

其中第一個參數 sql 即為所要執行的 SQL 查詢命令，第二個參數則是用於取代在第一個參數中的 SQL 命令以「?」所標示的地方。當然在第 16 行的程式碼中，「rawQuery()」的第一個參數中並沒有標示為「?」之處，所以我們是以「null」做為第二個參數。

註 1　本書假設讀者具有基礎的 SQL 語言知識，在此不加以解釋。

資 訊 補 給 站

配合程式的設計需要，有時所要下達的 SQL 查詢命令還可以由其它變數來動態地合成出所需的 SQL 命令。例如以下的 SQL 命令，其中有些地方是使用「?」來標示：

```
select name, phone from contacts where name like ? or name like ?
```

我們在執行時，視使用者所輸入的不同內容，來產生不同的查詢結果。假設以兩個字串 n1 與 n2 來代表使用者所輸入的字串，請參考以下的程式碼：

```
String n1="%Wu%";
String n2="%Woo%";
db.rawQuery (
    "select name, phone from contacts where name like ? or name like ?" ,
    new String[] { n1, n2});
```

其結果就會產生並執行以下的 SQL 命令：

```
select name, phone from contacts where name like "%Wu%" or name like "%Woo%"
```

如此就可以找出在資料庫中所有姓名中有「Wu」或「Woo」的聯絡人資料。當然，我們還可以透過這種做法來動態地產生各式所需的查詢。

現在，我們已經將資料庫中所有聯絡人的資料（包含姓名及電話號碼）取回來了，其結果可以透過「Cursor」類別的物件「cursor」來存取。為了將資料進行轉換，以便能在 ListView 中顯示，我們先將所有聯絡人的資料轉換成 ArrayList 類別的型態。所以在第 18-19 行，我們先宣告一個 ArrayList 類別的物件，稱為「list」，可用以儲存多筆資料，其中每筆資料都包含有用以儲存姓名與電話號碼的兩個字串。第 21-37 行則是透過「cursor」物件逐一取回聯絡人的資料，並將這些資料加入到「list」這個 ArrayList 類別的物件中。至此，有關資料庫的部份已經完成存取，我們在第 38-39 行將「cursor」物件以及「db」物件關閉。

為了要在 ListView 中顯示聯絡人的資料，我們在 41-45 行先宣告一個 SimpleAdapter 類別的物件，其格式定義為「android.R.layout. simple_list_item_2」，其中包含「name」與「phone」兩個欄位[2]。接著在第 47 行透過「findViewById()」取回在「layout_main」中的「listView」，並透過第 48 行的「setAdapter()」將剛剛的 SimpleAdapter 載入。最後在第 51-56 行，實作了點擊「Floating ActionButton」後切換到「AddAContactActivity」的動作。

接下來還有一些小細節必須完成，請依下列步驟進行：

☞ **STEP 02** 雖然我們已在「MainActivity.java」中實作了「layout_main」中「FloatingActionButton」的點擊事件（也就是在程式碼 11-5 中的第 51-56 行），但是還必須在「layout_main.xml」中，為名為「fab」的「FloatingActionButton」定義以下屬性：

```
android:onClick="actionPerformed"
```

☞ **STEP 03** 請為「layout_main.xml」中的「fab」定義適當的顯示圖示：

```
app:srcCompat="@android:drawable/ic_input_add "
```

☞ **STEP 04** 最後，請為在「layout_main.xml」中的「toolbar」定義標題：

```
app:title="@string/app_name"
```

其程式執行結果如圖 11-1。

註2　此處是使用 MySQLiteOpenHelper 類別中的字串常值來定義。

(a) SQLiteDemo 主畫面

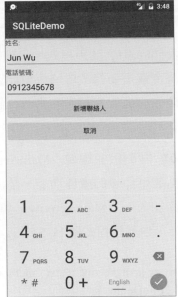

(b) 新增聯絡人畫面

圖 **11-1**

SQLiteDemo 專案新增並顯示聯絡人畫面。

(c) 新增聯絡人後的主畫面

(d) 新增多筆資料後的主畫面

• 11-4 │ 修改聯絡人資料

現在我們的 APP 應用程式，已經能夠新增並顯示聯絡人的資料了，但有時會遇需要修改聯絡人電話號碼或者是姓名的情況，因此本節將示範如何進行資料庫的修改。請依下列步驟完成修改聯絡人資料的功能：

☞**STEP 01** 請開啟並編輯「MainActivity.java」，為其「listView」新增發生點選事件後的處理功能。請注意，您應該將以下的程式碼 11-6 的內容加入到「MainActivity」類別的「onCreate()」method 中適當的地方，也就是程式碼 11-5 的第 48 與第 49 行的中間。

程式碼 11-6 為 MainActivity.java 的 onCreate() method 新增 ListView 的 setOnItemClickListener（SQLiteDemo 專案）

```
1   listView.setOnItemClickListener(new AdapterView.OnItemClickListener() {
2       @Override
3       public void onItemClick(AdapterView<?> parent,
4                           View view, int position, long id) {
5           Intent intent = new Intent();
6           intent.putExtra("id", list.get(position)
7                   .get(MySQLiteOpenHelper.CONTACT_ID));
8           intent.putExtra("name", list.get(position)
9                   .get(MySQLiteOpenHelper.CONTACT_NAME));
10          intent.putExtra("phone", list.get(position)
11                  .get(MySQLiteOpenHelper.CONTACT_Phone));
12          intent.setClass(MainActivity.this, ModifyContactActivity.class);
13          startActivity(intent);
14      }
15  });
```

在程式碼 11-6 中，我們透過 intent 將資料庫中選擇的聯絡人之 id 傳到「ModifyContactActivity」，以便讓未來負責進行資料修改的「ModifyContactActivity」可以得到使用者想要修改的聯絡人資料（包含 id、name 與 phone），進而讓使用者能進行後續的資料修改。

STEP 02 　請為「SQLiteDemo 專案」新增一個「ModifyContactActivity.java」以及其所對應的「layout_modify_contact.xml」（請使用「Empty Activity」來完成新增）。

STEP 03 　請開啟剛剛所建立的「layout_modify_contact.xml」，並參考程式碼 11-7 來完成其內容之設計：

程式碼 11-7 　layout_modify_contact.xml（SQLiteDemo 專案）

```
1   <?xml version="1.0" encoding="utf-8"?>
2   <LinearLayout xmlns:android="http://schemas.android.com/apk/res/android"
3       xmlns:tools="http://schemas.android.com/tools"
4       android:orientation="vertical" android:layout_width="match_parent"
5       android:layout_height="match_parent"
6       tools:context="com.example.junwu.sqlitedemo.ModifyActivity">
7
8       <TextView
9           android:text=" 姓名 :"
10          android:layout_width="match_parent"
11          android:layout_height="wrap_content" />
12
13      <EditText
14          android:layout_width="match_parent"
15          android:layout_height="wrap_content"
16          android:inputType="textPersonName"
17          android:ems="10"
18          android:id="@+id/edtName" />
19
20      <TextView
21          android:text=" 電話號碼 :"
22          android:layout_width="match_parent"
23          android:layout_height="wrap_content" />
24
25      <EditText
26          android:layout_width="match_parent"
27          android:layout_height="wrap_content"
28          android:inputType="phone"
29          android:ems="10"
30          android:id="@+id/edtPhone" />
31
32      <Button
```

```
33              android:text=" 修改 "
34              android:layout_width="match_parent"
35              android:layout_height="wrap_content"
36              android:id="@+id/btnModify"
37              android:onClick="actionPerformed"/>
38
39      <Button
40              android:text=" 返回 "
41              android:layout_width="match_parent"
42              android:layout_height="wrap_content"
43              android:id="@+id/btnBack"
44              android:onClick="actionPerformed"/>
45  </LinearLayout>
```

在程式碼 11-7 中，我們可以看出其實「layout_modify_contact.xml」
的介面與「layout_add_a_contact.xml」的內容差不多，只不過其按
鍵變成「修改」與「返回」而已。不過請注意，我們把讓使用者進
行編輯的兩個 EditText，分別命名為「edtName」與「edtPhone」。

STEP 04　接下來請開啟「ModifyContactActivity.java」，並參考程式
碼 11-8 來完成其內容之設計：

程式碼 11-8　ModifyContactActivity.java（SQLiteDemo 專案）

```
1   public class ModifyContactActivity extends AppCompatActivity {
2       String id;
3       EditText textName;
4       EditText textPhone;
5
6       @Override
7       protected void onCreate(Bundle savedInstanceState) {
8           super.onCreate(savedInstanceState);
9           setContentView(R.layout.layout_modify_contact);
10
11          Intent intent = getIntent();
12          Bundle bundle = intent.getExtras();
13          id = bundle.getString("id", "0");
14          textName = (EditText) findViewById(R.id.edtName);
15          textPhone = (EditText) findViewById(R.id.edtPhone);
```

```
16          textName.setText(bundle.getString("name"));
17          textPhone.setText(bundle.getString("phone"));
18      }
19
20      public void actionPerformed(View view)
21      {
22           SQLiteDatabase db;
23          switch (view.getId())
24          {
25              case R.id.btnModify:
26                  db = new MySQLiteOpenHelper(this).
27                                  getWritableDatabase();
28                  String sqlupdate="update " +
29                  MySQLiteOpenHelper.CONTACT_TABLE +
30                  " set " + MySQLiteOpenHelper.CONTACT_NAME +
31                  "='" + textName.getText().toString() + "', " +
32                  MySQLiteOpenHelper.CONTACT_Phone + "='" +
33                  textPhone.getText().toString() +"' " +
34                  "where " + MySQLiteOpenHelper.CONTACT_ID +
35                  "=" + id;
36                  db.execSQL(sqlupdate);
37                  db.close();
38                  break;
39          }
40          Intent intent = new Intent();
41          intent.setClass(this, MainActivity.class);
42          startActivity(intent);
43      }
44  }
```

在程式碼 11-8 中，我們為了讓「actionPerformed()」方便存取
來自於「layout_modify_contact.xml」中的元件，所以我們將從
「MainActivity」所傳過來的「id」、「textName」及「textPhone」
皆設定成類別變數[3]（如第 2-4 行所示），然後在第 11-12 行取回自
「MainActivity」的變數（透過 Intent 的 Bundle），並在第 13 行
將傳過來的「id」設為變數「id」。接下來，透過在第 14-15 行的
「findViewById()」來取得定義在「layout_modify_contact.xml」中
所定義的姓名及電話元件（可進行編輯的 EditText 元件），然後在

註 3　類別變數（class variable）即為在類別內的全域變數。

第 16-17 行利用同樣來自「MainActivity」的變數將它們的值加以設定。至此,使用者就可以在「ModifyContactActivity」中看到所要進行編輯的聯絡人資料。

接著在第 20-43 行是實作當使用者按下「修改」按鈕時的事件處理,並完成寫入資料庫的動作。此處的 method,一樣命名為「actionPerformed()」,在第 25 行判定使用者按下的是「修改」按鈕後,在後續的第 26-38 行就是進行資料庫的修改,最後則不論使用者按下哪一個按鈕(包含「取消」)都透過 Intent 來切換回「MainActivity」。在第 26-38 行中,其中第 25-26 行先取回一個指向「ContactsDB」資料庫的「可以寫入」的 SQLiteDatabase 類別的物件「db」(宣告於第 22 行);然後在第 28-35 後,利用「MySQLiteOpenHelper.java」中所定義的字串常值與使用者所編輯過的姓名與電話號碼,完成一個符合 SQL 語法的 update 命令字串,再透過第 36 行來執行該 SQL 命令。最後,我們在第 37 行將「db」關閉。至此,我們完成了讓使用者修改聯絡人資料的程式設計,請參考圖 11-2 的執行畫面。

圖 11-2

具有修改功能的
SQLiteDemo 專案
執行畫面。

(a) 修改資料前的主畫面　　(b) 選擇修改第二筆聯絡人資料

(c) 修改聯絡人時的畫面　　　(d) 修改完成後的主畫面

11-5 | 刪除聯絡人資料

一個典型的資料庫應用，當然包含了新增、修改與刪除資料的功能。現在本節將示範如何讓使用者完成將「ContactsDB」中的聯絡人資料刪除的動作。我們將在「ModifyContactActivity」中，新增一個「刪除」按鈕，以便讓使用者可以將在 ListView 中所選取的聯絡人資料刪除，請依下列步驟進行：

STEP 01 請開啟「layout_modify_contact.xml」，參考下列的程式碼 11-9 來為它新增一個「刪除」按鈕（所新增的程式碼以粗體表示）：

程式碼 11-9　修改 layout_modify_contact.xml 以新增「刪除」按鈕（SQLiteDemo 專案）

```
1   <?xml version="1.0" encoding="utf-8"?>
2   <LinearLayout xmlns:android="http://schemas.android.com/apk/res/android"
3       xmlns:tools="http://schemas.android.com/tools"
4       android:orientation="vertical" android:layout_width="match_parent"
5       android:layout_height="match_parent"
6       tools:context="com.example.junwu.sqlitedemo.ModifyActivity">
7
8       <TextView
9           android:text=" 姓名 :"
10          android:layout_width="match_parent"
11          android:layout_height="wrap_content" />
12
13      <EditText
14          android:layout_width="match_parent"
15          android:layout_height="wrap_content"
16          android:inputType="textPersonName"
17          android:ems="10"
18          android:id="@+id/edtName" />
19
20      <TextView
21          android:text=" 電話號碼 :"
22          android:layout_width="match_parent"
23          android:layout_height="wrap_content" />
24
25      <EditText
26          android:layout_width="match_parent"
27          android:layout_height="wrap_content"
28          android:inputType="phone"
29          android:ems="10"
30          android:id="@+id/edtPhone" />
31
32      <Button
33          android:text=" 修改 "
34          android:layout_width="match_parent"
35          android:layout_height="wrap_content"
36          android:id="@+id/btnModify"
37          android:onClick="actionPerformed"/>
38
39      <Button
```

```
40          android:text=" 刪除 "
41          android:layout_width="match_parent"
42          android:layout_height="wrap_content"
43          android:id="@+id/btnDelete"
44          android:onClick="actionPerformed"/>
45
46      <Button
47          android:text=" 返回 "
48          android:layout_width="match_parent"
49          android:layout_height="wrap_content"
50          android:id="@+id/btnBack"
51          android:onClick="actionPerformed"/>
52  </LinearLayout>
```

☞ **STEP 02** 接著請開啟「ModifyContactActivity.java」，參考下列的程
式碼 11-10 來為它新增「刪除」按鈕的事件處理（所新增的程式碼以
粗體表示）。請注意，您必須將程式碼 11-10 新增到程式碼 11-8 中的
第 38 行與第 39 行之間。

程式碼 11-10　為 ModifyContactActivity.java 新增「刪除」按鈕的事件處理（SQLiteDemo
專案）

```
1   case R.id.btnDelete:
2       db = new MySQLiteOpenHelper(this).getWritableDatabase();
3       String sqldel = "delete from " +
4               MySQLiteOpenHelper.CONTACT_TABLE +
5               " where " + MySQLiteOpenHelper.CONTACT_ID + "=" +
6               id;
7       db.execSQL(sqldel);
8       db.close();
9       break;
```

在程式碼 11-10 中，我們使用與修改聯絡人相似的程式碼來完成刪除
的動作，只不過我們所產生的是 SQL 語法的「delete」命令，其完
成後的功能執行畫面如圖 11-3 所示。

(a) 刪除聯絡人資料前的主畫面　(b) 點選第二筆資料後顯示可修　(c) 將第二筆資料刪除後的畫面
　　　　　　　　　　　　　　　　　改及刪除的畫面

圖 11-3　SQLiteDemo 專案的刪除功能執行結果。

至此，本章已經為了完成了一個簡單的資料庫應用程式的示範，相信讀者們一定可以在此基礎上設計更多的資料庫相關應用程式。

● 11-6 │ Exercise

Exercise 11.1

請以本章所介紹的「SQLiteDemo 專案」為基礎，設計一個名為「MyContacts」的聯絡人 APP 應用程式。相較於本章的「SQLite Demo 專案」，您應該為聯絡人新增更多詳細的聯絡資訊的欄位，包含地址、生日與電子郵件信箱等資訊。

Exercise 11.2

請參考本章的「SQLiteDemo 專案」，設計一個可以管理藏書的 APP
應用程式，名為「MyBooks」，讓使用者可以使用 ListView 來瀏覽其
藏書，並可以進行修改與刪除等動作。每本書籍應至少包含書名、
作者、出版社、ISBN 號碼等資訊。

Exercise 11.3

請參考本章的「SQLiteDemo 專案」，設計一個可以管理網址的 APP
應用程式，名為「MyFavoriteWebsite」，讓使用者可以使用 ListView
來瀏覽其所收藏的網址，並可以進行修改與刪除等動作。同時，還
要提供讓使用者可以瀏覽所收藏的網頁的功能。

12

多媒體應用

本章節將向各位讀者介紹如何在 Android 系統上應用多媒體資源，我們將讓各位讀者實作出一個可以觀看行動裝置中多媒體檔案的 APP。具體來說，我們將實作一個「Multimedia」的專案，其中主介面將包含三個按鍵，其按鈕用意是讓使用者可以選擇要觀看多媒體的檔案類型（圖片、音樂、影片），根據使用者的選擇來切換三個不同的 Activity —「ImageActivity」、「AudioActivity」及「VideoActivity」。 在 12-1 小節中，我們將實作出「ImageActivity」，其主要動作是讓使用者瀏覽行動裝置中的圖像檔，將使用者選擇的圖像檔呈現在其對應介面的 ImageView 上。在 12-2 小節中，我們將在「AudioActivity」中使用 MediaPlayer 類別來播放行動裝置中的音訊檔。在 12-3 小節中，我們會在「VideoActivity」中新增 VideoView 元件，透過 VideoView 元件播放使用者在行動裝置中選擇的視訊檔。接下來就讓我們開始嘗試實作出這個能讓使用者觀看照片、聆聽音樂及欣賞影片的「Multimedia」APP 吧。

STEP 01 請先建立一個名為「Multimedia」的專案，並使用「Empty Activity」，其包括「MainActivity.java」與「layout_main.xml」兩個檔案。

STEP 02 設計「layout_main.xml」使用者介面，其介面包括三個按鍵（如圖 12-1），其內容可參考程式碼 12-1：

圖 12-1

「layout_main」
使用者介面。

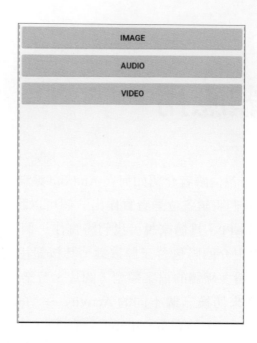

程式碼 12-1　layout_main.xml（Multimedia 專案）

```
1   <?xml version="1.0" encoding="utf-8"?>
2   <LinearLayout xmlns:android="http://schemas.android.com/apk/res/android"
3       xmlns:tools="http://schemas.android.com/tools"
4       android:id="@+id/layout_main"
5       android:layout_width="match_parent"
6       android:layout_height="match_parent"
7       tools:context="com.example.junwu.multimedia.MainActivity"
8       android:orientation="vertical">
9
10      <Button
11          android:layout_width="match_parent"
12          android:layout_height="wrap_content"
13          android:id="@+id/btnImage"
14          android:text="Image"
15          android:onClick="actionPerformed"/>
16
17      <Button
18          android:layout_width="match_parent"
19          android:layout_height="wrap_content"
20          android:id="@+id/btnAudio"
```

```
21          android:text="Audio"
22          android:onClick="actionPerformed"/>
23
24      <Button
25          android:layout_width="match_parent"
26          android:layout_height="wrap_content"
27          android:id="@+id/btnVideo"
28          android:text="Video"
29          android:onClick="actionPerformed"/>
30  </LinearLayout>
```

在程式碼 12-1 中，我們新增了三個 id 分別為「btnImage」、「btn Audio」及「btnVideo」的按鍵，並將三個按鈕的「onClick」屬性設定為「actionPerformed」。

☞ **STEP 03** 在「MainActivity.java」新增「actionPerformed」，其內容如程式碼 12-2（新增程式碼部分以粗體表示）：

程式碼 12-2 MainActivity.java（Multimedia 專案）

```
1   public class MainActivity extends AppCompatActivity {
2
3       @Override
4       protected void onCreate(Bundle savedInstanceState) {
5           super.onCreate(savedInstanceState);
6           setContentView(R.layout.layout_main);
7       }
8
9       public void actionPerformed(View view)
10      {
11          Intent intent = new Intent();
12          switch(view.getId())
13          {
14              case R.id.btnImage:
15                  intent.setClass(this, ImageActivity.class);
16                  startActivity(intent);
17                  break;
18          }
19      }
20  }
```

在程式碼 12-2 中，為了要在「actionPerformed」中實作三個按鍵點選後的對應動作，我們在第 12-18 行使用了「switch-case 敘述」來進行按鍵的動作處理（但目前只針對第一個按鍵「btnImage」），在第 14-16 行我們讓使用者可以在點選「btnImage」後將 Activity 切換至「ImageActivity」。

至此，我們「Multimedia」專案的主介面已經擁有三個按鍵，並且點選第一個按鍵時，將會切換 Activity 至「ImageActivity」。接下來就讓我們實作出「ImageActivity」，並完成讓使用者觀看手機中圖片的功能吧。然而，各位聰明的讀者在前面幾個章節中，應該對 ImageView 已經有相當的瞭解，因此下一個小節我們將主要針對瀏覽手機內部檔案的功能做介紹。

12-1 | 內容選擇器

☞ **STEP 01** 請在「Multimedia」專案中新增一個「Empty Activity」，其檔案包括「ImageActivity.java」及「layout_image.xml」。

接下來，我們希望使用者切換至「ImageActivity」後，可以看到一個按鍵及一個 ImageView。當使用者點選按鍵後，可以瀏覽行動裝置內部的檔案，選擇某個圖像檔後，其圖像將會顯示在 ImageView 上。

☞ **STEP 02** 自行設計「layout_image.xml」使用者介面，其介面包括一個按鍵（本範例選擇使用 FloatingActionButton）及一個 ImageView，其內容可參考程式碼 12-3。

程式碼 12-3 layout_image.xml（Multimedia 專案）

```
1   <?xml version="1.0" encoding="utf-8"?>
2   <RelativeLayout xmlns:android="http://schemas.android.com/apk/res/android"
3       xmlns:app="http://schemas.android.com/apk/res-auto"
4       xmlns:tools="http://schemas.android.com/tools"
```

```
 5        android:id="@+id/layout_image"
 6        android:layout_width="match_parent"
 7        android:layout_height="match_parent"
 8        android:paddingBottom="@dimen/activity_vertical_margin"
 9        android:paddingLeft="@dimen/activity_horizontal_margin"
10        android:paddingRight="@dimen/activity_horizontal_margin"
11        android:paddingTop="@dimen/activity_vertical_margin"
12        tools:context="com.example.junwu.multimedia.ImageActivity">
13
14        <ImageView
15            android:layout_width="match_parent"
16            android:layout_height="match_parent"
17            android:id="@+id/imageView"/>
18
19        <android.support.design.widget.FloatingActionButton
20            android:layout_width="wrap_content"
21            android:layout_height="wrap_content"
22            android:clickable="true"
23            app:fabSize="mini"
24            app:srcCompat="@android:drawable/ic_menu_search"
25            android:id="@+id/fabChoose"
26            android:layout_alignParentBottom="true"
27            android:layout_alignParentEnd="true" />
28
29  </RelativeLayout>
```

程式碼 12-3 中，我們在第 14-17 行新增了一個 id 為「imageView」
的 ImageView，其元件大小為整個介面，另外在第 19-27 行我們新增
了一個 id 為「fabChoose」的 FloatingActionButton，並將其位置設
置在介面的右下角。

☞ **STEP 03** 修改「ImageActivity.java」的「onCreate()」method，其內
容如程式碼 12-4（新增程式碼部分以粗體表示）：

程式碼 12-4 　為 fabChoose 增加事件處理（Multimedia 專案）

```
 1  @Override
 2  protected void onCreate(Bundle savedInstanceState) {
 3      super.onCreate(savedInstanceState);
```

```
4        setContentView(R.layout.layout_image);
5
6        findViewById(R.id.fabChoose).setOnClickListener(
7            new View.OnClickListener() {
8            @Override
9            public void onClick(View view) {
10               Intent intent = new Intent(Intent.ACTION_GET_CONTENT);
11               intent.setType("image/*");
12               Intent dest = Intent.createChooser(intent, "Select");
13               startActivityForResult(dest, 0);
14           }
15       });
16   }
```

在程式碼 12-4 中，我們在第 10 行透過「Intent.ACTION_GET_ CONTENT」來瀏覽手機內部的檔案，透過第 11 行的「intent. setType("image/*")」來設定瀏覽檔案的檔案型態為圖像檔（這樣可以確保使用者只能選擇規定的檔案類型），並在第 12 行建立內容選擇器來讓使用者選擇檔案。

資 訊 補 給 站

Android 中的檔案類型是採用 MIME（Multipurpose Interent Mail Extensions）標準，MIME 是透過特定的字串來表達內容的型態，其格式如下：

[主型態] / [子型態]

以檔案為例，可能包括以下幾種格式（大略舉例，並非包含全部類型）：

- 文字
  text/plain：純文字文件
  text/html：HTML 文件

- 圖像
  image/jpge：JPEG 影像
  image/png：PNG 影像

- 音訊

  audio/midi：MIDI 音樂

  audio/x-mpeg：MP2 或 MP3 音樂

- 視訊

  video/mpeg：MPEG 影片

如果是要表示所有類型的檔案可以使用「*」來表示，以「audio/*」表示所有音樂型態的檔案，「*/*」表示所有類型的檔案。

而當使用者在內容選擇器中選擇了檔案後，將可以透過「onActivity Result」來針對內容選擇器選取的檔案進行後續動作，接下來讓我們在「onActivityResult」實作出圖像呈現在 ImageView 的功能吧。

☞ **STEP 04**　在「ImageActivity.java」中實作「onActivityResult()」，其內容如程式碼 12-5（新增程式碼部分以粗體表示）：

程式碼 12-5　ImageActivity.java（Multimedia 專案）

```
1    public class ImageActivity extends AppCompatActivity {
2
3        @Override
4        protected void onCreate(Bundle savedInstanceState) {
5            super.onCreate(savedInstanceState);
6            setContentView(R.layout.layout_image);
7
8            findViewById(R.id.fabChoose).setOnClickListener(
9                new View.OnClickListener() {
10                   @Override
11                   public void onClick(View view) {
12                       Intent intent =
13                           new Intent(Intent.ACTION_GET_CONTENT);
14                       intent.setType("image/*");
15                       Intent dest = Intent.createChooser(intent, "Select");
16                       startActivityForResult(dest,0);
17                   }
18               });
19       }
```

```
20
21        @Override
22        protected void onActivityResult(int requestCode, int resultCode,
23            Intent data) {
24            super.onActivityResult(requestCode, resultCode, data);
25
26            Uri uri = data.getData();
27            ImageView iv = (ImageView) this.findViewById(R.id.imageView);
28            iv.setImageURI(uri);
29        }
30   }
```

在程式碼 12-5 中，我們在第 21-29 行實作了「onActivityResult()」，其動作非常簡單，在取得檔案位置後將其透過 ImageView 中的 setImageURI() 設定 ImageView 的圖像來源。其程式結果如圖 12-2。

(a) 點選右下角按鈕可以瀏覽檔　　(b) 內容選擇器只能選取規定的　　(c) 選取的圖像將顯示在 Image
　　 案。　　　　　　　　　　　　　 檔案類型。　　　　　　　　　　 View 上。

圖 12-2 「ImageActivity」程式結果。

12-2｜以 MediaPlayer 播放音訊檔

在 Android 中，我們可以透過在「android.media.MediaPlayer」的 MediaPlayer 來播放音樂或者影片，在開始實作播放音樂的功能之前，讓我們先從圖 12-3 的 MediaPlayer 狀態圖來瞭解 MediaPlayer 的生命週期，我們以下將針對其狀態圖先做個簡單介紹。

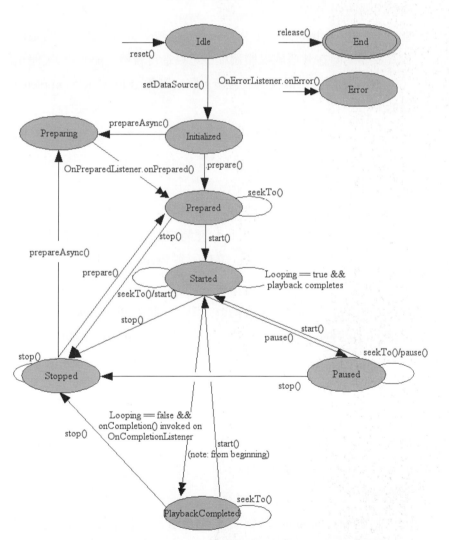

圖 12-3

MediaPlayer 狀態圖。

[圖片來源：https://developer.android.com/images/mediaplayer_state_diagram.gif]

MediaPlayer 的 9 種狀態：

- Idle：當 MediaPlayer 被 new 出來或者呼叫 reset() 後，便會處於 Idle 狀態。

- Initialized：當設定 MediaPlayer 的媒體來源後，將會進行初始化。

- Prepared：當 MediaPlayer 一切準備就緒可以隨時進行播放時，將處於 Prepared 狀態。

- Started：當 MediaPlayer 在 Prepared 狀態呼叫 start() 後，將開始播放其媒體，而在其播放媒體過程中可以進行暫停（pause()）、停止（stop()）等操作，當播放完成後，將自動跳至 PlaybackCompleted 狀態。

- Paused：當在媒體播放的過程中呼叫 pause() 後，MediaPlayer 將會暫停播放，直到呼叫 start() 時才會返回 Started 狀態繼續播放媒體。

- Stopped：當 MediaPlayer 執行過程中呼叫 stop() 後，MediaPlayer 將處於 Stopped 狀態，處於此狀態將無法進行播放，需要呼叫 prepare() 或者 prepareAsync() 讓其回到 Prepared 狀態時才能恢復播放。

- PlaybackCompleted：當影片播放完成後，將至 PlaybackCompleted 狀態，可以呼叫 start() 再次播放，或者呼叫 stop() 結束播放。

- Preparing：當 MediaPlayer 呼叫 prepareAsync() 後進行非同步準備，準備完成後則進入 Prepared 狀態。

- Error：當 MediaPlayer 發生錯誤時轉至 Error 狀態，此時可以呼叫 reset() 來恢復，使其回到 Idle 狀態。

- End：當不再使用 MediaPlayer 可以呼叫 release() 進而釋放其相關硬體資源。

現在我們對 MediaPlayer 已經有了一些瞭解，現在讓我們開始試著利用 MediaPlayer 來實作播放音樂的功能。我們將會新增一個

「AudioActivity」，其對應介面與「ImageActivity」差不多，我們一樣透過 FloatingActionButton 來讓使用者瀏覽選擇音訊檔案，但是我們會再新增三個 Button 進行播放、暫停、停止的操作。而當使用者尚未選取任何音訊檔案時，三個 Button 是不允許被點選的，直到使用者選擇音訊檔案後才可點選三個操作按鍵。接下來，我們就開始完成「AudioActivity」的相關介面及功能吧，當然各位有創意的讀者也是可以自行設計其介面。

☞ **STEP 01** 請在「MainActivity.java」中「actionPerformed」裡新增以下程式碼（新增以下內容於程式碼 12-2 的第 17-18 行間）：

```
case R.id.btnAudio:
            intent.setClass(this, AudioActivity.class);
            startActivity(intent);
            break;
```

☞ **STEP 02** 請在「Multimedia」專案中新增一個「Empty Activity」，其檔案包括「AudioActivity.java」及「layout_audio.xml」。

☞ **STEP 03** 請自行設計「layout_audio.xml」使用者介面，其介面包括四個按鍵（本範例選擇使用一個 FloatingActionButton 及三個 Button），其內容可參考程式碼 12-6。

程式碼 12-6　layout_audio.xml（Multimedia 專案）

```
1    <?xml version="1.0" encoding="utf-8"?>
2    <RelativeLayout xmlns:android="http://schemas.android.com/apk/res/android"
3        xmlns:app="http://schemas.android.com/apk/res-auto"
4        xmlns:tools="http://schemas.android.com/tools"
5        android:id="@+id/layout_image"
6        android:layout_width="match_parent"
7        android:layout_height="match_parent"
8        android:paddingBottom="@dimen/activity_vertical_margin"
9        android:paddingLeft="@dimen/activity_horizontal_margin"
10       android:paddingRight="@dimen/activity_horizontal_margin"
11       android:paddingTop="@dimen/activity_vertical_margin"
12       tools:context="com.example.junwu.multimedia.ImageActivity">
```

```
13
14      <LinearLayout
15          android:layout_width="match_parent"
16          android:layout_height="wrap_content"
17          android:orientation="vertical">
18          <Button
19              android:layout_width="match_parent"
20              android:layout_height="wrap_content"
21              android:id="@+id/btnPlay"
22              android:text="Play" />
23
24          <Button
25              android:layout_width="match_parent"
26              android:layout_height="wrap_content"
27              android:id="@+id/btnPause"
28              android:text="Pause" />
29
30          <Button
31              android:layout_width="match_parent"
32              android:layout_height="wrap_content"
33              android:id="@+id/btnStop"
34              android:text="Stop" />
35
36      </LinearLayout>
37      <android.support.design.widget.FloatingActionButton
38          android:layout_width="wrap_content"
39          android:layout_height="wrap_content"
40          android:clickable="true"
41          app:fabSize="mini"
42          app:srcCompat="@android:drawable/ic_menu_search"
43          android:id="@+id/fabChoose"
44          android:layout_alignParentBottom="true"
45          android:layout_alignParentEnd="true" />
46
47  </RelativeLayout>
```

程式碼 12-6 中，我們在第 18-34 行新增了三個 id 分別為「btnPlay」、「btnPause」及「btnStop」的按鍵，主要用來控制 MediaPlayer 的播放、暫停與停止。另外在第 37-45 行，和「layout_image」一樣在介面右下角新增一個 FloatingActionButton，其 id 為「fabChoose」，主要用來供使用者選擇檔案。

☞ STEP 04 修改「AudioActivity.java」程式碼，其內容如程式碼 12-7：

程式碼 12-7　AudioActivity.java（Multimedia 專案）

```
1   public class AudioActivity extends AppCompatActivity {
2
3       MediaPlayer player;
4       Button btnPlay, btnPause, btnStop;
5       @Override
6       protected void onCreate(Bundle savedInstanceState) {
7           super.onCreate(savedInstanceState);
8           setContentView(R.layout.layout_audio);
9
10          findViewById(R.id.fabChoose).setOnClickListener(
11              new View.OnClickListener() {
12              @Override
13              public void onClick(View view) {
14                  Intent intent =
15                      new Intent(Intent.ACTION_GET_CONTENT);
16                  intent.setType( "audio/*" );
17                  Intent dest = Intent.createChooser(intent, "Select");
18                  startActivityForResult(dest, 0);
19              }
20          });
21
22          btnPlay = (Button)findViewById(R.id.btnPlay);
23          btnPlay.setEnabled(false);
24          btnPlay.setOnClickListener(new View.OnClickListener() {
25              @Override
26              public void onClick(View view) {
27                  player.start();
28              }
29          });
30          btnPause = (Button)findViewById(R.id.btnPause);
31          btnPause.setEnabled(false);
32          btnPause.setOnClickListener(new View.OnClickListener() {
33              @Override
34              public void onClick(View view) {
35                  player.pause();
36              }
37          });
38          btnStop = (Button)findViewById(R.id.btnStop);
```

```
39              btnStop.setEnabled(false);
40              btnStop.setOnClickListener(new View.OnClickListener() {
41                  @Override
42                  public void onClick(View view) {
43                      player.stop();
44                      player.prepareAsync();
45                  }
46              });
47          }
48
49      @Override
50      protected void onActivityResult(int requestCode, int resultCode,
51          Intent data) {
52          super.onActivityResult(requestCode, resultCode, data);
53
54          Uri uri = data.getData();
55          player = new MediaPlayer();
56          player = MediaPlayer.create(this, uri);
57          btnPlay.setEnabled(true);
58          btnPause.setEnabled(true);
59          btnStop.setEnabled(true);
60          }
61  }
```

在程式碼 12-7 中，讀者應該有發現到「fabChoose」點擊後的對應動作與「ImageActivity」的「fabChoose」很像，事實上它們的動作的確是一樣的，但請注意，在第 16 行 Intent 的「setType()」改為「"audio/*"」，因為這次我們需要選擇的檔案類型改為音訊檔了。為了確保程式運作正常，在第 23、31 及 39 行，我們將「btnPlay」、「btnPause」及「btnStop」的 Enabled 設定為「false」，也就是一開始三個按鍵是不能點擊的，須透過第 50-60 行當 MediaPlayer 的播放來源設定好並建立好播放器後才可以點擊三個按鍵。其中「btnPlay」的動作就是控制播放器的播放，「btnPause」的動作就是控制播放器的暫停，「btnStop」的動作就是控制播放器的停止，比較特別的是在停止之後我們呼叫「prepareAsync()」，讓播放器恢復到準備播放的狀態，其程式結果如圖 12-4。

(a) 一開始無法點選三個 Media　(b) 內容選擇器只能選取規定的　(c) 選擇檔案後將可以控制
　　Player 的操作鍵。　　　　　　　檔案類型。　　　　　　　　　MediaPlayer。

圖 12-4　「AudioActivity」程式結果。

12-3 ｜以 VideoView 播放視訊檔

雖然在 Android 中也可以透過 MediaPlayer 來播放視訊影像，不過
其需要再搭配 SurfaceView 元件來呈現視訊影像，並須自行實作
一些 MediaPlayer 控制方法。不過 Android 內建也提供另一種播放
視訊影像的方法 — 使用 VideoView 類別。VideoView 主要繼承自
SurfaceView 類別，其可以配合在「android.widget.MediaController」
的 MediaController 物件來控制播放器，透過 VideoView 可以讓開發
者更容易實作出播放視訊影像的功能。接下來讓我們使用 VideoView
來完成播放影片的功能吧，其中和「ImageActivity」很像，我們一
樣點選按鍵來開啟內容選擇器選擇視訊檔案，並透過 VideoView 呈
現出來。

STEP 01 請在「MainActivity.java」中「actionPerformed」裡新增以下程式碼（新增以下內容於 12-2 小節的步驟 1 後面）：

```
case R.id.btnVideo:
            intent.setClass(this, VideoActivity.class);
            startActivity(intent);
            break;
```

完成新增步驟 1 的程式碼後，現在「MainActivity.java」中「actionPerformed」的程式碼應該與以下程式碼相同：

```
public void actionPerformed(View view)
{
    Intent intent = new Intent();
    switch(view.getId())
    {
        case R.id.btnImage:
            intent.setClass(this, ImageActivity.class);
            startActivity(intent);
            break;

        case R.id.btnAudio:
            intent.setClass(this, AudioActivity.class);
            startActivity(intent);
            break;

        case R.id.btnVideo:
            intent.setClass(this, VideoActivity.class);
            startActivity(intent);
            break;
    }
}
```

STEP 02 請在「Multimedia」專案中新增一個「Empty Activity」，其檔案包括「VideoActivity.java」及「layout_video.xml」。

STEP 03 自行設計「layout_video.xml」使用者介面，其介面包括一個按鍵（本範例選擇使用 FloatingActionButton）及一個 Video View，其內容可參考程式碼 12-8。

程式碼 **12-8**　layout_video.xml（Multimedia 專案）

```
1  <?xml version="1.0" encoding="utf-8"?>
2  <RelativeLayout xmlns:android="http://schemas.android.com/apk/res/android"
3      xmlns:app="http://schemas.android.com/apk/res-auto"
4      xmlns:tools="http://schemas.android.com/tools"
5      android:id="@+id/layout_video"
6      android:layout_width="match_parent"
7      android:layout_height="match_parent"
8      android:paddingBottom="@dimen/activity_vertical_margin"
9      android:paddingLeft="@dimen/activity_horizontal_margin"
10     android:paddingRight="@dimen/activity_horizontal_margin"
11     android:paddingTop="@dimen/activity_vertical_margin"
12     tools:context="com.example.junwu.multimedia.VideoActivity">
13
14     <VideoView
15         android:layout_width="match_parent"
16         android:layout_height="match_parent"
17         android:id="@+id/videoView"/>
18
19     <android.support.design.widget.FloatingActionButton
20         android:layout_width="wrap_content"
21         android:layout_height="wrap_content"
22         android:clickable="true"
23         app:fabSize="mini"
24         app:srcCompat="@android:drawable/ic_menu_search"
25         android:id="@+id/fabChoose"
26         android:layout_alignParentBottom="true"
27         android:layout_alignParentEnd="true" />
28 </RelativeLayout>
```

從程式碼 12-8 可以發現，它與程式碼 12-3 的「layout_image.xml」非常類似，的確，因為唯一的差異是在第 14-17 行改使用 VideoView 元件，其 id 為「videoView」。

STEP 04 修改「VideoActivity.java」的「onCreate()」method，其內
容如以下程式碼 12-9（新增程式碼部分以粗體表示）：

程式碼 12-9　為 fabChoose 增加事件處理（Multimedia 專案）

```
1    @Override
2    protected void onCreate(Bundle savedInstanceState) {
3        super.onCreate(savedInstanceState);
4        setContentView(R.layout.layout_video);
5
6        findViewById(R.id.fabChoose).setOnClickListener(
7            new View.OnClickListener() {
8            @Override
9            public void onClick(View view) {
10               Intent intent = new Intent(Intent.ACTION_GET_CONTENT);
11               intent.setType( "video/*" );
12               Intent dest = Intent.createChooser(intent, "Select");
13               startActivityForResult(dest, 0);
14           }
15       });
16   }
```

由於程式碼 12-9 與前面兩小節中「fabChoose」的事件處理極為類
似，所以在此處就不在贅述，但請注意第 11 行的「setType()」更改
為「"video/*"」，也就表示內容選擇器主要選擇的檔案類型為視訊
檔案。

STEP 05 修改「VideoActivity.java」，其內容如程式碼 12-10（新增
程式碼部分以粗體表示）：

程式碼 12-10　VideoActivity.java（Multimedia 專案）

```
1    public class VideoActivity extends AppCompatActivity {
2        VideoView videoView;
3        @Override
4        protected void onCreate(Bundle savedInstanceState) {
5            super.onCreate(savedInstanceState);
6            setContentView(R.layout.layout_video);
7
```

```
8        videoView = (VideoView) findViewById(R.id.videoView);
9        MediaController controller = new MediaController(this);
10       videoView.setMediaController(controller);
11       findViewById(R.id.fabChoose).setOnClickListener(
12           new View.OnClickListener() {
13           @Override
14           public void onClick(View view) {
15               Intent intent =
16                   new Intent(Intent.ACTION_GET_CONTENT);
17               intent.setType( "video/*" );
18               Intent dest = Intent.createChooser(intent, "Select");
19               startActivityForResult(dest, 0);
20           }
21       });
22   }
23
24   @Override
25   protected void onActivityResult(int requestCode, int resultCode,
26       Intent data) {
27       super.onActivityResult(requestCode, resultCode, data);
28
29       Uri uri = data.getData();
30       videoView.setVideoURI(uri);
31       videoView.start();
32   }
33 }
```

在程式碼 12-10 中，我們在第 9 行建立了一個 MediaController，並
在第 10 行透過 setMediaController() 讓 VideoView 擁有一個控制器
（其中包括快轉、倒轉、播放與暫停以及播放進度表），在第 24-32
行實作了「onActivityResult()」，其動作是在取得檔案位置後將其透
過 VideoView 中的 setVideoURI() 設定 VideoView 的視訊影像來源。
其程式結果如圖 12-5。

請注意有時候可能因為行動裝置軟體或韌體版本過低而出現「無法
播放此影片」的訊息，在這裡建議讀者進行測試時以實體裝置或者
系統版本較新的模擬器進行偵錯。

(a) 尚未選擇視訊檔案。

(b) 內容選擇器只能選取規定的
檔案類型。

(c) 選擇檔案後將可播放影片。

圖 12-5　「VideoActivity」程式結果。

12-4 │ Exercise

Exercise 12.1

請試著修改第 6 章「Traveling」專案，讓使用者可以在每個國家的
頁面中聆聽不同的音樂。

Exercise 12.2

請試著修改第 6 章「Traveling」專案，讓每個國家頁面顯示照片的
功能改為播放影片的功能。

Exercise 12.3

請設計一個「相簿 APP」，讓使用者可以新增照片至相簿中，透過上
一頁與下一頁的功能來欣賞相簿，其介面可參考下方圖示。

A

Android Studio 安裝指引

ndroid Studio 是由 Google 公司所開發的 Android 應用程式的
開發工具，本附錄將介紹其基本的安裝過程。

STEP 01 下載並安裝 Java SE Development Kit。請至 Oracle 公司的
Java 技術之官方網站取得最新版本的 Java SE Development Kit（其
網址為 http://www.oracle.com/technetwork/java/javase/downloads/jdk8-
downloads-2133151.html），如圖 A-1 所示。目前最新的版本為 Java
SE Development Kit 8u101，您可以於下載後雙擊該檔案以開啟安裝
程序，並依預設的步驟完成其安裝。

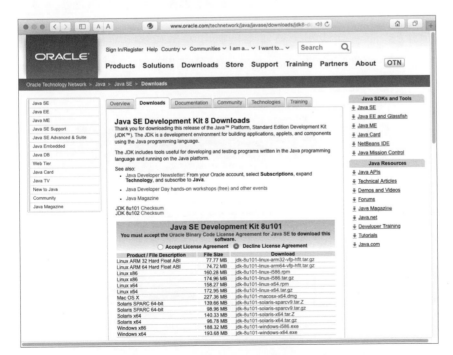

圖 A-1

Oracle 公司的 Java
開發工具下載網
頁。

STEP 02 接下來請下載並安裝 Android Studio。請至 Android Studio 官網
（https://developer.android.com/studio/index.html），點選「DOWNLOAD
ANDROID STUDIO」以下載其安裝檔，如圖 A-2 所示。

圖 A-2

自 Android Studio
的官網下載安裝
檔案。

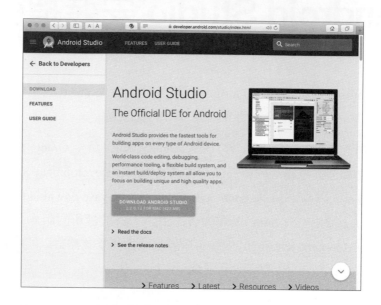

STEP 03 下載完成後，請雙擊啟動其安裝程序，並依預設步驟進
行。首先要進行的是 Android Studio 的相關設定，如圖 A-3 所示，
請直接按「Next」即可。

圖 A-3

Android Studio
的初始化設定。

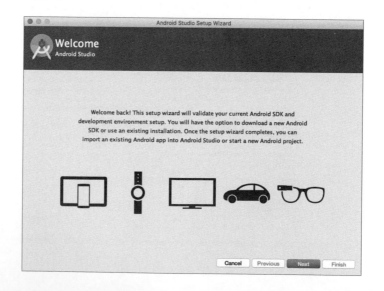

STEP 04 然後要選擇安裝的選項，如圖 A-4 所示，請選取「Standard」
即可，完成後請按「Next」。

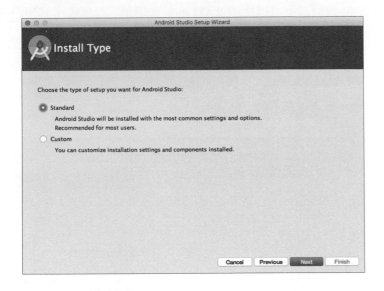

圖 A-4

選擇安裝類型。

STEP 05 接著請選擇設定安裝 Android SDK 的位置（直接使用預設
位置即可），如圖 A-5 所示。請注意，如果您需要使用 Android
Studio 所提供的 Android 模擬器，請務必勾選「Android Virtual
Device」，完成後請按「Next」。

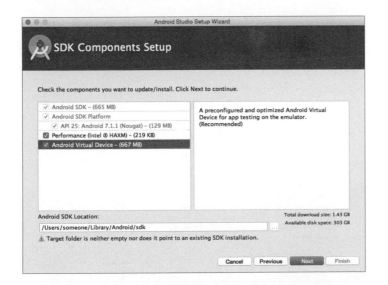

圖 A-5

選擇安裝位置。

STEP 06 當您在步驟 5 中勾選「Android Virtual Device」時，您會看見如圖 A-6 的畫面，在「Emulator Settings」中設定 Android Emulator（Android 模擬器）可以使用 RAM 的最大限制，設定後（其預設值為 Android Studio 建議設定值）按下「Next」。

圖 A-6

選擇安裝位置。

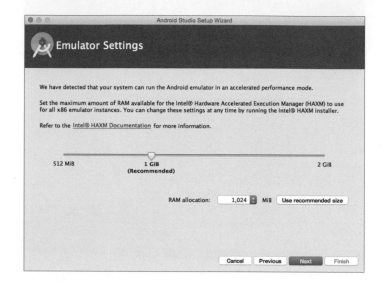

STEP 07 請在「Verify Settings」畫面中（如圖 A-7 所示），確認安裝選項是否正確，如果沒問題的話，就可以按下「Finish」以開啟安裝程序。

圖 A-7

確認安裝選項。

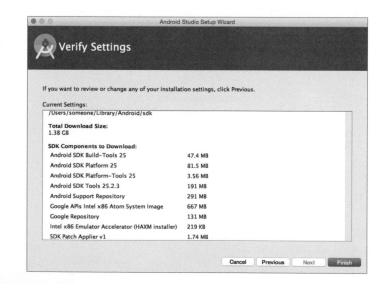

STEP 08 接下來其安裝程式將會開始下載並安裝所需要的元件，如圖 A-8 所示。經過一段時間的等待後，其安裝程序就會完成。

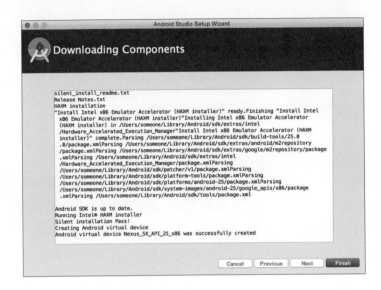

圖 A-8

下載所需元件。

STEP 09 安裝程式完成後請啟動 Android Studio，您應該可以看到如圖 A-9 的啟動畫面。

圖 A-9

Android Studio 的啟動畫面。

☞**STEP 10**　請在圖 A-9 的啟動畫面中，以滑鼠點擊右下角的「Configure」
按鈕，在彈出式的選單中（如圖 A-10）選擇「SDK Manager」。

圖 A-10

啟動時的
「Configure」選
項。

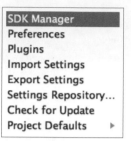

☞**STEP 11**　啟動「Configure」中的「SDK Manager」後，將可以看到
如圖 A-11 的畫面，請勾選欲開發的 APP 應用程式所希望支援的
Android 版本的對應 SDK，例如點選「Android 4.4（KitKat）」，選擇
好後請按下「Apply」。

圖 A-11

勾選欲開發的
APP 應用程式所
支援 Android 版
本 SDK。

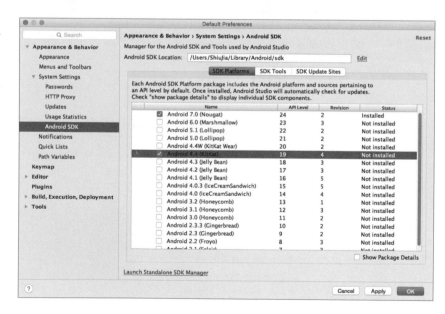

STEP 12 在出現「Confirm Change」對話窗時（如圖 A-12），請按下
「OK」。

圖 A-12

Confirm Change
對話盒。

STEP 13 接著會出現「License Agreement」視窗（如圖 A-13），請
點選「Agree」後，按下「Next」。

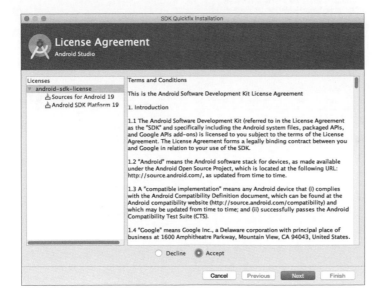

圖 A-13

Android Studio
的 License
Agreemnt 畫面。

STEP 14　經過一段時間的等待後，您所選取的 Android SDK 版本就
會完成下載與安裝的程序，如圖 A-14，請按下「Finish」後完成設
定程序。

圖 A-14

完成 Android SDK
的下載與安裝。

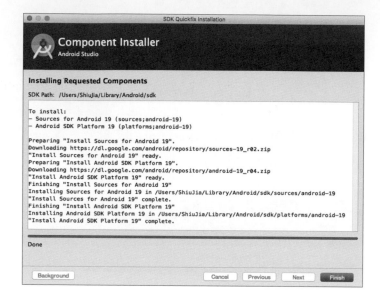

至此，我們就完成了 Andorid Studio 的安裝與設定工作。

B

Genymotion 安裝指引

　　enymotion 為一套免費軟體，透過 Oracle 公司的 VirtualBox
G 虛擬平台來模擬 Android 系統。它支援模擬市面上眾多廠
牌、眾多型號的 Android 行動裝置，是除了 Android Studio 內建的
模擬器以外的選擇之一。要使用 Genymotion 必須先註冊成為其會
員，方可下載安裝檔案。本附錄將介紹其基本的安裝過程。

STEP 01 請先為您的系統安裝好 VirtualBox，才能讓 Genymotion 正
確地執行。請至 Oracle 公司的 VirtualBox 官網（https://www.virtualbox.
org）（如圖 B-1），下載並安裝 VirtualBox。其安裝程序相當簡易，
直接使用設定即可完成，在此不予贅述。

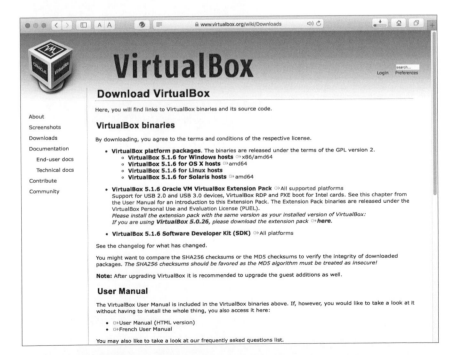

圖 B-1

Oracle 公司的
VirtualBox 官方網
站。

☞**STEP 02** 接著請至 Genymotion 的官網（https://www.genymotion. com），下載安裝檔案，如圖 B-2 所示。注意，您必須要先註冊成為其會員才能在它的官方網站上看到「Download」的選單。目前 Genymotion 提供包含 Mac、Windows 與 Linux 等三個作業平台，您可以自行選擇所需的版本下載。

圖 B-2

Genymotion 官網的下載畫面。

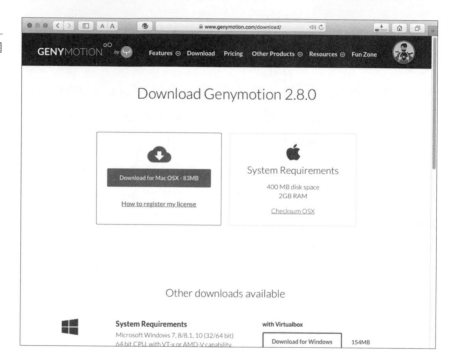

☞**STEP 03** 下載完成後，請以滑鼠雙擊啟動安裝程序，並依預設選項設定進行安裝即可。如果您使用的是 Mac 系統，則請直接將所下載的 dmg 檔案打開，將其中的 Genymotion.app 複製到 Applications（應用程式）資料夾中即可完成。

STEP 04 完成上述步驟後，請執行 Genymotion，您會看到如圖 B-3 的畫面。在此畫面中，Genymotion 提醒使用者個人僅限於非商業用途使用，若有商業行為則必須付費使用。若閱讀完後您同意此限制的話，請按下「Agree」。

圖 B-3

Genymotion 的版權提示。

STEP 05 在您初次執行 Genymotion 時，它會詢問您是否要安裝新的裝置，如圖 B-4 所示，請按下「Yes」後繼續。

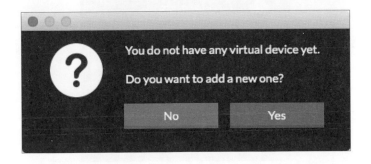

圖 B-4

詢問是否安裝新的裝置。

☞ **STEP 06** 由於您還沒有您登入您的會員帳號，所以尚不能選擇欲安裝的裝置。請參考圖 B-5，在其主畫面的右下方點擊「Sign In」按鈕，並在圖 B-6 的登入視窗中輸入您的帳號及密碼。

圖 **B-5**

在主畫面的右下方按下「Sing In」。

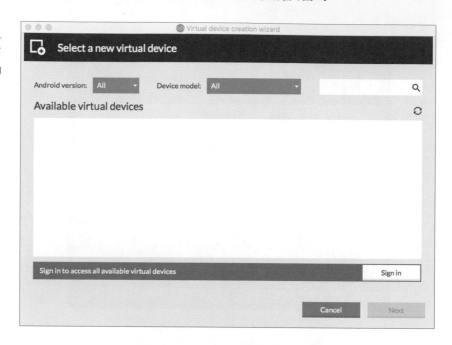

圖 **B-6**

登入會員帳號。

☞ **STEP 07** 完成會員登入後，您將可以看到如圖 B-7 的畫面，其中列示了許多可供安裝的虛擬裝置的廠牌及型號。請在其中選擇您所需要的裝置，然後請按下「Next」。

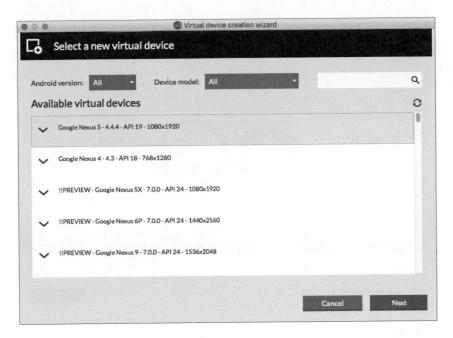

圖 B-7
───────
可安裝之模擬裝
置之廠牌與型號
資訊。

STEP 08 現在會出現如圖 B-8 的畫面，您可為您的虛擬裝置命名，然後請按下「Next」開始安裝的程序。經過一段時間後，您就可以看到如圖 B-9 的完成畫面，請按下「Finish」完成此程序。

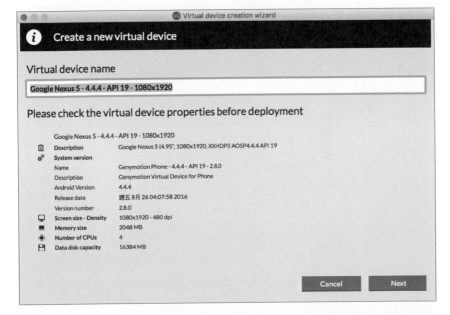

圖 B-8
───────
為虛擬裝置命名。

圖 B-9

虛擬裝置建立完
成。

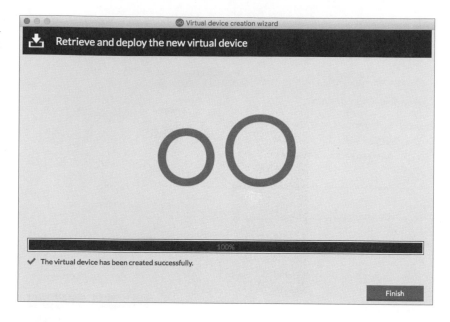

☞ STEP 09　回到主畫面後，就可以如圖 B-10 一樣，看到已經完成新增
的裝置。請按下「Start」後，啟動該裝置，您應該可以看到如圖
B-11 的執行畫面。

圖 B-10

主畫面已列出安
裝完成的虛擬裝
置。

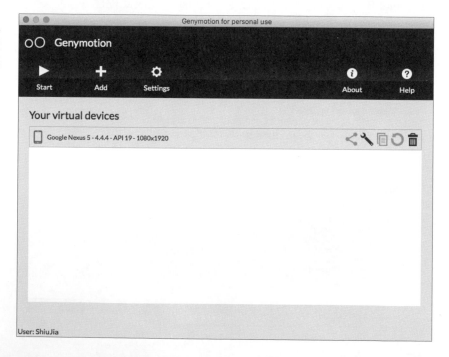

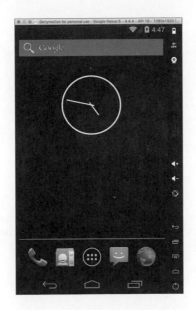

虛擬裝置的執行
畫面。

至此，我們完成了 Genymotion 以及其虛擬裝置的安裝，接下來您就
可以搭配 Android Studio 一同來測試所開發的 Android APP 應用程式
了。

DrMaster

深度學習資訊新領域

博碩文化

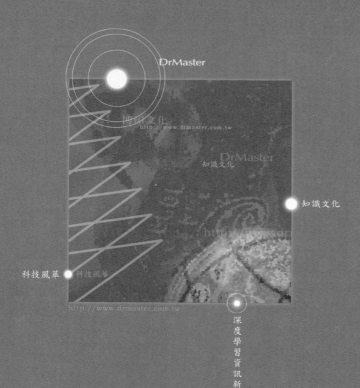

DrMaster

http://www.drmaster.com.tw

知識文化

科技風革

http://www.drmaster.com.tw

深度學習資訊新領域